21世纪高等医学院校教材

实用美容化学

黄桂宽　李雪华　主编

科学出版社

北　京

内 容 简 介

　　本书共六章,主要分为五个部分:第一部分介绍与化妆品密切相关的化学基本知识和基础理论;第二部分介绍化妆品与皮肤生理;第三部分介绍各类化妆品的原料、主要成分及作用,并有配方实例,还有化妆品的发展趋势和最新科研成果;第四部分介绍如何安全使用化妆品;第五部分是学生实验,介绍如何配制简单而有效的常见美容美发化妆品。

　　本书理论联系实际,内容新颖,具有科学性和实用性,可作为美容专业大、中专教材和从事美容专业人员的参考书,也可作为学校开展素质教育和开设选修课的优选教材,还是一本综合性的边缘学科的科普读物。

图书在版编目(CIP)数据

实用美容化学/黄桂宽主编．-北京:科学出版社,2002.2

21世纪高等医学院校教材

ISBN 978-7-03-009733-0

Ⅰ.实… Ⅱ.黄… Ⅲ.化妆品-医学院校-教材

Ⅳ.TQ658

中国版本图书馆 CIP 数据核字(2001)第 069551 号

科 学 出 版 社 出版

北京东黄城根北街 16 号
邮政编码: 100717
http://www.sciencep.com

源海印刷有限责任公司 印刷
科学出版社发行　各地新华书店经销

*

2002 年 2 月第 一 版　　开本: 850 × 1168 1/16
2015 年 1 月第八次印刷　　印张: 13 1/4
字数: 265 000

定价: 29.00 元

如有印装质量问题,我社负责调换

序

　　随着现代科学技术的迅猛发展，现代化妆美容学从医学美容及提高人的生命与生活质量的角度出发，已经由人体医学中的皮肤学、微生物学、免疫学及药理学和化学中的物理化学、无机化学、有机化学、天然药物化学、生物化学等多门学科相互渗透融合而成一门综合性学科。黄桂宽教授等结合其长期从事有机化学、医用化学、天然药物化学、美容化学等学科的教学与研究工作的经验，编写了《实用美容化学》一书，经初步教学试用，深受学生欢迎，并获广西高、中等学校同行的赞誉。我以为《实用美容化学》融合了化学、医学和药学等多学科的内容，反映了现代化妆品与化学及美容医学的关系，该书的出版适应了现代人对美的追求和提高生活质量的需要，对美容及化妆品的日常消费和美容师科学安全地使用化妆品有较大的指导作用。

　　本书内容新颖，理论联系实际，富有科学性、先进性和系统性，突出了实用性。除可作美容专业大、中专学校教材外，也可以在各大、中专学校作素质教育和选修课的教材，可供从事美容专业医生、美容师、化妆品教学工作者和科研人员的参考，或作为广大爱美人员的兴趣读物。

中国化学会理事

广西化学化工学会理事长

梁宏

2001 年 6 月

前　言

　　《实用美容化学》一书作为我校(广西医科大学)医学美容专业大专教材已使用一年，深受学生的好评。为了顺应当前社会持续升温的美容热潮，引导渴望爱美者得到科学的美和健康的美；也为了更好地推动学校的教学改革，扩大学生的知识面和动手能力，我们在此教材的基础上加以修改和充实。

　　本书融汇了化学、化妆品学、美容医学和药学多学科内容，深入浅出地叙述了化妆品的制作原理、成分作用、安全使用和现代化妆品的发展趋势与最新成果。

　　本书第二章、第三章由李雪华编写，第四章、第五章由黄桂宽编写，第一章除有机化学的基本知识由黄桂宽编写外，其余内容由李雪华编写。第六章由黄桂宽、李雪华编写。

　　在编写过程中，黄燕军老师进行了全书的电脑排版工作，宋慧老师做了部分电脑打印和校对工作，龙盛京教授提了很多宝贵建议。在此，对他们的大力支持和帮助，表示衷心的感谢！

　　由于编者水平有限，时间紧迫，对这门多学科相互渗透的新学科认识还不够深透，书中难免出现缺点和错误，恳请读者批评指正。

编者
2001 年 6 月

目　录

第一章

化妆品化学的基本知识与基础理论

第一节 溶 液

一、溶液的组成量度

溶液的组成量度就是指一定量的溶剂或溶液中所含溶质的量。溶液与我们的实际工作和日常生活息息相关。许多化妆用品都是以溶液的形式存在,如营养护肤品以溶液形式存在,则利于人体皮肤的吸收;洗涤用品以溶液的形式存在,利于污渍的去除。但各种用途的溶液都是通过控制不同的溶质含量来达到不同的目的要求。因此,在实际工作中必须明确溶液的组成量度。

(一) 物质的量浓度

1. 物质的量(n_B)

物质的量是以摩尔(mol)为计量单位,摩尔是化学上用于衡量物质的量大小的一系统的单位,正如我们衡量质量用公斤(kg)、克(g),衡量物质的长度用米(m)、厘米(cm)、毫米(mm)一样。国际纯粹化学和应用化学协会规定:1mol 任何物质所包含的基本单元(如分子、离子、电子或其他粒子)数与 $0.012kg^{12}C$ 原子数相等。即:

1mol 任何物质的量$=0.012kg^{12}C$ 原子数$=N_A$(阿伏加德罗常数)$=6.023\times10^{23}$个粒子 mol^{-1}。物质的量的单位:摩尔(mol)。

2. 物质的量浓度(c_B)

物质的量的浓度定义为:溶质的物质的量 n_B 除以溶液的体积 V。即

$$c_B = n_B/V$$

物质的量的浓度国际单位为:mol/m^3,但由于体积单位较大,在生物医学上常用单位为:mol/L、$mmol/L$、$\mu mol/L$。

【例 1-1】 正常人血浆中每 100ml 含 Na^+ 326mg、HCO_3^- 164.7mg、Ca^{2+} 10mg,问它们的物质的量浓度(mmol/L)各为多少?

解: $c(Na^+)=(326/23)/0.1=142$ mmol $\cdot L^{-1}$

$c(HCO_3^-)=(174.7/61)/0.1=27.0$ mmol $\cdot L^{-1}$

$c(Ca^{2+})=(10/40)/0.1=2.5$ mmol $\cdot L^{-1}$

(二) 比例浓度

1. 质量分数

溶质的质量与溶液的质量之比称为溶质的质量分数,用符号 ω 表示:

$$\omega = 溶质的质量 / 溶液的质量$$

质量分数常用的表示方法有质量百分比浓度和质量的百万分比(ppm)浓度:

$$质量百分比浓度 = (溶质的质量 / 溶液的质量) \times 100\%$$

$$ppm 浓度 = (溶质的质量 / 溶液的质量) \times 10^6$$

ppm 指一百万份质量的溶液中含溶质的份数。

例如,100g 硫酸溶液中含有 98g H_2SO_4,其质量分数可表示为 $\omega=98/100=0.98$ 或 98%;1g 溶液中含有 $2.5\mu g$ Fe^{3+} 离子,其浓度可表示为 2.5×10^{-6}ppm,指每 1g 水含有 2.5×10^{-6}g 的 Fe^{3+} 离子或每 1g 水含有 $2.5\mu g$ Fe^{3+} 离子。

2. 质量浓度

溶质的质量与溶液的体积之比称为溶质的质量浓度,用符号 ρ 表示。

$$\rho = m_{溶质}/V$$

质量浓度中表示质量的单位,可根据需要采用 kg,g,mg,ng 等,体积单位一般用 L。

3. 体积分数

两种溶液相混合时,若不考虑体积的变化,某一组分单独占有的体积与各组分体积总和之比称为体积-体积分数,用符号 φ 表示:

$$\varphi = V_i/(V_i + V_j)$$

【例 1-2】 3 体积酒精溶解在 1 体积水中,酒精在此溶液中的体积-体积分数为(设混合后溶液的体积不变)多少?

解: $\varphi = V_{酒精}/(V_{酒精} + V_{水}) = 3/(3 + 1) = 0.75 = 75\%$

(三) 摩尔分数(x)

摩尔分数是某物质的物质的量分数的简称,表示某物质的物质的量与混合物的物质的量之比,用符号 x 表示,它没有单位。设某溶液由溶质 B 和溶剂 A 组成,则溶质 B 和溶剂 A 的摩尔分数为

$$x_B = n_B/(n_A + n_B) \qquad x_A = n_A/(n_A + n_B)$$

式中,n_B 表示溶质 B 的物质的量,n_A 表示溶剂 A 的物质的量。将上两式相加可得

$$x_A + x_B = 1$$

(四)质量摩尔浓度(m_B)

质量摩尔浓度 m_B 定义为:溶质的物质的量除以溶剂的质量 m_A(单位为 kg)。即每 1kg 溶剂中所含溶质的物质的量 n_B,质量摩尔浓度单位为 mol/kg。

$$m_B = n_B/m_A$$

(五)溶液配制及浓度的有关计算

1. 溶液的制备

制备溶液通常根据溶液的组成量度,首先计算出溶液中所需溶质的含量,溶剂的需要量,将溶质溶解在溶剂中,混匀则成所需组成量度的溶液。

(1)溶液的稀释

在实际工作中,常常要把一种浓的溶液配成稀的溶液,或把一种浓溶液和一种稀溶液配成中间浓度的溶液。不管用哪种方法,都需掌握一个原则:稀释前后溶液中溶质的量不变,即 $c_1V_1 = c_2V_2$,c_1、V_1 代表溶液稀释前的浓度和体积,c_2、V_2 代表溶液稀释后的浓度和体积。

(2)浓度的换算

在溶液组成量度的换算中,如果涉及"质量"与"体积"间的换算时,必须通过溶液的密度进行换算。

即 $\quad W_{溶液} = \rho V$

$\qquad W_{溶质} = W_{溶液} \times x\% = \rho \times V \times x\%$

$\qquad c_{基本单元} = (\rho \times V \times 1000 \times x\%)/m_{基本单元}$

【例 1-3】 市售浓硫酸 $\rho = 1.84kg/L$,H_2SO_4 的质量分数为 96%,计算其物质的量浓度。

解: $\qquad W_{溶液} = \rho V \qquad\qquad W_{溶质} = W_{溶液} \times x\% = \rho \times V \times x\%$

$\qquad c(H_2SO_4) = (\rho \times V \times 1000 \times x\%)/m(H_2SO_4)$

$\qquad\qquad = 1.84 \times 1000 \times 1 \times 96\%/98 = 18.02 mol \cdot L^{-1}$

【例 1-4】 市售浓硫酸 $\rho = 1.84kg/L$,H_2SO_4 的质量分数为 96%,计算质量摩尔浓度 $m(H_2SO_4)$。

解: $\qquad W_A = (1 - 96\%)\rho \times V$

$$m(H_2SO_4) = (1.84 \times 1000 \times 1 \times 96\%/98) / 1.84 \times 1000 \times 1 \times (1-96\%)/98$$
$$= 244.6 \ mol \cdot kg^{-1}$$

二、缓冲溶液

（一）酸碱质子理论

人体皮肤对稀酸、稀碱具有一定的缓冲作用,即皮肤在接触稀酸或稀碱性物质后,会很快恢复正常的 pH 值。皮肤的缓冲作用一方面来源于皮肤表面乳酸和氨基酸的两性(和酸或碱中和的两性物质),另一方面是皮肤呼吸所呼出的二氧化碳溶于汗液中所起的缓冲作用。对于健康的人来说,皮肤的中和能力较强,使用碱性化妆品后能很快恢复正常 pH 值。但对开始老化的皮肤、皮肤过敏或湿疹病人,皮肤的中和能力就较弱。制备化妆品时,一是化妆品的 pH 值最好与皮肤或毛发 pH 值相匹配、协调;二是化妆品作为护肤品应具有抵御外界酸、碱性物质的侵蚀即缓冲的作用,因此具有弱酸性而缓冲作用较强的化妆品对皮肤是最合理的。那么,皮肤上的物质或化妆品中的基质是如何起缓冲作用的呢?为了更好地理解缓冲溶液的作用,有必要先了解一下酸碱质子理论。

1. 酸、碱的定义

酸是指凡能给出 H^+ 的物质,而凡能接受质子 H^+ 的物质为碱,既能接受 H^+ 又能给出 H^+ 的物质称为两性物质。如下式中的 HCl、NH_4^+ 能够释放出 H^+,所以为酸;Ac^-、CO_3^- 能接受 H^+,所以为碱;H_2O、HPO_4^{2-} 即能接受 H^+ 又能释放出 H^+,所以为两性物质。

$$\text{酸：} HCl \rightarrow H^+ + Cl^- \qquad NH_4^+ \rightarrow H^+ + NH_3$$
$$\text{碱：} Ac^- + H^+ \rightarrow HAc \qquad CO_3^- + H^+ \rightarrow HCO_3^-$$
$$\text{两性物质：} HPO_4^{2-} \rightarrow H^+ + PO_4^{3-} \qquad HPO_4^{2-} + H^+ \rightarrow H_2PO_4^-$$
$$H_2O \rightarrow H^+ + OH^- \qquad H_2O + H^+ \rightarrow H_3O^+$$

从上面的分析可知,酸、碱即可以是分子,也可以是离子。另外酸给出 H^+ 后,会转变为对应的碱,我们把它称之为该酸的共轭碱;而碱接受 H^+ 后,会转变为其所对应的酸,我们称其为该碱的共轭酸。也就是说,酸与碱间互为共轭关系,共轭酸碱对间只相差一个质子 H^+。

2. 酸与碱的基本关系

(1) 酸与碱间互为共轭关系,共轭酸碱对之间只相差一个 H^+。如 NH_4^+ 与 NH_3 互为共轭关系,NH_3 是 NH_4^+ 的共轭碱,NH_4^+ 是 NH_3 的共轭酸。

(2) 酸碱间的反应实质就是质子 H^+ 在共轭酸碱对间的转移反应。下面我们来看一下酸碱间的反应。

$$H_2O + HCl = H_3O^+ + Cl^-$$

碱　　酸　　酸'　碱'

$$NH_3 + H_2O = NH_4^+ + OH^-$$

碱　　酸　　酸'　碱'

$$NH_3 + HCl = NH_4^+ + Cl^-$$

碱　　酸　　酸'　碱'

从 HCl 与 H_2O 反应式可知：H_2O 接受了 HCl 释出的 H^+，转变成了新的酸 H_3O^+；而 HCl 释放出质子 H^+ 后，转变成了其对应的碱 Cl^-。同理，NH_3 与 H_2O 的反应、NH_3 与 HCl 的反应也一样。所以我们可以说：酸碱间的反应，实质就是质子 H^+ 在共轭酸碱对间转移的反应。

（3）共轭酸与共轭碱的离解常数 K_a 与 K_b 的关系与 K_w 有关，即

$$K_a K_b = K_w$$

式中，K_w 为水的离子积常数，22℃时，$K_w = 1 \times 10^{-14}$。

从这个关系式可看出，同一共轭酸碱对的 K_a 与 K_b 互成反比关系，共轭酸的酸式常数 K_a 愈大，则其所对应的共轭碱 K_b 就愈小，即共轭酸愈强，其对应的共轭碱愈弱。如 HCl 在水溶液中是强酸，其对应的共轭碱 Cl^- 为弱碱，因为 HCl 在水溶液中容易释放出 H^+，其对应的共轭碱 Cl^- 在水溶液中就很难接受 H^+ 变为 HCl。此式定量上说明了共轭酸与其共轭碱强度的相对性。

（二）水的质子自递平衡和水溶液的 pH 值

1. 水的离子积公式

$$K_w = [H_3O^+][OH^-] = [H^+][OH^-]$$

式中，K_w 为水的离子积（常数）。

需要说明的是：纯水在 22℃时，$K_w = 1 \times 10^{-14}$，所以 $[H^+] = [OH^-] = 1 \times 10^{-7}$ $mol \cdot L^{-1}$；水的电离为吸热反应，温度愈高，水离解作用愈强，K_w 愈大；水的离子积公式适用于一切稀水溶液，如 $0.1mol \cdot L^{-1}$ 的 HCl 溶液 $[H^+] = 0.1mol \cdot L^{-1}$，$[OH^-] = 10^{-14+1} = 10^{-13}mol \cdot L^{-1}$。

从离子积公式可看出：

中性溶液：$[H^+] = [OH^-] = 10^{-7}mol \cdot L^{-1}$

酸性溶液：$[H^+] > 10^{-7} mol \cdot L^{-1} > [OH^-]$

碱性溶液：$[OH^-] > 10^{-7}mol \cdot L^{-1} > [H^+]$

2. 水溶液的 pH 值

对于 H^+ 浓度在 $1 \sim 10^{-14}mol \cdot L^{-1}$ 范围的稀酸、碱性溶液，为应用方便，我们常以 H^+ 浓度的负对数来表示，称为 pH 值。即

$$pH = -lg[H^+]$$

因此得酸性溶液:pH<7.0,中性溶液:pH=7.0,碱性溶液:pH>7.0。

同时,离子积公式可写成:

$$pK_w = pOH + pH \quad 或 \quad pK_w = 14 = pOH + pH$$

只要知道了 pH 值,就可求出 pOH 值。

pH 值概念在美容化学中使用较多,因为人体不同区域的 pH 值不同,如健康皮肤 pH 值在 4.5～6.5 之间,其中干性皮肤 pH 值为 4.5～5.0、中性皮肤 pH 值为 5.0～5.6、油性皮肤 pH 值为 5.6～6.5,则护肤化妆品的 pH 值应与人体皮肤的 pH 值相适应。对化妆品的配制而言,按产品的不同的目的要求(如洗浴、护肤、美容等)、化妆品各成分相互配伍的条件及化妆品中有效成分或活性成分的 pH 值有效的范围不同,所制备的化妆品 pH 值要求不同。

(三)缓冲溶液

1. 缓冲溶液的定义

许多化学反应及生物体内的许多化学反应,都要求在一定的 pH 值中进行反应。而参加反应的酸性或碱性物质随着反应的进行,H^+ 或 OH^- 的量会减少,反应速度会减慢下来,要使反应速度维持恒定,就要做到 pH 值保持不变,要使 pH 值维持不变,就要用到缓冲溶液。又如,人体血浆的 pH 值范围是 7.35～7.45,超过 7.45 就会引起碱中毒,小于 7.35 就会引起酸中毒。在人体的代谢过程中,摄入人体内的有机食物完全氧化会产生碳酸、糖的厌氧分解产生乳酸、不完全氧化会产生乙酰乙酸、β-羟基丁酸等等,然而,这众多的酸性代谢产物的产生并未引起人体体液 pH 值的降低;同样,我们吃进的蔬菜、水果在体内代谢会产生碱性物质,这些碱性产物也同样未导致人体体液 pH 值上升,这些都是因为人体体内存在许多缓冲物质的缘故。人体皮肤能抵御少量稀酸、稀碱侵蚀,也是因为人体皮肤上存在一定量的缓冲物质。

首先来分析一下以下的实验现象:

溶液	pH 广泛指示剂	0.1mol·L^{-1}HCl 2 滴	0.1mol·L^{-1}NaOH 2 滴
H_2O	黄色(pH=7)	红色(pH<7)	紫色(pH>7)
KH_2PO_4-Na_2HPO_4	黄色(pH=7)	黄色不变	黄色不变

向 pH=7.0 的 KH_2PO_4 与 Na_2HPO_4 的混合溶液和 pH=7.0 的纯水溶液中,分别加入 pH 广泛指示剂后,两溶液均为中性,所以溶液均显黄色。接着在上述两组溶液中分别加入 0.1 mol·L^{-1} HCl 2 滴与 0.1 mol·L^{-1} NaOH 2 滴,在磷酸盐的混合液中,指示剂颜色未发生变化,说明该溶液 pH 值未发生变化,该溶液具有抵抗少量强酸、强碱侵入而保持溶液 pH 值基本不变的作用,像这种溶液就称为缓冲溶液;而在纯水中,加入 2 滴 HCl 后,颜色由黄色变红色,加入 2 滴 NaOH 后,颜色由

黄色变紫色,即指示剂的颜色均发生了较大的变化,说明该溶液 pH 值发生了变化,该溶液不具有抵抗少量强酸、强碱侵入而保持溶液 pH 值基本不变的作用。

像 KH_2PO_4-Na_2HPO_4 具有抵抗少量强酸、强碱侵入的作用的物质有许多,如 HAc-NaAc 、NH_3-NH_4Cl 等,这些物质实际上就是弱酸或弱碱的共轭酸碱对。像这种能抵抗外来的或本身化学反应中所产生的少量强酸或强碱的侵入,或抵抗适当稀释而保持溶液 pH 值基本不变的溶液称为缓冲溶液。缓冲溶液所具有的抗酸、抗碱、抗稀释作用称为缓冲作用。

以 HAc-NaAc 为例分析缓冲溶液的组成,HAc 为弱酸,在水中存在如下质子转移平衡:

$$HAc + H_2O \rightleftharpoons Ac^- + H_3O^+$$

$$NaAc \rightarrow Ac^- + Na^+$$

而 NaAc 在水中完全电离,产生大量 Ac^-,使 HAc 的离解度减少,HAc 几乎以分子形式存在,也就是说,HAc 几乎等于其原始浓度,因此在这缓冲溶液体系中,同时存在大量的共轭酸 HAc 及共轭碱 Ac^-,因此缓冲溶液实际上是由具有足够浓度的弱酸或弱碱及其共轭酸碱对组成。

对于 HAc-NaAc 这样的一对共轭酸碱对也叫缓冲系或缓冲对,其中的共轭酸叫抗碱成分,起抗碱作用,而共轭碱叫抗酸成分,起抗酸作用。

2. 缓冲溶液的缓冲作用机制

以 $H_2PO_4^-$-HPO_4^{2-} 为例来说明缓冲液的缓冲作用机制。从缓冲液的组成可知,缓冲液是由具有足够浓度的抗酸、抗碱成分组成,在溶液中它们存在如下的平衡:

$$H_2PO_4^- + H_2O \rightleftharpoons H_3O + HPO_4^{2-}$$

加入少量 OH^-,溶液中质子 H^+ 就会与之结合而转化成水,被消耗掉的那部分质子 H^+ 由抗碱成分 $H_2PO_4^-$ 通过质子 H^+ 的转移而加以补充,平衡向右移,从而维持了溶液 pH 值基本不变。

加入少量 H^+,溶液中抗酸成分 HPO_4^{2-} 就会与之结合,转化为 $H_2PO_4^-$,使平衡向左移动,从而消耗掉了侵入的那部分质子 H^+,维持了溶液 pH 值的基本不变。

从以上的分析可知,缓冲溶液是通过质子 H^+ 在共轭酸碱对间的转移来达到缓冲作用的。

3. 缓冲溶液 pH 值的计算

缓冲溶液 pH 值的计算是通过 Henderson-Hasselbach 公式来进行计算的。设缓冲对为 HB-B^-,c_B 为共轭碱 B^- 的浓度,c_{HB} 为共轭酸 HB 的浓度,则缓冲溶液的计算公式为

$$pH = pK_a + lg(c_B/c_{HB})$$

从以上公式可知,缓冲液 pH 值主要取决于弱酸的离解常数 K_a([B⁻]/[HB]在对数内,影响没有 pK_a 大),而 K_a 受温度的影响,即:缓冲液 pH 值受温度的影响,对要求比较严格的缓冲液,还要考虑温度系数;当 pK_a 一定时,pH 值与[B⁻]/[HB]比值有关。当[B⁻]/[HB]=1时,pH=pK_a;当我们用适量水稀释缓冲液时,由于 B⁻ 与 HB 受到同等程度的稀释,[B⁻]/[HB]比值基本不变,因而缓冲溶液 pH 值基本保持不变,所以缓冲溶液具有抵抗适当稀释的作用。

【例 1-5】 $0.10\text{mol} \cdot \text{L}^{-1}$ KH_2PO_4 与 $0.05\text{mol} \cdot \text{L}^{-1}$ NaOH 各 50ml 混合成缓冲液,假定混合溶液的体积为 100ml,求此缓冲液的 pH 值。

解: KH_2PO_4 与 NaOH 混合后会发生化学反应

$$H_2PO_4^- + OH^- \rightarrow HPO_4^{2-} + H_2O$$

过量的 $H_2PO_4^-$ 与反应产物 HPO_4^{2-} 可组成缓冲液,

$$H_2PO_4^- + H_2O \rightleftharpoons H_3O^+ + HPO_4^{2-}$$

未反应前

$$c_{(KH_2PO_4)} = \frac{0.10 \times 50}{100} = 0.05\text{mol} \cdot \text{L}^{-1}$$

$$c_{(NaOH)} = \frac{0.05 \times 50}{100} = 0.025\text{mol} \cdot \text{L}^{-1}$$

反应后,NaOH 为不足量,全部转化为 HPO_4^{2-}

$$c_{(H_2PO_4^-)} = 0.05 - 0.025 = 0.025\text{mol} \cdot \text{L}^{-1}$$

$$c_{(HPO_4^{2-})} = 0.025\text{mol} \cdot \text{L}^{-1}$$

将 $c_{(H_2PO_4^-)}$ 和 $c_{(HPO_4^{2-})}$ 代入 Henderson—Hasselbach 公式得

$$pH = pK_a + lg\frac{c_{(HPO_4^{2-})}}{c_{(H_2PO_4^-)}} = 7.21 + lg\frac{0.025}{0.025} = 7.21$$

4. 缓冲作用能力的影响因素及缓冲溶液的配制

缓冲溶液具有缓冲作用,而缓冲作用能力的大小与共轭酸(抗碱成分)和共轭碱(抗酸成分)浓度有关。通常缓冲溶液的缓冲作用能力大小与下列因素有关:

(1) 当缓冲比 c_{B^-}/c_{HB} 一定时,缓冲溶液的总浓度 $c_\text{总}$($c_\text{总} = c_{HB} + c_{B^-}$)愈大,则缓冲作用能力愈大。原因是 $c_\text{总}$ 愈大,则溶液中的抗酸、抗碱成分愈多,缓冲容量愈大,但也并不是 $c_\text{总}$ 无限大,缓冲作用能力也无限大,因为随 $c_\text{总}$ 增大,溶液中离子相互影响越大,反而使缓冲作用能力变小。通常 $c_\text{总}$ 在 $0.05 \sim 0.2\text{mol/L}$ 之间。

(2) 当 $c_\text{总}$ 一定时,缓冲比 c_{B^-}/c_{HB} 愈趋向于 1,缓冲作用能力愈大,当缓冲比等于 1 时,缓冲作用能力达极大值。

(3) 从以上的分析看出,缓冲溶液要有效地发挥其缓冲作用,抗酸、抗碱成分必须达到一定的量。通常要求缓冲比需处于 1∶10～10∶1 之间,或 pH=pK_a+1

至 $pH=pK_a-1$ 之间。即 pH 值处于 $pK_a\pm1$ 之间为缓冲溶液的缓冲作用的有效区间——称为缓冲溶液的缓冲作用范围。不同的缓冲溶液,因其 pK_a 值不同,所以缓冲作用范围也不同。如 $H_2PO_4^--HPO_4^{2-}$ 缓冲系,$H_2PO_4^-$ 的 $pK_{a_2}=7.21$,则其缓冲作用范围在 $6.21\sim8.21$ 之间。

5. 缓冲溶液的配制

若无特殊的要求,缓冲液的配制原则为:

(1) 要求所配的缓冲液 pH 值尽可能等于或接近所选配缓冲系的 pK_a,即 $pH\approx pK_a$,这样配出的缓冲液具有较大缓冲作用能力。

如配 $pH=5$ 缓冲溶液,选择 $pK_a=4.75$ 的 HAc-NaAc 较好;要配 $pH=10.0$ 缓冲溶液,选择 $pK_a=9.25$ 的 NH_3-NH_4Cl 或 $pK_a=9.30$ 的 HCN-NaCN 均较好;要配 $pH=7.0$ 缓冲溶液,选择 $pK_a=7.21$ 的 $NaH_2PO_4-K_2HPO_4$ 较好。

(2) 选择合适的总浓度。要求所配的缓冲溶液总浓度在 $0.05\sim0.2\ mol\cdot L^{-1}$ 之间,不宜太小也不宜太大。

配制方法:要配制 $pH=3.0\sim11.0$ 之间的缓冲溶液,通常是采取共轭酸+NaOH 或共轭碱+HCl 的方式进行配制。配制所需的各物质的量可通过查阅文献获取,也可通过计算获取。

6. 人体血液与皮肤的生理缓冲作用

人体皮肤具有一定的生理缓冲作用,可以抵抗少量稀酸、稀碱的侵入,而保持皮肤的 pH 值处于 $4.5\sim6.5$ 之间,原因是皮肤中存在着游离脂肪酸、氨基酸、乳酸、呼吸作用产生的 CO_2 溶于汗液中形成的碳酸。另外,正常人体血浆的 pH 值范围总能维系在 $7.35\sim7.45$ 之间,而人体在新陈代谢过程中会产生众多的酸性或碱性物质进入血液中,此时血液中的缓冲物质(其中浓度最大的为 $H_2CO_3-HCO_3^-$ 缓冲对)$H_2CO_3-HCO_3^-$、$H_2PO_4^--HPO_4^{2-}$、$H_nP-H_{n-1}P^-$(蛋白质缓冲对)、$HA-A^-$(有机酸缓冲对)会与肺、肾共同协调作用维系着血液的 pH 范围恒定不变。那么这些缓冲物质是如何在体内起缓冲作用的呢?

由于碳酸是人体的主要缓冲对,下面以碳酸缓冲对为例叙述其在人体中的缓冲机制。CO_2 主要以溶解状态存在,它的质子转移平衡式为

$$CO_2(溶)+H_2O\rightleftharpoons H_2CO_3\rightleftharpoons H_3O^++HCO_3^-$$

当酸性物质侵入时,皮肤或血液中的 HCO_3^- 会与之结合,转化为碳酸,随着碳酸浓度的增加,碳酸会分解为 CO_2,在体内则经肺部排出体外,在皮肤上则以气体形式挥发掉,从而保持了皮肤或血液中的 pH 值不变。游离脂肪酸及乳酸的缓冲作用机制与 CO_2 是一致的,也是通过 $HA-A^-$ 共轭酸碱对起缓冲作用。当碱性物质侵入时,溶于汗液的 CO_2 转化 H_2CO_3,此时 H_2CO_3 与碱性物质结合转化为 HCO_3^-,使皮肤或血液中的 pH 值维系不变。

另外,皮肤中的氨基酸为两性物质,既具有可与酸结合的抗酸成分——氨基-

NH_2,也具有可与碱结合的抗碱成分——羧基-COOH,如下式所示

$$H_2O + {}^-OOC\text{-}R\text{-}NH_2 \rightleftharpoons OH^- + HOOC\text{-}R\text{-}NH_2 + H^+ \rightleftharpoons HOOC\text{-}R\text{-}NH_3^+$$

当酸性物质侵入时,$HOOC\text{-}R\text{-}NH_2$ 与 H^+ 结合转化为 $HOOC\text{-}R\text{-}NH_3^+$;当碱性物质侵入时,$HOOC\text{-}R\text{-}NH_2$ 与之结合转化为 ${}^-OOC\text{-}R\text{-}NH_2$,从而使皮肤具有了一定的缓冲作用。

(四)溶液的渗透压

作为化妆品,必须具备舒适和怡人的特点,要满足这一要求,化妆品的渗透压大小与人体细胞渗透压一致是必不可少的。同时不同的化妆品,从细胞渗透压的角度出发,根据用途的不同及生物膜透过性的不同需要对化妆品溶质分子进行不同大小粒度、不同浓度(渗透浓度)配制,以满足吸收或避免吸收的不同美容目的要求。

1. 渗透现象与渗透压(Π)

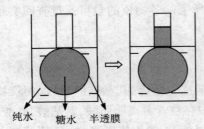

纯水　　糖水　　半透膜

图 1-1　渗透现象

如图 1-1,将一装有糖水的半透膜置于装有纯水的烧杯中,静置一段时间后,会发现半透膜内的糖水液面升高了一定的高度。液面的升高无疑是由于膜外的水分子进入到了膜内,从而使膜内的液面产生了升高。为何会出现这种现象呢?

这是由于玻璃杯装的是纯水,半透膜装的是糖水,致使单位体积内糖水溶液中的水分子数少于纯水的水分子数,因而单位时间内由纯水进入膜内的水分子的速度 $v_{纯水 \to 糖水} > v_{糖水 \to 纯水}$,所以宏观上的净结果为糖水的液面升高了。像这种水分子透过半透膜自发地进入溶液的过程称渗透现象。

在半透膜内,随着糖水液面的升高,会产生一静水压力,反作用于半透膜内,从而使从纯水中透过半透膜进入糖水中的水分子的透过速度下降。随着静水压力的增大,最终使 $v_{纯水 \to 糖水} = v_{糖水 \to 纯水}$,此时单位时间内从膜两侧透过的溶剂分子数相等,整个体系处于动态平衡状态,即达渗透平衡状态,此时液面不再升高。

假如我们要阻止这个渗透现象的发生,就必须在糖水液面上施加一压力,使这压力恰好等于该糖水溶液的静水压力,就可使渗透现象不会发生。而这个压力就是渗透压,即在用半透膜隔开的纯溶剂与溶液中,恰能阻止渗透现象的发生时所施加于溶液液面上的压力称为渗透压,渗透压单位为 Pa 或 kPa。

需要说明的是,渗透压是指在用半透膜所隔开的纯溶剂与溶液间所施加于溶液液面上的压力。若是在浓溶液与稀溶液间所施加于浓溶液液面上的压力则为两溶液的渗透压之差;若所施加的压力大于渗透压,则出现反渗透现象,即纯溶剂液

面升高,而溶液液面降低。从以上的分析可知,要有渗透现象发生,必须存在半透膜和膜两侧单位体积内溶剂分子数不等。

2. 溶液的渗透压与浓度及温度的关系

1886 年,荷兰化学家范托夫根据德国植物学家 Pfeffer 的数据与经验,总结出了渗透压与浓度、温度之间的关系,即范托夫定律:

$$\Pi = cRT \text{ 或 } \Pi V = nRT$$

式中,T 为热力学温度;n 为溶质的物质的量;c 为溶质质点浓度;Π 为渗透压;R 为 8.314J·K^{-1}·mol^{-1}。

该公式说明,稀溶液的渗透压只与溶质的质点浓度和温度成正比,而与溶质及溶剂的本性无关。当 T 一定时,不管是何物质,只要它们的质点浓度相等,则渗透压一定相等。如 0.1mol·L^{-1}葡萄糖溶液与 0.1mol·L^{-1}蔗糖溶液,其渗透压是相等的。

另外,要注意的是,公式中的 c 是指溶质的质点浓度,若为非电解质,可直接利用此式进行计算;若为电解质,还需考虑电解质在水溶液中的离解。如 0.1mol·L^{-1}NaCl 溶液的质点浓度 $c = 2 \times 0.1 = 0.2$mol·L^{-1}。所以,对于电解质溶液,范托夫公式应写为:$\Pi = icRT$,i 为修正因子,即每分子电离出的质点数。

【例 1-6】 计算溶有 18g 葡萄糖的 1L 葡萄糖溶液的 Π 值,1L 溶有 2.925g NaCl 的溶液的 Π 值,它们两者的渗透压是否相等?为什么?($T = 27℃$)

解:$\Pi_{葡萄糖} = cRT = 18 \times 8.314 \times 300/180 = 249.4$kPa

$\Pi_{NaCl} = cRT = 2.925 \times 2 \times 8.314 \times 300/58.5 = 249.4$kPa

两者的渗透压相等,因为它们在相同温度下,质点浓度相等。

3. 渗透压在人体生理学上的意义

(1) 渗透浓度:从范托夫公式可知,当 T 一定时,Π 正比于质点浓度 c,所以医学上为了更方便和更直观,而直接以溶质的质点浓度来表示人体渗透压的大小。

$$\Pi = cRT = c \times 8.314 \times (273 + 37)$$

式中 R、T 均为常数,所以公式变为 $\Pi = Kc$。

由于不同半透膜的透过性大小不一样,因而并不是所有的物质均可产生渗透效应。所以规定,溶液中能产生渗透效应的溶质粒子(分子、离子)(即不能透过半透膜的物质)统称为渗透活性物质。如毛细血管壁只允许小分子自由通过,而大分子蛋白质不能自由通过,则蛋白质为渗透活性物质。细胞膜对各种物质的透过具有选择性,对水及对营养物质如葡萄糖、氨基酸、氧气等以及对代谢产物如尿素、尿酸、肌酸酐、CO_2 等均可以透过,而 Na^+、K^+、Ca^{2+} 和 Mg^{2+} 不能透过,因此,Na^+、K^+、Ca^{2+} 和 Mg^{2+} 为渗透活性物质。若渗透活性物质在膜内,则属膜内质点浓度物质;若在膜外,则属膜外质点浓度物质。因此将渗透活性物质的物质的量总和除以溶液体积(或稀溶液中能产生渗透效应的各种溶质的分子或离子的总浓度)称为渗透浓度

(osmolarity)，单位为 $mol \cdot L^{-1}$ 或 $mmol \cdot L^{-1}$。

【例 1-7】 某溶液 100ml 含有 Na^+ 326mg、HCO_3^- 164.7mg、Ca^{2+} 10mg，求该溶液的渗透浓度（$mmol \cdot L^{-1}$）。

解：渗透活性物质为 Ca^{2+}、HCO_3^-、Na^+，它们的摩尔质量分别为 40、61、23。

渗透浓度：$[(326/23) + (164.7/61.0) + (10/40)]/(100/1000) = 171.5 \ mmol \cdot L^{-1}$

（2）等渗、高渗、低渗溶液：化学上，把渗透压相等的两种溶液叫等渗溶液；而渗透压不相等的两种溶液，其中渗透压低的叫低渗溶液，渗透压高的叫高渗溶液。

如，$0.1 \ mol \cdot L^{-1}$ 蔗糖溶液的渗透压等于 $0.05 mol \cdot L^{-1}$ NaCl 溶液的渗透压，则这两种溶液为等渗溶液；而 $0.1mol \cdot L^{-1}$ NaCl 溶液的渗透压小于 $0.1 \ mol \cdot L^{-1}$ $CaCl_2$ 溶液的渗透压，则前者即为低渗溶液，后者即为高渗溶液。

由于组织间液是由血液形成的，血液渗透压与组织液渗透压、细胞内液渗透压几乎相等，因而医学上是以正常人血浆的渗透压为衡量标准进行确定的。而血浆渗透压的正常值范围为 $280 \sim 320 mmol \cdot L^{-1}$，所以医学上规定：凡是渗透浓度在 $280 \sim 320 mmol \cdot L^{-1}$ 的溶液为等渗溶液，高于 $320 mmol \cdot L^{-1}$ 为高渗溶液，低于 $280 \ mmol \cdot L^{-1}$ 为低渗溶液。如 $50 g \cdot L^{-1}$ 葡萄糖，$9.00 g \cdot L^{-1}$ 生理盐水，$12.5 g \cdot L^{-1}$ $NaHCO_3$ 溶液均为等渗溶液。

临床上在给病人输液时，要求输入的必须是等渗水，为何要考虑这等渗条件呢？下面我们来看个例子，将红细胞置于以下几种溶液中，看有何现象发生：

$9.00 g \cdot L^{-1}$ NaCl 溶液：红细胞无任何变化。

$15.00 g \cdot L^{-1}$ NaCl 溶液：红细胞逐渐皱缩，粘连，形成团块（胞浆分离）。在血管中堵塞血管，即形成血栓。原因是 $c_{(外液)} > c_{(内液)}$，红细胞内水分子透过细胞膜出到膜外。

$5.00 g \cdot L^{-1}$ NaCl 溶液：红细胞逐渐肿胀，最后破裂（溶血）。原因是 $c_{(内液)} > c_{(外液)}$，细胞外液水分子进入红细胞内。

所以医学上在给病人输液时，需输入等渗水就是这个原理；剧烈运动后，应喝等渗水也是这一原理。市面上的运动饮料健力宝就是等渗水。洗涤伤口时，应用等渗水，否则会引起伤口更加疼痛。眼药水的配制必须是等渗水，否则，滴入眼睛会感疼痛。婴儿用洗涤用品除要求 pH 为 7.0 外，还应与医学上的等渗范围相一致，以保证婴儿在洗浴中，以防浴液进入眼睛时引起不适。另外，经皮肤吸收的化妆品营养物质，由于细胞膜的通透性特点，应以小分子量的物质为宜，而不应以大分子形式存在于化妆品，否则皮肤无法吸收反造成浪费，大分子物质虽可从汗腺、皮脂腺吸收入体内，但这种吸收是极其有限的。如宣称化妆品中的蛋白质能经皮肤吸收是值得怀疑的，实际上应先水解为氨基酸小分子，才有利于皮肤的吸收。

第二节　界面性质与表面活性剂

　　自然界的物质是以气、液、固三态(或称三相,triphase)存在的,每一相的物理化学性质是一致的,它们以气-液、气-固、液-液、液-固、固-固等相互接触但以不同的聚集状态相互组合而成。在相与相之间必然存在着界面,而且不同相的接触就有不同类型的界面。在不同的两相界面间发生的物理化学现象统称为界面现象,在气相与其他相之间则习惯称为表面现象。

一、界面性质——吸附作用

1. 界面张力与界面能

　　分子之间都有吸引力,称范德瓦尔斯力。在固体或液体的同相内部,这种吸引力互相平衡,但在界面部分两相之间的分子吸引力则不同,如图1-2所示的气-液两相中,处于液体内部的 A 分子受到周围分子的吸引力是对称和平衡的,因而是相同的,所以 A 分子处于均衡的力场中;但处于液体表面的 B 分子的情况就不同,由于

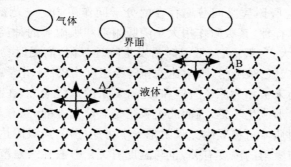

图 1-2　表面张力的来源

气体密度小得多,B 分子受到液体内部分子的引力与受到其上气体分子的吸引力是不等同的,气体对 B 分子的吸引力小,几乎可忽略不计,结果是 B 分子受到合力向内的拉力,这种合力力图把表面层上的分子拉入液体内部,也就是说在表面恒有一种抵抗扩张的力,称为表面张力(或称表面自由能)。因此,欲将液体分子从相内部移到相表面上去,必然要克服相内部分子的拉力而对它作功,这个功就等于界面分子所贮藏的位能,称为表面功 E(或表面能),它等于界面张力 σ 与界面面积 s 的乘积:

$$E = \sigma s$$

　　我们都知道,自然界的物质能量越低越稳定,因此物体有自动降低其位能的趋势,正如水往低处流,高物往低处落一样。物体的界面能也有降低的趋势,而且界面能越大,降低的趋势也越大。从表面能的公式可知,液体表面能的减小可通过自动

减小 σ 或减小 s 两种方式来实现。对于纯液体，由于 σ 在恒温下为一常数，因此其表面能的减小，只有通过减小 s 的办法来实现。例如水珠和汞滴常呈表面最小的形状——球形，就是这个原理。若保持液体 s 不变，表面能的减小只有通过减小 σ 来实现，此时，液体表面只有通过从周围介质中自动吸引其他物质的分子、原子或离子填入其表面层来降低它的表面张力，从而降低表面能，这就是吸附作用。

这里所说的吸附，就是一种物质从它的周围吸引另一物质的分子或离子到它的界面上或界面层中的过程。具有吸附作用的物质叫吸附剂，被吸附剂吸附的物质叫吸附质。

事实上，在气-液、气-固、液-液、液-固、固-固等相互接触但不同的聚集状态的两相间均存在着界面能，同样地恒有自动降低其界面能的倾向。所以在上述任意两相之间的界面上都可能产生吸附。

2. 固体表面上的吸附

固体一般不能自动改变表面积来降低界面能，它主要通过吸附其他物质在自己的表面上来降低界面张力，从而达到降低界面能的目的。

固体表面吸附按吸附作用力的不同，分为物理吸附和化学吸附两类。物理吸附靠的是在吸附剂与吸附质之间普遍存在的分子间作用力——范德瓦尔斯力来实现。此种吸附无选择性，其吸附作用大小随吸附剂和吸附质的种类、性质的不同而异；受温度影响较大，一般而言，低温时易发生物理吸附，高温时物理吸附减小；并且越易液化的气体越易被吸附，吸附速度和解吸速度均较快。化学吸附是吸附剂表面原子的成键能力未被相邻原子所饱和，还有剩余的成键能力，在吸附过程中吸附剂与吸附质之间可形成化学键，因而此类吸附是有选择性的，只有与吸附剂之间能形成化学键的吸附质才可被吸附。吸附是一个可逆过程，当吸附达平衡时，吸附质被吸附的数量既与吸附的浓度有关，也与温度有关。一般在一定范围内，吸附质的浓度愈高，被吸附的量愈大；温度愈高，被吸附的量愈小。

很多疏松多孔性固体物质，如活性炭、硅胶、活性氧化铝和分子筛等都有很大的比表面积（$200 \sim 1\,000\text{m}^2/\text{g}$），因而具有巨大的吸附力，可除去大气中的有毒气体，净化水中的杂质，在药学或化妆品学中用于分离提取中草药中的有效成分，同时除去中草药制剂中的植物色素。

3. 液体表面上的吸附

液体表面也因某种溶质的进入而产生吸附，使液体表面张力发生相应的变化。液体表面因溶质的加入而出现的吸附分为两种：一种为加入的溶质能降低系统的表面张力，从而降低系统的表面能，在液-液界面间吸附较多的溶质分子（或离子），此时，表层的浓度大于内部浓度，这种吸附叫正吸附；第二种正好与正吸附相反，加入的溶质将增大溶剂的表面张力，为了降低表面张力，溶液表层将尽可能地排斥溶质分子（或离子），使其尽量进入溶液内部，从而降低体系的表面能，此时溶液表层的浓度小于其内部浓度，这种吸附叫负吸附。

吸附现象一般有三种情况,以水为例说明:

① NaCl、NH₄Cl、Na₂SO₄、KNO₃等无机盐以及蔗糖、甘露糖等多羟基有机物溶于水,可使水的表面张力升高;

② 醇、醛、酸、酯等绝大多数有机物进入水中,可使水的表面张力逐渐降低;

③ 肥皂及各种合成洗涤剂(含有8个碳原子以上的直链有机酸的金属盐、硫酸盐或苯磺酸盐)进入水中,可以使水的表面张力开始时急剧下降,随后基本保持不变。

凡是形成负吸附的物质称为惰性物质,而能形成正吸附的物质(或能降低表面张力的物质)则称为表面活性物质(surfactant,surface active substance)或表面活性剂(surface active agent)。

二、表面活性剂

表面活性剂分子的化学结构主要由非极性(疏水性)基和极性(亲水性)基两个基团所构成,这两个基团分别处于分子的两端,形成不对称的结构,同时也使其成为又亲油又亲水的双亲分子,如图 1-3 所示,这两类性质相反的两亲性基团是表面活性剂在化学结构上的共同特征。

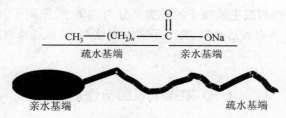

图 1-3　表面活性剂的基本结构(脂肪酸盐)示意图

常见的亲水基端的极性基团有—OH、—COOH、—NH₂、—SH、—SO₂OH 等,疏水基端的非极性基团通常为一些直链的或带有侧链的有机烃基(如烷烃、烯烃)、醇或多元醇、胺类和季铵、脂肪酸、酰胺、硫醇醚及含硅、氟类烷基等、环状类有苯环、环烷、环脂、苯酚、酚醚、萘基、吡啶及吡咯、多链及支链、高分子结构的环氧乙烯、环氧丙烯等。由于表面活性剂具有两亲基团,当其进入油水两相组成的溶液时,亲水的极性基团有进入水的倾向,而亲油的非极性基团则力图离开水相。当表面活性剂加入的量不大时,其可在水的表面形成定向排列起来的薄膜,见图 1-4(a)所示;当进入水中的表面活性剂达到一定的量时,表面活性剂在形成分子表面膜的同时,也逐渐聚合集中在两种不相溶的液体的界面,此时疏水基团也互相靠拢并缔合起来,形成亲水基朝向水而疏水基朝向内的直径在胶体范围(1~100nm)的缔合体,这种缔合体就称为胶束。由于胶束的形成减小了疏水基与水的接触面积,从而使体系表面能降低,处于稳定状态,见图 1-4(b)所示。

当表面活性剂达到一定的浓度时,在溶液中缔合成胶团,即表面活性剂可将不

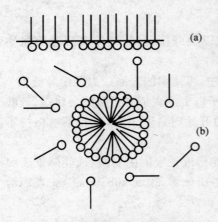

图 1-4 表面吸附与胶束形成示意图
(a)表面定向吸附 (b)胶束的形成
(图中圆为极性头,直线为非极性基尾)

溶于水的动植物油脂或其他有机物裹在其中形成胶束,这种作用称为增溶。肥皂液(或合成洗涤剂液)用于洗涤服装上的油渍就是利用其增溶作用。

开始形成胶束时表面活性剂的最低浓度称为临界胶束浓度(critical micelle concentration,CMC)。表面活性剂的临界胶束浓度在不同条件下并非常数,其数值受温度、表面活性剂量、分子缔合程度及溶液的 pH 值和电解质存在的影响。在浓度接近 CMC 的缔合胶体中,胶束中的表面活性剂分子的缔合数小于 100 时,呈球形结构;在大于 10 倍的 CMC 浓度时,胶束的缔合数增多,胶束形状转为圆柱模型、层状模型、泡囊模型(亦称脂质体,由脂质双分子层形成的脂质膜所构成的单层、几层或多层的球形超微细囊)。

表面活性剂按其在水中解离出的活性部分分为两大类,凡能电离、生成亲水基离子的叫离子型表面活性剂,凡不能电离、不生成离子的叫非离子型表面活性剂,其中离子型表面活性剂按生成离子的种类又分为阴离子、阳离子、两性离子表面活性剂。此外,还有天然表面活性剂、高分子表面活性剂、硅氧烷系表面活性剂和碳氟系表面活性剂。

(一) 阳离子表面活性剂

阳离子表面活性剂是指能在水中解离出具有表面活性的阳离子。阳离子表面活性剂大部分是含氮化合物,也就是有机胺的衍生物。它至少含有一个长链的疏水基团和一个带正电荷的亲水基团,长链的疏水基团通常是脂肪酸或石油化学品的衍生物。阳离子表面活性剂的正电荷一般由氮原子携带,也可以由硫和磷原子携带,如季铵盐等解离后的活性部分带正电,故称阳离子表面活性剂。有机胺盐表面活性剂易在 pH 值较高(>7.0)的介质中析出而失去活性,也会与大分子的阴离子结合导致失活而产生沉淀,这是它的一大缺点。

目前常用的阳离子表面活性剂是季铵盐和吡咯衍生物。季铵盐阳离子表面活性剂比胺盐优越,其不受介质的酸碱性影响,而且它还有一个与其他表面活性剂不同的特点,即其水溶液有很强的杀菌作用。

阳离子表面活性剂可在界面和表面上吸附,达到临界胶束浓度时在溶液中形成胶团,从而降低溶剂的表面张力,表现出表面活性。阳离子表面活性剂很易被人的皮肤、头发和牙齿所吸附。但其洗涤作用是有限的,其抑菌性和对硬表面吸附的亲合性较突出,因而在化妆品中主要用作杀菌剂、抑菌剂、头发调理剂、皮肤柔软剂和抗龋齿添加剂、抗静电剂、纺织柔软剂等。

（二）阴离子表面活性剂

表面活性剂解离后活性部分为阴离子的称为阴离子表面活性剂。如直链烃基、环状芳基、萘基等的硫酸盐、羧酸盐、磺酸盐、磷酸盐、砷酸盐均属于此类。其活性常受氢离子浓度和金属离子浓度的增加而减弱，pH 值在 7.0 以上的活性强，pH 值降至 5.0 以下的活性较弱。

按亲水基种类可将阴离子表面活性剂分成五大类：

1. N-酰氨基酸及其盐

由 α-氨基酸的氨基酰化后制得，酰基部分可以由单一的脂肪酸或天然脂肪酸引入。此类表面活性剂性质较温和，无刺激性或刺激性极小。主要用于皮肤的清洁剂和香波，对皮肤和毛发有柔软作用。

2. 羧酸盐和羧酸酯盐

羧酸盐通式：$RCOO^-M^+$

式中 R 为脂肪酸的烃基链，C 原子在 $C_{10\sim18}$ 之间，M 为金属离子，有单价金属离子（Na^+、K^+、NH_4^+）、多价金属离子（Ca^{2+}、Mg^{2+}、Zn^{2+}、Al^{3+}）、有机铵离子。多价金属离子羧酸盐表面活性不突出，称为金属皂。单价羧酸盐常用作乳化剂，以制备 O/W 型膏霜或乳液。$RCOO^-M^+$ 是以牛油、椰子油、棕榈油为主的动植物油脂与碱溶液一起加热皂化而得。由于原料油脂的组成不同，所得物质的性质也各自不同：当亲油部分极性大时，比较容易溶于水；但当亲油部分极性小时，其溶解性将降低，主要做化妆品的油相组分。化妆品中使用的脂肪酸牛油、椰子油等是天然脂肪酸，对正常的健康皮肤不会引起不良反应。由于此类表面活性具有很好的去垢作用和去沫作用，常用于制造洗脸用肥皂、洗脸用乳膏、剃须膏等。此类表面活性剂常与非离子表面活性剂合用。

羧酸酯盐包括小部分二元或三元羧酸生成的单酯、多元羧酸双酯、羧酸与带羟基的羧酸反应生成的酯。这类表面活性剂的特点是羧酸基形成亲水性的阴离子，与酯连接部分为亲油酯，酯基部分在接近中性条件下稳定，在较强酸性条件下会发生水解。其对皮肤作用较温和，在化妆品使用条件下稳定。

3. 磷酸单酯和双酯及其盐

通式：

$[RO(CH_2CH_2O)_n]_xPO(OM)_{1\sim2}$ [R：油醇基，C_8 以上醇基，M：Na、K、胺类]

这类表面活性剂双酯的亲油性比单酯的强，它们的盐类可溶于水，在有机溶剂中也有一定的溶解度。市售的产品多数是单酯和双酯的混合物，具有良好的乳化、润滑、抗静电、洗涤和缓蚀作用。此类表面活性剂中的油醇类具有高渗透性能，对皮肤、眼睛有刺激,但其盐类的刺激性和毒性相应低些。

4. 磺酸及其盐

通式:RSO_3M

此类的表面活性剂典型例子就是烷基苯磺酸盐。由于磺酸是强酸,在化妆品和洗涤用品中只应用磺酸盐类。这种表面活性剂具有某些抑菌和杀菌的特性。主要用途是用于洗涤剂,在化妆品中应用不很广泛。

5. 硫酸酯盐

通式:$ROSO_3M$ $[R:C_{8\sim18},M:Na^+、K^+、N(CH_2CH_2OH)_3]$

硫酸酯盐是由鲸油中提取的鲸蜡醇、油醇精制后经硫酸酸化后与碱中和而得。这种表面活性剂是中性的,洗涤能力很好,对硬水稳定,且发泡适当,因而它主要用于洗涤剂和香波。但其在酸性介质中易水解,使其应用受到一定的限制。

以上简单介绍了阴离子表面活性剂的类别与用途。实际上,阴离子表面活性剂是化妆品中应用最广的一类表面活性剂,它约占表面活性剂总量的70%～75%。但某些表面活性剂也有一定的刺激性,使用时需注意。如可作乳化剂、分散剂、湿润剂、稀释剂等较常用的阴离子表面活性剂三乙醇胺,可经皮肤吸收,对皮肤、黏膜和眼产生刺激。据国外有关资料介绍,约50%以上的化妆品含浓度不等的亚硝酸类物质,这些物质可被皮肤、黏膜吸收后进入血液,损害肝脏。化妆品中的亚硝酸类大多也是来自配入化妆品中的乳化剂如三乙醇胺等。又如常用于牙膏、肥皂、洗发剂、刮脸膏、洗面乳等的烷基硫酸酯盐和聚乙烯基硫酸酯基盐,对皮肤脱脂力强,可致皮肤干燥、粗糙。常用于洗发剂的烷基苯磺酸钠能消除脂肪,致皮肤干燥、粗糙,为湿疹等皮炎的原因物质,且疑有致畸性。归结起来,化妆品中的表面活性剂可能会对皮肤造成的不良作用有:对皮肤有一定的刺激作用;对皮肤有一定的致敏作用;表面活性剂的性质决定了它对皮脂膜具有脱脂作用、对表皮细胞及天然调湿因子有溶出作用,导致皮肤的保水能力降低;表面活性剂的脂溶性还具有促进皮肤对化妆品中其他成分的吸收作用以及对自身表面活性剂的吸收作用,使化妆品中的有效成分进入机体的同时也使不该进入机体的异物被吸收入人体内,久之,有可能会造成积累性中毒。

(三) 非离子表面活性剂

非离子表面活性剂是一类溶于或悬浮于水中不离解成离子状态,以中性分子形式存在的化合物。这类表面活性剂中构成亲水基团的主要是一定数量的含氧基团(一般为醚基或羟基),亲油性基团则是长链脂肪醇及烷芳基或长链脂肪酸等,它们以醚链或酯键相结合。由于这一结构特点使其在溶液中不是以离子状态存在,稳定性高,不易受强电解质无机盐类存在的影响,也不易受酸、碱的影响,比离子型表面活性剂优越。与其他类型表面活性剂相容性好,在水中及有机溶剂中都有较好的溶解性。其水溶液的表面张力低,增溶作用强,具有良好的乳化能力和洗涤能力,能在较广的 pH 值范围内作用。

常见的非离子表面活性剂按化学结构不同,分为醚类(如脂肪醇聚氧乙烯醚、烷基酚聚氧乙烯醚)、烷基醇酰胺类(如烷基乙醇酰胺、乙氧基化酰胺)、氧化胺及其衍生物、酯类非离子表面活性剂(如乙氧基化单甘酯)等四类。按在水中溶解度不同,可分为不溶型(多元醇脂肪酸酯,如硬脂酸甘油酯和山梨醇酯),其 HLB 值小于3,可用作 W/O 型乳化剂或 O/W 型的油相稳定剂;悬浮型(多元醇的酯类,如油酸山梨醇酯),其 HLB 值为 4～10 之间;可溶型(如环氧乙烷),其 HLB 值大于 10,可作 O/W 型乳化剂。

(四) 两性表面活性剂

两性表面活性剂是指分子结构中具有阳离子亲水基团,又同时具有阴离子亲水基团的表面活性剂。其特点是在强酸性的介质中,亲水基团带正电荷,表现出阳离子表面活性剂特性;在强碱性介质中,亲水基团带负电荷,表现出阴离子表面活性剂特性;在中性介质中则呈两性。其两性可用下式表示:

$$[RNH_2CH_2CH_2COOH]^+X^- \rightleftharpoons [RN^+H_2CH_2CH_2COO^-] \rightleftharpoons [RNHCH_2CH_2COOH]^-B^+$$

强酸性介质阳离子亲水基　　　中性介质两性亲水基　　　　强碱性阴离子亲水基

X^-:代表阴离子如 Cl^-;B^+:代表阳离子如 K^+

两性表面活性剂具有以下特点:对皮肤、眼睛刺激低,低毒性,耐硬水和较高浓度的电解质,有一定的杀菌性和抑霉性,有良好的乳化和分散效能,对织物有优异的柔软平滑和抗静电作用,可与其他表面活性剂配伍,并有协同作用,可吸附在带正电或带负电的物质表面,而不会形成憎水膜,因而有很好的润湿性和发泡性,还有良好的生物降解性。两性表面活性剂在化妆品中的应用是有限的,但在日化工业中已受广泛重视。

两性表面活性剂通常可分为三类:甜菜碱类、β-氨基丙酸类、咪唑啉类。

(五) 天然表面活性剂

天然表面活性剂是以植物或动物组织(如植物种子、根、茎、叶,动物组织和分泌物等)为原料,通过物理过程或物理化学的方法提取而得。它广泛存在于生物体内,起代谢作用和结构形成作用,具有一定的生理活性和泡沫、乳化、分散、润湿、增溶作用,是一类多功能的表面活性剂。

如在化妆品中应用较广的有卵磷脂和茶皂素。卵磷脂主要来自大豆油,其次为玉米油、芥菜籽油、菜籽油和红花油等,少量来自蛋黄。卵磷脂在化妆品中主要用作乳化剂、泡沫稳定剂和软化剂,其通常形成 O/W 型乳液。醇溶的易形成 O/W 型,而在醇不溶的易形成 W/O 型。此外,卵磷脂在酸性环境下易形成 W/O 型,在碱性条件下易形成 O/W 型。茶皂素是从山茶科植物种子中提取的天然产物。茶皂素具有表面活性剂优良的综合性能；发泡作用很强，其水溶液具有持久稳定的泡沫，不受水的硬度的影响，具有较强的乳化能力，去污能力中等，对皮肤上的真菌还有抑制作用和明显的抗炎症功效，能提高头发的抗拉强度和易梳性，并有去屑止痒作用。主要用于调理香波和沐浴制品。

第三节 乳 化

一、乳化基本概念

（一）乳 化 体

我们都知道，当把少量油加入与其互不相溶的水中剧烈振荡，油会被分成细小的颗粒而形成乳化体（又称乳状液）。这里所说的乳化体是指由两种完全不相溶的液体所构成的二相体系，它是一种液体以十分细小的液珠形式分散在另一种与它不相溶的液体相中而形成。其中一种或数种物质分散在另一种物质中所成的系统称为分散系，被分散的物质称分散质（分散相），而容纳分散相的连续介质则称为分散剂（分散介质）。如刚才所说的油水混合体系中的少量的油就称为分散质，水则为分散剂。又如生理盐水中的氯化钠为分散质，水为分散剂。

油和水相混合时所形成的体系——乳状液并不是一个稳定体系，当静置后，它们很快又会分层。这是由于在形成乳状液的过程中，油所形成的细小颗粒导致其表面积大大增加，即表面能迅速增大，而具有很大表面能的体系是不可能稳定的，体系将自动减小表面能，重新聚合形成油和水两层，使体系的表面积和表面能处于最小情形，恢复稳定状态，这是油水自动分层的原因。

如要获取比较稳定的乳状液，必须向乳状液中加入能降低两液相间的界面张力的物质——表面活性剂来增加体系的稳定性。例如肥皂、蛋白质、胆甾醇、卵磷脂、有机酸等都具有这样的作用，这种具有稳定乳状液作用的表面活性物质，称为乳化剂。乳化剂的作用在于使由机械分散所得的液滴不相互聚结。乳化剂的种类很多，如蛋白质、树胶、肥皂或人工合成的表面活性剂。

（二）乳化体类型

通常说的乳化体里的互不相溶的两相液体，一相是指水或水溶液，统称为"水"（用"W"代表）；另一相是与水互不相溶的有机液体，统称为"油"（用"O"代表）。但无水乳化体也有，如由甘油和生物油组成的乳化体就是无水乳化体。若油为分散质而水为分散剂，则称为"水包油型"乳化体，以符号"O/W"表示，例如牛奶就是奶油分散在水中形成的 O/W 型乳化体；若水为分散质而油为分散剂，则称为"油包水型"乳化体，以符号 W/O 表示，例如新开采出来的含水原油就是细小水珠分散在石油中形成的 W/O 型乳化体。乳化体总体上可分成这两大类。

化妆品中一般 O/W 型乳化产品有舒适的使用感,少黏性,是易被溶化的产品,市场上大部分的化妆品属于此型;W/O 型乳化产品有油腻感,此类型的配方主要用于晚霜、按摩霜及用于干性皮肤的制品。其次,乳化颗粒大小与产品外观有一定的关系,如表 1-1 所示。

表 1-1 乳化颗粒大小与产品外观的关系

颗粒大小	外观	颗粒大小	外观
$>1\mu m$	乳白色乳状液	$0.05\sim0.1\mu m$	灰色半透明液
$0.1\sim1\mu m$	青白色乳状液	$<0.05\mu m$	透明(增溶)

一般化妆品用的膏霜和乳液类产品的颗粒大小约为 $0.5\sim5\mu m$。乳化体颗粒大小不同呈现不同的外观,原因是:光的波长为 $0.4\sim0.8\mu m$,当颗粒直径远大于入射光的波长时,光主要以反射为主,体系呈不透明状;当颗粒直径远小于入射光的波长时,光则完全透过,体系呈透明状;当颗粒直径稍小于入射光的波长时,光有散射现象,体系呈半透明状。

O/W 型和 W/O 型乳化体的鉴别可通过稀释法和电导法、染色法、滤纸润湿法等加以区分。这里不再叙述。

二、各类型乳化体的制备

(1)要制备 O/W 乳化体,必须选用一种在水中溶解度较好的乳化剂。在乳化体中,若采用阴离子型或阳离子型乳化剂,则乳化剂的亲油部分被吸附在油相分散质的表面,亲水部分在油水界面上。由于油滴表面同种电荷的排斥作用,使油滴无法聚合,乳化体趋于稳定。同时由于表面活性剂在油珠外形成了一层保护膜,它不再是不溶于水的了。因此,水成了最好的溶剂。

为制得稳定的乳化体,必须加入足够的乳化剂以包围住每一个液滴。在油和水中具有相同的溶解度的乳化剂会导致不稳定的乳化体,制备 O/W 型乳化体时不宜选用这样的乳化剂。

(2)要制备 W/O 型乳化体,乳化剂必须在油中有良好的溶解性,同时必须能降低油水间的界面张力。在 W/O 型乳化体中,乳化剂分子亲水部分溶于分散质的水分子上,而无电荷的憎水尾巴浸入油中。显然分散质的粒子是不带电的。W/O 型乳化体形成的这种无电荷的界面膜必须较为牢固,这样才会阻止分散水珠的聚集。

对于 W/O 型乳化体,采用复合乳化剂将比采用单一乳化剂能产生更大稳定性。

(3)另还有一类称"微乳化"(10~100nm)或"透明乳化体"(1~10nm)、"胶束乳化体"、"可溶性油"等的乳化体,它是一种介于一般乳状液与胶团溶液之间的分散体系,是一种新的化妆品的载体。它既可以 O/W 型乳化体存在,也可以 W/O 型乳化体存在。这类化妆品外观透明而诱人,且不会硬化或滴流,具有使用方便的特点。它的制备方法是使油、水具有相同的折光率,或使分散质液滴直径小于可见光波长的 1/4(即小于 120nm),此时的乳化体将不会发生折射,体系呈连续的状态,眼睛感觉是透明的。这种微乳化体呈现出透明质状的本质就是分散质液滴的直径较小,小于 0.1μm。

微乳化体可由各种脂肪族化合物制得,不管是 W/O 型乳化剂还是 O/W 型乳化剂,除选择合适的乳化剂,在油、水相中还需加入适量的极性有机物(一般为醇类),而且表面活性剂及极性有机物的浓度相当大。如果制得的乳化体是混浊的,这是由于乳化体不能维持微乳化体的缘故,在这种情况下,可增加乳化剂的浓度或者降低油相的浓度。微乳化体的黏度通常较低,给人以有效成分低的错觉。增加乳状液黏度可通过升高或降低乳化剂的浓度而得到调整,也可增加多羟基醇的量,如甘油和丙二醇等,但易导致透明度和稳定性的损失。另外,由于微乳状液中的表面活性剂较高,也会产生不良的作用。这些因素限制了微乳状液在化妆品中的应用。

对于 O/W 型的微乳化体配方按重量比通常包含有 10%～40%脂肪酯,20%～80%水,3%～15%烷基醇酰胺,1%～25%聚氧乙烯酯或醚型的表面活性剂。

(4) 无水乳化体可用各种多元醇和橄榄油作为两相制得无水乳化体。

三、增 溶

前面我们提到过,表面活性剂可使不溶于水的动植物油脂或其他有机物裹在其中形成胶束,从而使不溶于水或难溶于水的有机化合物在水溶液中溶解度显著增加,这种作用称为增溶。

当表面活性剂的浓度达到 CMC 时,水溶液中则具有构成亲水基向外、亲油基向内的集合体(胶束)的性质。而且随着表面活性剂浓度增大,生成的胶团数愈多,增溶作用愈强。表面活性剂和被增溶物的结构、有机物添加剂、无机盐及温度等皆影响其增溶能力的大小。稳定的乳化剂外观上呈透明状态,实际上就是增溶的结果,它是乳化分散的油分进入胶束中,由于油分的粒子比光的波长小,光可透过乳状液而不产生折射。目前,这种增溶技术已在化妆水、生发水、古龙水、科隆水等产品中得到广泛的应用。

近年来,化妆品与疗效化妆品中常加入活性成分或药物成分以增加化妆品的作用,而一般活性成分及药物的结构较复杂,溶解度较小,但在化妆品中又需达到一定浓度才有效,这就需通过增溶作用以达到这一目的。

由增溶呈透明状的水溶液,在阴暗处用光线照射时,光线透过的部分呈白浊状。这一现象称为丁铎尔(Tyndall)现象,可与真溶液区别开来。

四、亲水-亲油平衡值——HLB

（一）HLB 值

表面活性剂的分子都是两亲性分子,含有亲水基团和亲油基团。不同乳化剂分子中亲水和亲油基团的大小和强度均不同。而作为乳化剂的表面活性剂必须具有良好的表面活性,产生低的界面张力,也就是说,这种表面活性剂有趋向于在界面集中的倾向,不易留存于界面两边的体相中,因而要求表面活性剂的亲水、亲油部分有恰当的(平衡)比例。在任一体相中有过大的溶解性均不利于产生低的界面张力(即不易吸附);同时还应具有在界面上形成相当结实的吸附膜,即界面上的吸附分子间有较大的定向引力。这也和表面活性剂分子的亲水、亲油部分的大小、比例有关。为了更好地表现活性剂的性质,葛里芬(W. C. Griffin)在总结前人大量实验结果的基础上提出:表面活性剂分子中亲水基的亲水性,与亲油基的亲油性之比决定了表面活性剂的性质,而各种表面活性剂的亲水亲油性质可用一个 HLB 值(称为亲水-亲油平衡值)表示。所谓 HLB 值,是人为的一种衡量乳化剂亲水性大小的相对值,其值越大,表示该乳化剂的亲水性越强;反之,其值越小,该乳化剂的亲油性越强,其中点为 10 左右。如某乳化剂的 HLB=18 时,说明其亲水性强,可制成 O/W 型乳状液;若乳化剂的 HLB=3,则其亲油性较大,可制成 W/O 型的乳状液。

现在表面活性剂分子的 HLB 值,均以石蜡的 HLB=0,油酸的 HLB=1,油酸钾的 HLB=20,十二烷基硫酸钠的 HLB=40 作为标准。其他表面活性剂的 HLB 值通过乳化实验对比乳化效果,分别确定其 HLB 值,处于 0～40 之间。通常非离子表面活性剂的 HLB 值处于 1～20 之间,阴离子及阳离子表面活性剂的 HLB 值则为 1～40 之间。

表 1-2 和表 1-3 列出主要表面活性剂和油性原料的 HLB 值及其范围和用途。表中 HLB 大者为亲水性,HLB 小者为亲油性。

表 1-2　某些表面活性剂的 HLB 值

表面活性剂	HLB 值	表面活性剂	HLB 值
油酸	1	单月桂酸山梨醇酐酯	8.6
单硬脂酸山梨醇酐酯	4.7	甘油单油酸酯	3.4
倍半油酸山梨醇酐酯	3.7	豆油卵磷脂	8.0
单月桂酸聚氧乙烯山梨醇酐酯	16.7	失水山梨醇三硬脂酸酯	2.1
单硬脂酸聚氧乙烯山梨醇酐酯	14.9	甘油单硬脂酸酯	3.8
三油酸聚氧乙烯山梨醇酐酯	11.0	甘油单月桂酸酯	5.2
羊毛脂醇	1	油酸钾	20

（二）HLB 的用途

1. 选择乳化体系

按目的要求选择乳化剂体系的原则是使该体系的 HLB 值与油相所需的 HLB 值相近。可根据表 1-3 所列的 HLB 值选择乳化剂、润湿剂、洗涤剂和增溶剂等。

表 1-3 HLB 值范围及其用途

HLB 值范围	主要用途	HLB 值范围	主要用途
1.5~3	消泡剂	8~18	O/W 乳化剂
3~6	W/O 乳化剂	13~15	洗涤剂
7~9	润湿剂	15~18	增溶剂

从表 1-3 可知,通常 HLB 值在 3~6 范围的表面活性剂才适用作 W/O 乳化剂,HLB 值在 8~18 范围的表面活性剂适宜作 O/W 乳化剂,HLB 值在 7~9 范围的表面活性剂适用于作润湿剂,HLB 值在 13~15 范围的表面活性剂适于作洗涤剂,HLB 值在 15~18 之间的表面活性剂适用于作增溶剂。

HLB 值只能在配制乳液时,确定所形成的乳液类型,不能说明乳化能力的大小。增加乳化剂的用量,则乳化能力增加,达到某一点后,再增加用量也不能增强乳化作用。而且过量的乳化剂只会对皮肤的刺激作用增大,引起乳液的不稳定。只有使乳化剂所能提供的 HLB 值与油相所需要的 HLB 值相吻合,才能得到性能良好、稳定的乳化体。

表 1-4 油性原料的 HLB 值

油性原料	W/O 型乳化	O/W 型乳化
硬脂酸	6	15
鲸蜡醇	—	13
蜜蜡	4~6	9~12
矿物油(轻质)	5	12
矿物油(重质)	4	10
硬脂醇	7	15~16
凡士林	4~5	7~8
棉籽油	5	6
石蜡	4	10
煤油	6	12
羊毛脂(无水)	8	10~12

2. 选择油相组分

对于指定的油水体系,存在一个最佳的 HLB 值,乳化剂的 HLB 为此值时效果最好。此 HLB 值可利用一对已知 HLB 值的乳化剂,一个亲水,另一个亲油。将两者按不同比例混合,用混合乳化剂制备一系列乳状液,找出乳化效果最好的混合剂,其 HLB 值便是该油/水体系所需的 HLB 值。乳化一定的油相需要一定的 HLB 值,即称为此种油所需的 HLB 值。表 1-4 列出常用各种油相所需的 HLB 值。

五、化妆品的基本剂型和乳化剂的应用

化妆品的基本剂型有两种:固体化妆品和液体化妆品。固体化妆品的种类就有

很多,最基本的类型有霜类、膏类、粉类、硬膏(如唇膏)、块状(如粉饼、胭脂等)、锭状(整发条、口红等)、笔状(如眉笔、眼线笔、口红等)、胶冻状(发型胶冻、凝胶等)。液体化妆品常见的有化妆水、香水、花露水、生发水、头油、香波、乳液、防晒油、蛤蜊油、指甲油、睫毛油等。

这两类化妆品的制备都离不开乳化技术。其中固体化妆品中的霜类和膏类以及液体化妆品中的蜜类都是通过加入乳化剂使油水混合而制成的混合物。在这里加入乳化剂的原因是由于油和水不能相混,油和水形成的微液滴表面张力很大,不可能稳定存在,只有靠加入乳化剂使水和油的界面张力降低,使油滴微粒分散于水中,从而具有了稳定的乳化状态,即形成了水包油型(O/W 型)乳状液;或者使水滴微粒分散于油中,形成油包水型(W/O 型)的乳状液。在液体化妆品中,除了以上叙述的蜜类外,其余的也是以水或油或乙醇为基质,配入其他物质制成,所配入的物质通常必须能被充分地溶解,因此,常加入助溶剂——乳化剂,使化妆品中的成分相互溶解,外观呈均一状态。

六、乳化技术

要获取高质量的乳化体,一是要有合理的配方,即根据化妆品基质成分和添加剂成分,依据 HLB 值选择合适的乳化剂。通常乳化体的基本成分为:重矿物油35%,无水羊毛脂1.0%,十六醇1.0%,单油酸缩水山梨酯2.1%,聚氧乙烯单油酸缩水山梨酯4.9%,蒸馏水56%。二是要有科学的乳化技术,需考虑油、水相的加料顺序、加料方法、加料速度、加料时间、各相的温度、乳化剂的位置、油相与水相的浓度、性质及乳化温度、搅拌的类型及时间、冷却速度。如果乳化技术控制不好,将会导致产品乳化的失败。

(一)加入乳化剂的方式

(1)剂在水中法:将乳化剂直接加入水中,在激烈搅拌下将油加入。此法可直接产生 O/W 型乳化体,若继续加入油直到发生变型,可得 W/O 型乳化体。

(2)剂在油中法:将乳化剂直接溶于油相,将混合物直接加入水中,O/W 型乳化体直接形成,或将水直接加入混合物中,可得 W/O 型乳化体。

(3)初生皂法:将脂肪酸溶于油中,将碱溶于水中,二相接触,在界面将有皂生成,可得到稳定的乳化体。

(4)轮流加液法:将水和油轮流加入乳化剂中,每次只加入少量。

(二)混合时间与条件的影响

乳化体成分的混合方法有七种,它是将时间、温度、混合前后顺序、混合速率等各种因素均考虑在内的混合方式:

（1）慢慢将水相加入油相。

（2）迅速将水相加入油相。

（3）不快不慢地将水相加入油相。

（4）慢慢地将油相加入水相。

（5）油水混合。

（6）在冷的情况下，水相加入油相。

（7）在冷的情况下，油相加入水相。

以上七种方法中制备 O/W 型乳化体最好的方法是第二种混合方法。同时直接均化比混合后再均化的效率高。

第四节　有机化合物的基本知识

有机化合物与美容化妆品关系密切。制作化妆品的原料主要是有机化合物，化妆品的基本成分也就以有机化合物为主。因此，学习有机化合物的一些基本知识对从事美容化妆是必须的。

一、有机化合物的分类

有机化合物是碳氢化合物及其衍生物。

有机化合物种类繁杂，存在于化妆品中的有机化合物也同样数目众多，为学习方便，将有机化合物按碳链骨架和官能团进行分类。

（一）按碳链骨架分类

1. 开链化合物

这类化合物中碳和碳或碳和其他原子结合为链状。由于这类化合物最初是在脂肪中发现的，所以又叫脂肪族化合物。例如：

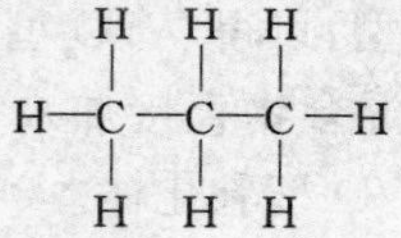

$$\begin{array}{ccccccc} & H & H & H & & & \\ & | & | & | & & & \\ H- & C- & C- & C- & H & 或 & CH_3CH_2CH_3 \quad 丙烷 \\ & | & | & | & & & \\ & H & H & H & & & \end{array}$$

2. 闭链化合物

这类化合物中碳和碳或碳和其他原子结合为环状。根据组成环的原子不同，又可分为碳环化合物和杂环化合物。

（1）碳环化合物：这类化合物分子中的环全是由碳原子组成。根据碳环的结构不同，又分为脂环化合物和芳香化合物。例如：

脂环化合物：

（2）杂环化合物：这类化合物中，组成环的原子除碳原子外，还有其他原子。例如：

　　　　　　呋喃　　　　　　　　　　吡啶

（二）按官能团分类

决定一类化合物一般性质的主要原子或原子团称为官能团。含有相同官能团的化合物，其化学性质基本上是相同的。根据分子中含有的官能团不同，可将有机物分成若干类。常见的官能团见表 1-5。

表 1-5　常见官能团

化合物类别	官能团	名称	化合物类别	官能团	名称
烯烃	$C=C$	双键	醛和酮	$C=O$	羰基
醇和酚	—OH	羟基	羧酸	—COOH	羧基
醚	—C—O—C—	醚键	酯	—C—O	酯键
硫醇	—SH	巯基	胺	—NH$_2$	氨基

二、有机化合物的命名

（一）烃的命名

只含碳和氢两种元素的化合物称为碳氢化合物，简称为烃。烃有开链烃和闭链烃，开链烃也叫脂肪烃。开链烃有饱和烃和不饱和烃。碳原子间以单键相连的链烃叫饱和烃，简称烷烃；碳原子间除单键相连外，还有双键或三键的链烃叫不饱和烃。含有碳碳双键的不饱和烃叫烯烃，含有碳碳三键的不饱和烃叫炔烃。化妆品中常见的是烷烃和烯烃。

1. 开链烃的命名

（1）系统命名法：是常用的命名法。其命名原则是：

① 选择连续的最长碳链为主链（母体），若是烯烃，则主链应含有 $\diagup$C＝C$\diagdown$ 。支链看作为取代基。

② 靠近支链一端用阿拉伯数字对主链碳原子编号，若是烯烃，则改为靠近双键一端编号。例如：

$$\begin{array}{ll}
\underset{\underset{\text{CH}_3}{|}}{\text{CH}_3\text{CH}_2\text{CHCH}_3} & \text{2-甲基丁烷} \\[2mm]
\text{CH}_2\text{＝CHCH}_2\text{CH}_3 & \text{1-丁烯} \\[2mm]
\underset{\underset{\text{CH}_3}{|}}{\text{CH}_3\text{CHCH＝CHCH}_3} & \text{4-甲基-2-戊烯}
\end{array}$$

（2）化妆品中几种常见的烷烃混合物的名称：

① 液体石蜡：主要成分是18～22个碳原子的液体烷烃混合物。又称白油。

② 石蜡：主要成分是20～30碳原子的固体烷烃混合物。

③ 凡士林：主要成分是18～32个碳原子的软膏状半固体烷烃混合物。

④ 地蜡：碳原子数在25个以上的固体烷烃混合物。

⑤ 角鲨烷：是含有30个碳原子的角鲨烯氢化后得到的烷烃混合物。角鲨烯由鲨鱼肝油中得到。

液体石蜡、石蜡、凡士林和地蜡是化妆品的基质原料，角鲨烷是皮肤滋润剂。

2. 闭链烃的命名

闭链烃有脂环烃和芳香烃。

（1）脂环烃是指具有脂肪烃性质的环烃。其命名原则与脂肪烃相似，只在脂肪烃的名称前加"环"字。例如：

环丙烷　　甲基环戊烷　　　环己烯

（2）芳香烃是指含有苯环结构的烃类。其命名原则是一般以苯为母体。例如：

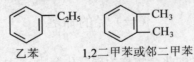

乙苯　　　　1,2二甲苯或邻二甲苯

（二）含氧有机化合物的命名

含氧有机化合物主要包括醇、酚、醚、醛、酮、羧酸、羟基酸和酯，其系统命名法的命名原则与烃相类似。母体是选择含有官能团的最长碳链，编号从靠近官能团一端，有时也会用希腊字母编号。下面的例子是在化妆品中常见的含氧有机物：

CH₃CHCH₃｜OH　　　2-丙醇(异丙醇)

CH₃CH CH₂｜OHOH　　　1,2-丙二醇(丙二醇)

CH₃—C(CH₃)—OH　　　2-甲基-2-丙醇(叔丁醇)

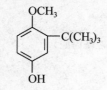　　　苯酚(石炭酸)

2,6-二叔丁基-4-甲酚(BHT)

CH₃CH₂OCH₂CH₃　　　乙醚

2-叔丁基-4-羟基苯甲醚
(2-叔丁基-4-羟基茴香醚或 BHA)

CH₃CH₂CH₂CHO　　　丁醛

β-苯丙烯醛(肉桂醛)

CH₃COCH₃　　　丙酮

CH₃COOH　　　乙酸(醋酸)

CCl₃COOH　　　三氯醋酸

CH₂＝CHCOOH　　　丙烯酸

HOOCCH₂CH₂CH₂CH₂COOH　　　己二酸

CH₃COOC₂H₅　　　乙酸乙酯

CH₃COOCH₂CH₂CH₂CH₃　　　乙酸丁酯

对-羟基苯甲酸甲酯

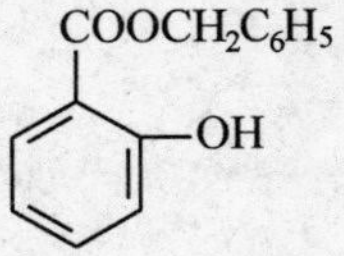

$COOCH_2C_6H_5$

OH

水杨酸苯甲酯
（或水杨酸苄酯）

此外，对于一些含氧有机物，还常用俗名，即根据其来源、性状等命名。例如：

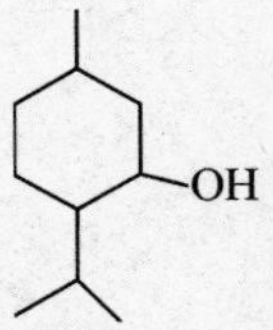

OH

薄荷醇

CH_2CHCH_2
$OH\ OHOH$

甘油

$C_{11}H_{23}COOH$　　　　　　月桂酸

$C_{13}H_{27}COOH$　　　　　　豆蔻酸

$C_{15}H_{31}COOH$　　　　　　棕榈酸（软脂酸）

$C_{17}H_{35}COOH$　　　　　　硬脂酸

$CH_3(CH_2)_7CH=CH(CH_2)_7COOH$　　　　油酸

$CH_3(CH_2)_4CH=CHCH_2CH=CH(CH_2)_7COOH$　　　亚油酸

$CH_3CHCOOH$
　　　OH

乳酸（α-羟基丙酸）

　　　　OH
$HOOCCH_2CCH_2COOH$
　　　　COOH

枸橼酸

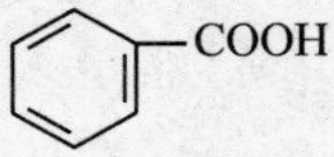

COOH

安息香酸（苯甲酸）

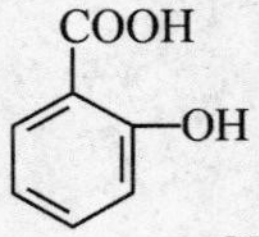

COOH
OH

水杨酸

OH
HO　　　OH

COOH

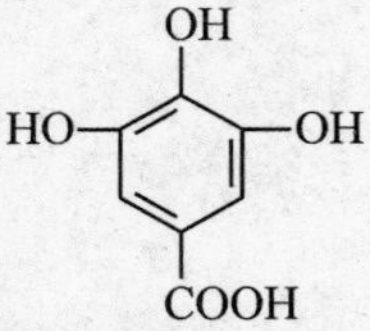

没食子酸

$CH_3CHCOOH$
　　NH_2

丙氨酸

$CH_2CHCOOH$
SH NH_2

半胱氨酸

（三）其他类有机化合物的命名

其他类有机化合物一般都有自己的命名原则，在化妆品中常见的有机物通常以俗名命名。例如：

$HOCH_2CH_2NH_2$　　　　　　　　　　　乙醇胺

$(HOCH_2CH_2)_3N$　　　　　　　　　　三乙醇胺

$$\underset{SH}{\overset{CH_2COONH_4}{|}}$$　　　　　　　　　　　　硫代乙醇酸铵

$C_{12}H_{25}OSO_3Na$　　　　　　　　　月桂醇硫酸钠（6501）

$C_{12}H_{25}SO_3Na$　　　　　　　　　十二烷基磺酸钠

$$\begin{array}{l} COOH \\ H——OH \\ HO——H \\ H——OH \\ H——OH \\ CH_2OH \end{array}$$　　　　　　　　葡萄糖酸

$$\begin{array}{l} CH_2OCOC_{17}H_{35} \\ | \\ CHOH \\ | \\ CH_2OH \end{array}$$　　　　　　　甘油单硬脂酸酯

$$\begin{array}{l} CH_2OCOC_{15}H_{31} \\ | \\ CHOCOC_{15}H_{31} \\ | \\ CH_2OCOC_{15}H_{31} \end{array}$$　　　　　甘油三棕榈酸酯

$$\begin{array}{l} RCOOCH_2 \\ R'COOCH \quad O \\ | \\ CH_2OP—OCH_2CH_2N^+(CH_3)_3OH^- \\ OH \end{array}$$　　　　　卵磷脂

胆固醇（胆甾醇）

$RO(CH_2CH_2O)_nH$　　　　　　　　　聚氧乙烯醚

对于杂环化合物则采用音译法，外文译出的汉字再加"口"字旁。例如：

　　　　吡咯　　　　　　　　　嘧啶
　　　　(pyrrole)　　　　　　　(pyrimidine)

三、化妆品常用有机化合物的基本性质

（一）烯　烃

烯烃是不饱和烃，具有 $\diagdown C\!\!=\!\!C \diagup$ 官能团，性质活泼，易发生加成、氧化、聚合等反应。

1. 加成反应

烯烃易与 H_2、X_2、HX 等试剂发生加成反应，生成饱和化合物。例如：

$$CH_2\!\!=\!\!CH_2+H_2 \xrightarrow{Pt} CH_3\!\!-\!\!CH_3$$
乙烷

2. 氧化反应

在氧化剂作用下，烯烃的 $C\!\!=\!\!C$ 易被氧化，生成醇、酮、酸或 CO_2 等氧化产物。因此含有烯烃成分的化妆品要注意保存，避免氧化而变质。

3. 聚合反应

不饱和化合物的小分子，在一定条件下自身加成结合成大分子的反应叫聚合反应。例如：

$$n CH_2\!\!=\!\!CH_2 \longrightarrow \left[CH_2\!\!-\!\!CH_2\right]_n$$
$n=500\sim2000$　　聚乙烯

（二）醇

脂肪烃分子中的氢原子被羟基取代生成的化合物叫做醇。

低级醇为液体，易溶于水。随着醇的烃基增大，水溶性明显下降，C_{12} 以上的高级醇是不溶于水的蜡状固体。乙醇作为溶剂，是香水类化妆品的基质。多元醇的吸湿性很强，常用作化妆品的保湿剂。

醇的化学性质主要由官能团羟基（—OH）决定：

1. 氧化反应

$$CH_3CH_2CH_2OH \xrightarrow{[O]} CH_3CH_2CHO$$
丙醛

2. 脱水反应

醇在脱水剂作用下,受热可发生脱水反应。

$$\underset{\underset{H}{|}\quad\underset{OH}{|}}{CH_2-CH_2} \xrightarrow[170℃]{浓\ H_2SO_4} CH_2=CH_2+H_2O$$
乙烯

(三)酚

芳香烃苯环上的氢被羟基取代的化合物叫做酚。

大多数酚是具有特殊气味的无色固体,一元酚微溶于水,多元酚易溶于水。酚一般具有消毒、杀菌作用,常用作化妆品的防腐剂与杀菌剂。

酚的官能团是酚羟基,它的化学性质与醇羟基有很大差别:

1. 弱酸性

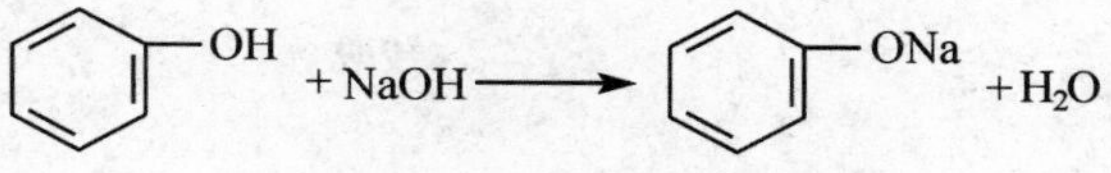

$$\text{〇}-OH + NaOH \longrightarrow \text{〇}-ONa + H_2O$$
苯酚钠

2. 氧化反应

酚比醇容易被氧化。空气中的氧就能将酚氧化生成具有颜色的醌。

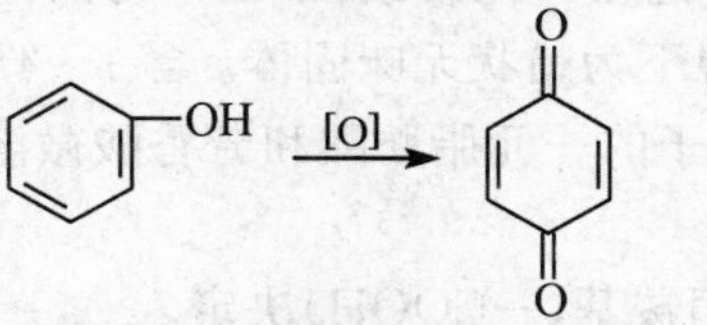

$$\text{〇}-OH \xrightarrow{[O]} \text{〇} \quad\quad 对苯醌$$

利用酚类的还原性,常用作化妆品的抗氧化剂。

(四)醛 和 酮

醛和酮都是含有羰基($C=O$)的化合物。羰基连接一个氢原子和一个烃基的叫做醛($R-\underset{\underset{O}{\|}}{C}-H$);羰基连接两个烃基的叫做酮($R-\underset{\underset{O}{\|}}{C}-R'$)。

低级脂肪醛、酮一般为液体,其余多为固体。许多低级醛有刺鼻臭味,在植物中存在的某些中级醛、酮及芳香醛具有特殊芳香气味,可作化妆品的合成香料,如苯甲醛、肉桂醛、2-庚酮。低级醛、酮易溶于水,大于 6 个碳的醛、酮几乎不溶于水,可溶于乙醚、苯等有机溶剂中。丙酮是化妆品的溶剂。

醛和酮因含有羰基($\diagdown C{=}O$),化学性质活泼,但因二者结构不完全相同,醛比酮更活泼。

1. 加成反应

醛、酮与氢起加成反应后,被还原成醇。

$$C_6H_5CH{=}O + H_2 \xrightarrow{Ni} C_6H_5CH_2OH \quad \text{苯甲醇}$$

$$CH_3CCH_2CH_3 + H_2 \xrightarrow{Ni} CH_3CHCH_2CH_3 \quad \text{2-丁醇}$$

2. 氧化反应

醛比酮容易氧化。

$$R{-}\overset{O}{\overset{\|}{C}}{-}H \xrightarrow{[O]} R{-}\overset{O}{\overset{\|}{C}}{-}OH \quad \text{羧酸}$$

(五) 羧 酸

羧酸是烃基与羧基相连的化合物(RCOOH)。

含 1~9 个碳原子的直链饱和一元羧酸,常温下为液体,具有强烈的刺鼻气味或恶臭。高级饱和脂肪酸常温下为蜡状无味固体。含 1~4 个碳原子的一元脂肪酸可与水混溶,含 5~10 个碳原子的一元脂肪酸和芳香酸微溶于水,高级一元酸不溶于水,但溶于有机溶剂中。

羧酸的化学性质由官能团羧基(—COOH)决定。

1. 酸性

$$C_6H_5{-}COOH + NaOH \longrightarrow C_6H_5{-}COONa \quad \text{苯甲酸钠}$$

2. 酯化反应

羧酸与醇脱水成酯的反应叫酯化反应。

$$C_{17}H_{35}COOH + CH_2CHCH_2 \longrightarrow C_{17}H_{35}CO \quad CH_2{-}CH{-}CH_2$$

$$\underset{\text{硬脂酸}}{OH\ OH\ OH} \qquad \underset{\text{甘油单硬脂酸酯}}{OH\ OH}$$

硬脂酸是制作膏霜类化妆品的重要原料,甘油单硬脂酸酯是制作化妆品常用的辅助乳化剂。

（六）酯

酯是由羧酸和醇反应脱水而生成的化合物，其通式为 $R—\overset{\|}{\underset{O}{C}}—O—R'$ 。酯广泛存在于动植物中，大都比水轻，难溶于水。低级酯是具有香味的液体，高级酯为蜡状固体。因此，高级酯具有滋润皮肤、防止皮肤粗糙、减轻产品油腻感等作用而被广泛应用。酯还可作香料和防腐剂，如尼泊金类防腐剂就是对羟基苯甲酸的甲、乙、丙酯。

酯的重要化学性质是能起水解反应而生成羧酸和醇，即是酯化反应的逆反应。

$$\underset{\text{酯}}{R—\overset{O}{\overset{\|}{C}}—O—R'}+H_2O \underset{\text{酯化}}{\overset{\text{水解}}{\rightleftharpoons}} \underset{\text{羧酸}}{R—COOH}+\underset{\text{醇}}{R'OH}$$

加入少量酸或碱作催化剂，可加速水解反应。在碱的催化下，因生成的羧酸与碱作用生成盐，使水解反应能进行到底。

$$RCOOR'+NaOH \longrightarrow RCOONa+R'OH$$

（七）脂　类

脂类是广泛存在于动植物体内，具有重要生理活性且结构较为复杂的一类化合物。它包括油脂和类脂。类脂是类似油脂的化合物，重要的类脂是磷脂与蜡。

1. 油脂

油脂是油和脂肪的总称。通常把来源于植物体中在常温下为液态的油脂叫做油，如常用的椰子油、橄榄油、蓖麻油等。把来源于动物体内在常温下为固态的油脂叫做脂肪，如猪油、牛油等。很多化妆品是带油性的，所以油脂是制作化妆品的重要原料。

纯净的油脂一般为无色、无臭、无味的中性物质，天然油脂尤其是植物油，因混有维生素、色素等而具有特殊的气味和颜色。油脂的比重都小于1，不溶于水，易溶于乙醚、氯仿等有机溶剂中。

油脂的结构是高级脂肪酸的甘油酯：

$$\begin{array}{l} CH_2—O—\overset{O}{\overset{\|}{C}}—R \\ CH—O—\overset{O}{\overset{\|}{C}}—R' \\ CH_2—\overset{O}{\overset{\|}{C}}—C—R'' \end{array}$$

组成油脂的三个高级脂肪酸可以是相同的和不同的。相同的称为单甘油酯，不同的称为混甘油酯。天然油脂多为混甘油酯。油脂中的脂肪酸种类多，但绝大多数是含偶数碳原子的直链羧酸。饱和脂肪酸主要是软脂酸、硬脂酸，不饱和脂肪酸主要是油酸、亚油酸等。

油脂具有酯的结构,在酸、碱或酶的催化下发生水解反应。油脂中的不饱和脂肪酸含有碳碳双键,还可发生加成、氧化等反应。

(1)皂化:油脂的碱性水解叫做皂化。

$$
\begin{array}{ccc}
CH_2-O-\overset{\overset{O}{\parallel}}{C}-R & & CH_2OH \quad RCOONa \\
CH-O-\overset{\overset{O}{\parallel}}{C}-R' +3NaOH & \xrightarrow{\triangle} & CHOH \; + \; R'COONa \\
CH_2-O-\overset{\overset{O}{\parallel}}{C}-R'' & & CH_2OH \quad R''COONa \\
& & 甘油 \quad 高级脂肪酸钠(肥皂)
\end{array}
$$

由高级脂肪酸钠盐组成的肥皂,叫做钠肥皂,就是常用的肥皂。由高级脂肪酸钾盐组成的肥皂,叫做钾肥皂,就是医药上常用的软皂。使 1 克油脂完全皂化所需要的氢氧化钾的毫克数叫做皂化值。皂化值用于检验油脂的纯度和判断油脂的平均分子量。肥皂是洁肤类化妆品的主要品种。高级脂肪酸盐也可作化妆品的乳化剂,如制雪花膏就需用硬脂酸钠盐或钾盐使膏体乳化。

(2)加成:油脂中不饱和脂肪酸的碳碳双键,可以与氢、碘等发生加成反应。

通过催化加氢,液体油脂变成固体脂肪,这样的氢化油又叫做硬化油,便于贮存、运输,又不易被空气氧化而变质,用来制造肥皂。

通过加碘,可以测定油脂的不饱和度,以碘值来衡量。100 克油脂所吸收碘的克数叫做碘值,也称碘价。

(3)酸败:油脂如果保存时间过长,由于受到空气中的氧、水、微生物作用,发生氧化、水解等一系列反应,生成具有特殊气味的低级醛、酮和脂肪酸的混合物,从而使油脂产生刺激性的酸臭味。油脂的这种变质过程,叫做油脂的酸败。例如:

$$
\cdots CH_2-CH=CH-CH_2\cdots + O_2 \longrightarrow \cdots CH_2-\overset{\overset{H}{|}}{\underset{\underset{O}{|}}{C}}-\overset{\overset{H}{|}}{\underset{\underset{O}{|}}{C}}-CH_2\cdots
$$

$$
\xrightarrow{霉菌} \cdots CH_2-\overset{O}{\underset{H}{C}} + \overset{H}{\underset{CH_2\cdots}{C}}=O
$$

油脂酸败的重要标志是油脂中游离脂肪酸的含量增加。油脂中游离脂肪酸的含量常用酸值(也称酸价)表示,中和 1 克油脂中的游离脂肪酸所需氢氧化钾的毫克数称为油脂的酸值。酸值大,说明油脂中游离脂肪酸含量较高,即油脂酸败程度较严重。为了防止油脂酸败,应贮存于密闭容器中,放置在阴凉处。

皂化值、碘值、酸值是油脂分析中的三个重要理化指标,用油脂作化妆品原料时对这三个值都有一定要求。一些常见油脂的皂化值、碘值和酸值见表 1-6。

表 1-6 一些常见油脂的皂化值、碘值和酸值

油脂名称	皂化值	碘值	酸值	油脂名称	皂化值	碘值	酸值
牛油	190～200	31～47		花生油	185～195	83～93	
猪油	195～208	46～66	1.56	茶籽油	170～180	92～109	2.4
蓖麻油	176～187	81～90	0.12～0.8	豆油	189～194	124～136	

2. 磷脂

磷脂有甘油磷脂和神经磷脂。甘油磷脂是一种含磷的脂肪酸甘油酯,其结构与性质都和油脂相似。经水解后可以得到甘油、脂肪酸、磷酸和含氮的有机碱等四种不同的物质。由于含氮的有机碱不同,磷脂又可分为多种。常见的有卵磷脂和脑磷脂。

(1)卵磷脂:卵磷脂最初从卵黄中发现,且在卵黄中含量最丰富,故称为卵磷脂。卵磷脂是吸水性很强的白色蜡状物质,能溶于乙醇及乙醚中,在空气中易被氧化而变黄,久置则变褐色。其结构式如下:

$$
\begin{array}{l}
R{-}\overset{\displaystyle O}{\underset{\displaystyle \|}{C}}{-}O{-}CH_2 \\
R'{-}\overset{\displaystyle O}{\underset{\displaystyle \|}{C}}{-}O{-}CH \\
\qquad\quad CH_2O{-}\overset{\displaystyle O}{\underset{\displaystyle \|}{P}}{-}\underset{\underbrace{\qquad\qquad}_{\text{胆碱}}}{OCH_2CH_2N^+(CH_3)_3OH^-} \\
\qquad\qquad\qquad\ \ OH
\end{array}
$$

从以上结构可以看出,一分子卵磷脂完全水解后,可生成二分子脂肪酸、一分子甘油、一分子磷酸和一分子胆碱。胆碱是属于季铵碱。

(2)脑磷脂:因脑组织中含量最多而得名。脑磷脂在空气中也易被氧化而使本身颜色变深。脑磷脂溶于乙醚,不溶于乙醇。其结构式如下:

$$
\begin{array}{l}
R{-}\overset{\displaystyle O}{\underset{\displaystyle \|}{C}}{-}O{-}CH_2 \\
R'{-}\overset{\displaystyle O}{\underset{\displaystyle \|}{C}}{-}O{-}CH \\
\qquad\quad CH_2O{-}\overset{\displaystyle O}{\underset{\displaystyle \|}{P}}{-}\underset{\underbrace{\qquad\quad}_{\text{胆胺}}}{OCH_2CH_2NH_2} \\
\qquad\qquad\qquad\ \ OH
\end{array}
$$

可以看出,脑磷脂与卵磷脂的结构很相似,所不同的是在脑磷脂中与磷酸相结合的含氮有机碱不是胆碱,而是胆胺($HO{-}CH_2CH_2{-}NH_2$),又称乙醇胺。

磷脂广泛地分布在动植物组织中,它们是细胞原生质的组成成分,一切细胞的细胞膜中均含有磷脂。主要存在于脑、神经、骨髓、心、肝、肾等器官中,蛋黄及大豆等植物的种子与胚芽中也都含有丰富的磷脂。

由于磷脂结构上有一个亲水的头和两条亲油的尾:亲水的头是磷酸和含氮有机碱部分,亲油的尾则是两条长的非极性脂肪酸链。这样的"一头两尾"结构特征使磷脂与皮肤有极好的相溶性,容易使皮肤滋润,并在细胞膜渗透性调节中起重要的作用。因此磷脂在护肤化妆品中也是不可少的成分。利用磷脂的特殊结构制成脂质体微胶囊是化妆品生产的新技术。将添加剂用微胶囊包覆,使化妆品性能更加显著。

3. 蜡

蜡是由高级一元羧酸与高级一元醇所生成的酯,一般为固体,不溶于水,但溶于有机溶剂中。

蜡是化妆品的基质原料。常用的有:

植物性蜡:棕榈蜡,主要成分是二十六酸和三十醇的酯 $C_{25}H_{51}COOC_{30}H_{61}$;

动物性蜡:蜂蜡,主要成分是十六酸和三十醇的酯 $C_{15}H_{31}COOC_{30}H_{61}$。鲸蜡,主要成分是十二酸、十四酸和十六酸的十六醇酯。

(八) 羟 基 酸

分子中同时含有羟基和羧基的化合物称为羟基酸。羟基酸中的羟基有醇羟基和酚羟基的区别,所以羟基酸分为醇酸和酚酸两类。羟基酸中的羟基在碳链上的叫醇酸,在芳环上的叫酚酸。

1. 醇酸

醇酸多为晶体或黏稠液体,由于分子中含有羧基和羟基两个极性基团,它们都能与水分子形成氢键,因此在水中的溶解度较相应的醇、酸都大,在乙醚的溶解度则较小。许多醇酸是天然产物,尤其是 α 醇酸,在水果中常见,故 α-羟基酸又统称为果酸。如苹果酸存在于未成熟果实中(苹果、葡萄、杨梅、山楂、番茄等),枸橼酸存在于柑橘、柠檬水果中。因果酸分子量小,很容易被皮肤吸收,对滋润皮肤效果明显,故近年新开发的果酸系列护肤美容化妆品很有市场。

醇酸是双官能团化合物,其化学性质既具有醇羟基和羧基的典型反应,又具有羟基与羧基相互影响的特性,主要表现在加热时会发生脱水反应。例如:

$$CH_3CHCH_2COOH \xrightarrow{\triangle} CH_3CH{=}CHCOOH + H_2O$$
$$\underset{OH}{|}$$

2-丁烯酸

2. 酚酸

酚酸都是固体,存在于植物中。如水杨酸在柳树或水杨树皮及其他许多植物中都含有,由于它具有消毒杀菌作用,常用来治疗皮肤病。但它的刺激性较强,不能内服,若进行乙酰化反应,就生成具有解热镇痛作用的阿司匹林药物:

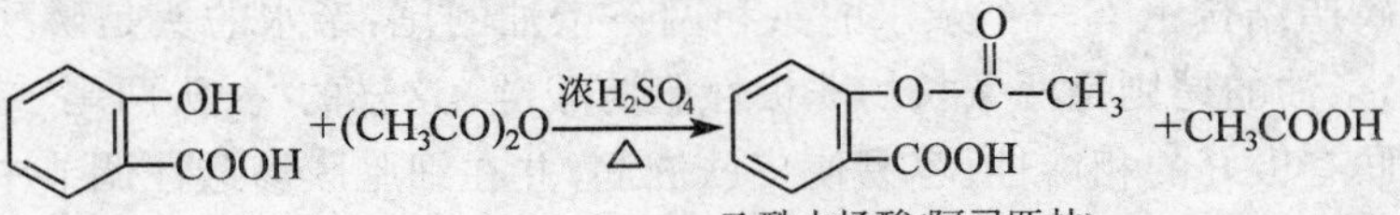

乙酰水杨酸(阿司匹林)

(九) 甾族化合物

甾族化合物属天然产物,广泛存在于动植物体内,具有重要生理活性。甾族化合物的结构都具有下面的基本骨架:

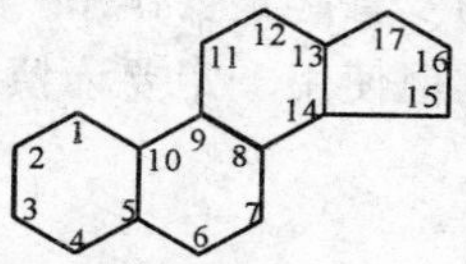

环戊烷并氢化菲 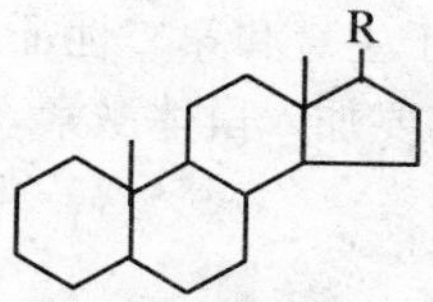　　　　　甾族化合物的基本骨架

主要的甾族化合物有胆甾醇,胆酸和甾体激素。

1. 胆甾醇

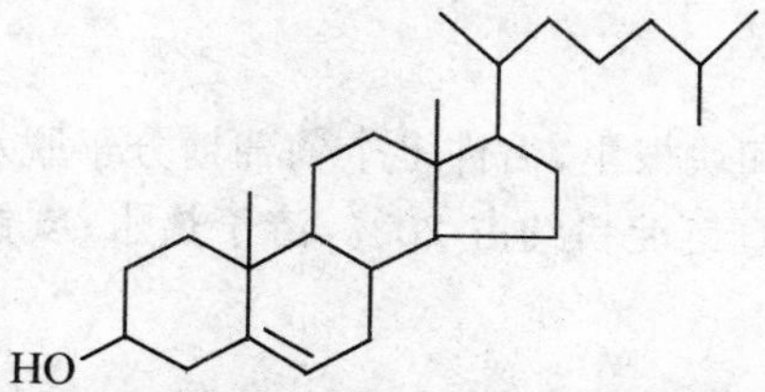

胆甾醇又叫胆固醇,因最初从胆石中发现的固体醇而得名。胆固醇为无色蜡状固体,不溶于水,易溶于有机溶剂,具有润肤美发作用。用于制作化妆品的重要原料羊毛脂的主要成分之一是胆甾醇。胆甾醇类中的 7-去氢胆固醇及麦角甾醇等在日光作用下,可生成各种维生素 D。

2. 胆酸

胆酸存在于胆汁中,是胆甾酸的一种。

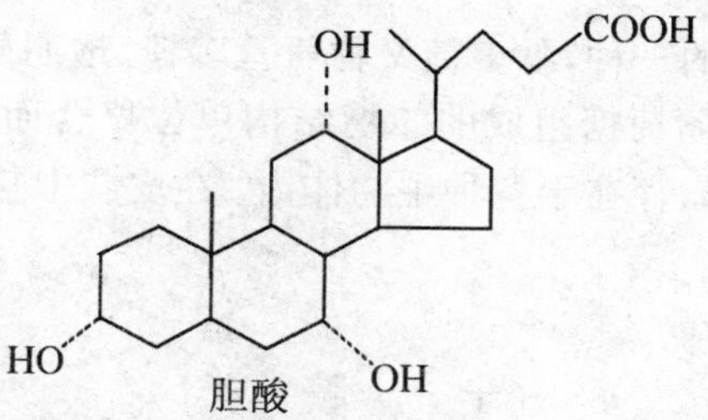

胆酸

胆甾酸可促进油脂的消化与吸收。

3. 甾体激素

甾体激素有性激素与肾上腺皮质激素。例如:

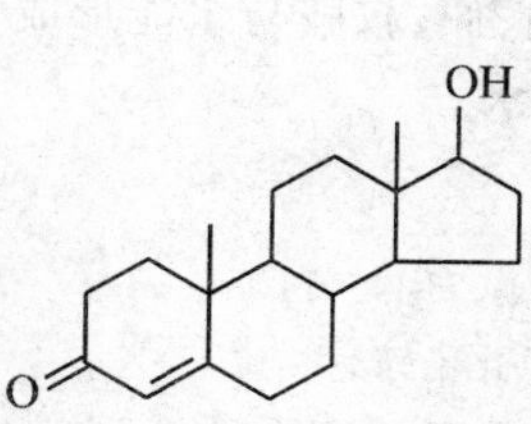

睾酮 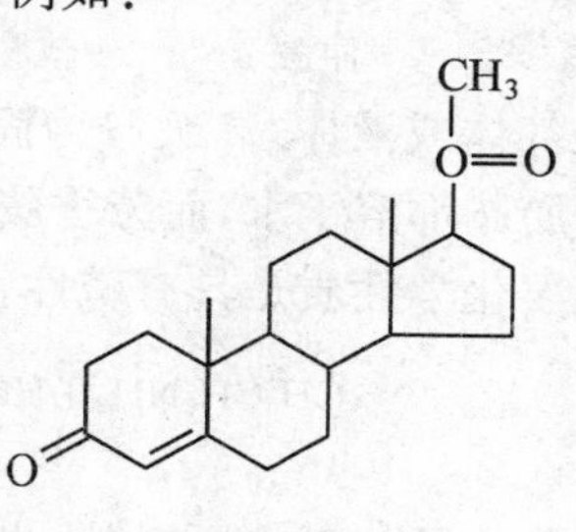　　　　　　　　黄体酮

性激素对于生育和第二性征(如声音、体态)的发育起重要作用。作为化妆品的调理剂,有时需要加入甾体激素,它还是美乳药物,但使用一定要谨慎。

(十)多 糖

多糖是许多个单糖分子脱水缩合而成的高分子化合物。大多数不溶于水,少数能与水形成胶体溶液。水溶性多糖作为胶质类原料和成膜剂用于化妆品中。

1. 淀粉$(C_6H_{10}O_5)_n$

存在于植物的种子和块根里,由许多个葡萄糖分子脱水形成。其组成有直链淀粉和支链淀粉两部分。直链淀粉约占 20%,溶于热水;支链淀粉约占 80%,遇热水变黏成胶状。

2. 纤维素$(C_6H_{10}O_5)_n$

纤维素是植物体的支撑物质。与淀粉相似,也是由许多个葡萄糖分子脱水形成,差别在于葡萄糖之间的连接方式不同。纤维素不溶于水及有机溶剂,但其衍生物甲基纤维素$(C_6H_9O_4 \cdot OCH_3)_n$、羟乙基纤维素$(C_6H_9O_4 \cdot OCH_2CH_2OH)_n$、羧甲基纤维素钠$(C_6H_9O_4 \cdot OCH_2COONa)_n$都能在水中溶胀成胶体溶液。

3. 透明质酸(HA)

透明质酸是黏多糖的一种,黏多糖又称氨基多糖。透明质酸由 β-D-葡萄糖醛酸和 N-乙酰基-β-D-氨基葡萄糖组成的二糖结构单位聚合而成,为白色无定形粉末或纤维状固体,易溶于水,存在于各种生物体内。在皮肤中与蛋白质结合,具有调节皮肤水分的重要功能。

(十一)胺 类

胺是含氮有机化合物。根据分子中烃基的个数不同又分为伯、仲、叔胺和季铵盐、季铵碱:

RNH_2	R_2NH	R_3N	$R_4N^+X^-$	$R_4N^+OH^-$
伯胺	仲胺	叔胺	季铵盐	季铵碱

低级胺是气体或液体,高级胺为固体。伯、仲、叔胺与水能形成氢键,所以含 6 个碳以下的脂肪胺都溶于水,而芳香胺难溶于水。

胺的最重要化学性质是具有碱性:

$$CH_3CH_2NH_2 + HCl \longrightarrow CH_3CH_2N^+H_3Cl^-$$

$$\text{氯化乙铵}$$

胺除用作化妆品的碱性原料外,也常用作阳离子表面活性剂。一些季铵类表面活性剂还具有防腐杀菌作用,如苯扎溴铵:

$[C_6H_5CH_2N(CH_3)_2C_{12}H_{25}]^+Br^-$　　溴化二甲基十二烷基苯甲铵

苯二胺类和氨基酚类是常用的氧化型染发剂。例如:

对苯二胺　　　　邻氨基苯酚

(十二) 氨基酸和蛋白质

蛋白质是生物高分子化合物,一类重要的营养物质,没有蛋白质就没有生命。蛋白质水解的最终产物是 α-氨基酸,仅有 20 种。在这 20 种氨基酸中,有 8 种在人体内不能合成,必须靠食物来供给,这些氨基酸称为人体必需氨基酸。例如:

$$C_6H_5CH_2CHCOOH \quad H_2NCH_2CH_2CH_2CH_2CHCOOH \quad CH_2CH_2CHCOOH$$
$$\underset{NH_2}{|} \qquad \underset{NH_2}{|} \qquad \underset{SCH_3}{|}\ \underset{NH_2}{|}$$

苯丙氨酸　　　　　　赖氨酸　　　　　　蛋氨酸

α-氨基酸都是固体,可溶于强酸、强碱中,一般不溶于无水乙醇,更不溶于乙醚。

氨基酸分子含有酸性的羧基和碱性的氨基,因此氨基酸是两性化合物,既能与碱作用生成羧酸,又能与酸作用生成铵盐。例如:

$$CH_3CHCOOH \xrightarrow{NaOH} CH_3CHCOONa \quad 丙氨酸钠$$
$$\xrightarrow{HCl} CH_3CHCOOH \quad 丙氨酸盐酸盐$$

α-氨基酸还可以进行分子间脱水生成肽。由许多个 α-氨基酸分子脱水生成的肽叫多肽,蛋白质就是由许多个 α-氨基酸分子脱水而成的多肽高分子物质。在化妆品中常用的蛋白质有水解蛋白和胶原蛋白。

水解蛋白:蛋白质的水解产物,含有多种 α-氨基酸。有潮解性的淡黄色或灰黄色粉末。能溶于水成为泡沫状浑浊液。作为化妆品的营养成分使皮肤得到滋润和调理。

胶原蛋白:在人体皮肤中胶原蛋白的含量占 71.9%,维持着皮肤张力和弹性,有效地保护着身体。化妆品用的胶原蛋白是可溶性的,能使皮肤润湿度增加,延缓皮肤老化,减少皮肤皱纹。

第二章

化妆品与皮肤生理

第一节　皮肤的结构与生理

一、皮肤的结构

皮肤覆盖于人体的表面,保护人体不受外来物质的刺激和伤害。成人全身的皮肤面积大约为 $1.2\sim2m^2$ 之间。对不同年龄、性别、部位的不同,皮肤的厚度不同,一般而言,背部、颈部、手掌及脚底的皮肤较厚,脸部、外阴、乳房等较薄,女性皮肤比男性薄,但脂肪层则较厚。皮肤的平均厚度为 $1\sim4mm$。

皮肤由表皮、真皮和皮下组织以及附属器官组成。

（一）表　皮

位于皮肤最外面的是表皮,由外向内依次可分为角质层、透明层、颗粒层、棘细胞层和基底层五层,这五层互相重叠成扁平的上皮。

1. 基底层

基底层的细胞位于表皮的最底层,具有细胞分裂和代谢的活性。在胞质中常含有黑色素颗粒,同时基底层存在黑色素细胞,黑色素细胞可产生黑色素颗粒,人的肤色深浅主要由黑色素颗粒的多少决定。基底层借助基膜与内层的真皮细胞相连,基底层的细胞经过分裂产生的细胞向皮肤表面推进,在推进过程中发生形态和组织化学的变化,这一过程称为皮肤的角质化。皮肤角质化的第一步是细胞的类型由最基底层的圆柱状变成多角型有棘细胞,组成棘状层。

2. 棘状层

棘状层由 5～10 层细胞组成,是表皮中最厚的一层,其作用是利用棘细胞的棘进行细胞间的连接,即起桥的作用,细胞桥之间有组织液、淋巴液流动,为细胞提供所需的营养。该层有许多感觉神经末梢,可感知外界各种刺激。皮肤角质化的第二步是棘细胞再变成扁平纺锤状的颗粒细胞,这一层起着向角质层转化的过渡层的作用,同时可由外部吸收物质,以及贮存水分,其对化妆品的有用性起着很重要的作用。

3. 颗粒层

颗粒层位于棘状层之外,由 2～4 层细胞组成,颗粒层细胞有较大的代谢变化,可合成角蛋白,同时又是角质层细胞向死亡转化的起点,起着向角质层转化的过渡层的作用。细胞内含有细小颗粒状物,有折射光线作用,可减少紫外线射入体内。

4. 透明层

当颗粒层失去细胞核,则转化为无核的透明层和角质层。此层位于角质层与颗粒层之间,呈无色透明状,光线可透过。但此层只存在于手掌和足底部分。

5. 角质层

基底层生成的表皮细胞在向皮肤表面推进的过程中,细胞内生成硬质蛋白质,称角蛋白质,当角蛋白质逐渐充满细胞内时,细胞将失去核和小器官,变干燥,成为角质细胞。角质细胞呈扁平状,正常角化时无核而且相互致密,并作为皮屑和污垢呈鳞片或薄片状从表皮脱落。这一层由 5～10 层含有角蛋白和角质脂肪的无核角化细胞组成,细胞排列紧密,能够耐受一定的外力侵害,阻止体内液体外渗和化学物质的内渗,是良好的天然屏障。

长期以来,人们一直认为人类皮肤的角质层是无生物活性和功能的组织,但近年来,随着皮肤学的发展,发现角质层不是死的和无功能的组织,而是活的角质层。被角蛋白充满的扁平状角质细胞包埋于细胞间区域的脂质中。角质细胞和胞间脂质构成渗透性的障壁。胞间区域不仅含有脂质,而且不同的部位,还含有糖蛋白、桥粒、多肽片断、汗腺和皮脂分泌产物。也证实存在着能改变膜的活性的酶,这些对表皮脂质的新陈代谢和 DNA 合成都有很大的影响。

(二)真 皮

真皮在表皮下,由纤维母细胞及其产生的结缔组织:胶原纤维、弹性纤维、网状纤维和其他相应的基质组成。其中基质又由无定形的胶状物质如黏多糖与蛋白质的复合物——蛋白质多糖、硫酸软骨素、透明质酸、电解质及大量的水分组成,其中最主要的成分是酸性黏多糖,它们是由两个不同的多糖(透明质酸及硫酸软骨素)按一定规律排列构成的生物高分子。这些基质具有亲水性,是各种水溶性物质、电

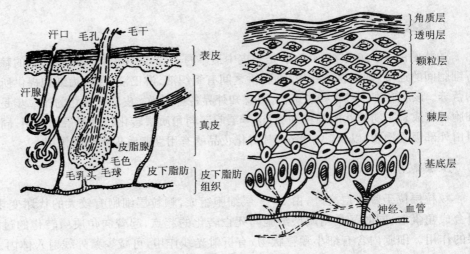

图 2-1　皮肤(左)和表皮(右)的结构

解质等代谢物质的交换场所,这些物质对皮肤的弹性、张力、光泽、保持皮肤水分和防止皮肤的老化、对皮肤的修复等都有很重要的作用,同时为真皮提供物质基础。如透明质酸分子互相间可形成网状结构,这些网眼只允许小分子物质通过,大分子物质不能透过,同时具有巨大的保水能力和天然的弹性,当人体衰老或受辐射、光照导致透明质酸减少或解聚时,真皮的含水量将减少。皮肤中的纤维结缔组织使皮肤具有良好的柔韧性和弹性。其中的胶原纤维具有一定的伸缩性,起抗牵拉作用,弹力纤维有较好的弹性,可使牵拉后的胶原纤维恢复原状。如果真皮中的上述三种纤维减少,皮肤的弹性、韧性下降,就容易产生皱纹。

真皮层又分为乳头层和网状层,其中真皮以乳头层与表皮的基底层相接。真皮层有血管、淋巴管、神经及皮肤附属器官如毛、立毛肌、汗腺、皮脂腺。丰富的毛细血管与神经末梢起掌管皮肤的营养和知觉的作用。真皮组织的胶原是血管、淋巴管、神经、皮肤附属器官的支架。

(三)皮下组织

真皮下是皮下组织,由结缔组织和充满其空间的脂肪细胞所组成。它位于真皮和肌肉以及骨骼之间。这种皮下脂肪起着维持体温的重要作用。通常女性比男性发达,儿童比成人发达,从部位上而言,则是面颊、手掌和足根部较发达。

(四)皮肤的附属器官

皮肤的附属器官包括毛发、指甲等角质器官,汗腺、皮脂腺等皮肤腺及其中的毛细血管、淋巴管、神经等。

1. 毛发

人体皮肤除少数地方如手掌、足底、唇、龟头、阴蒂及黏膜等处外,均分布有长短、粗细不一的毛发。毛发的生长期平均为 2～3 年,休止期约为 4 个月。毛发的生长、色泽、形态,受神经、内分泌、遗传、年龄、健康及心理等因素的影响。其作用是保护皮肤及保温和防御机械性损害,另外,毛囊有丰富的神经末梢可敏锐地感受触觉等刺激。

(1) 毛发的结构:将毛发沿横截面切开,如图 2-2 所示,毛发的中心常不是实心的,它的中心为髓质,周围覆盖有毛皮质,最外层为像鱼鳞状叠盖的毛表皮。毛发的外形也不是正圆形,而是非圆曲线封闭的不规则圆形。其中髓质由髓质细胞构成,含有黑色颗粒;毛表皮是角化的扁平透明状的无核细胞;皮质是含黑素颗粒的有核纺锤状角质细胞,它以角蛋白为主体,极为坚韧,皮质具有吸湿性,对化学药品有较强的耐受性,但不耐碱和硫化物。另外,在汗毛中无髓质,只有皮质。白色毛发不存在黑素颗粒,当有空气进入髓质中,由于反射光线的原因而呈白色。

(2) 毛发的化学成分:毛发主要成分为角蛋白,占整个毛发的 95％左右,含 C、H、O、S、N 等化学元素,其中 S 元素仅占 4％,但对毛发的化学性质却起着决定性的作用。角蛋白是一种具有阻抗性的不溶性蛋白,这种蛋白质所具有的独特性质是由于它有较高含量的胱氨酸,另外还含有其他氨基酸如脯氨酸、赖氨酸、天冬氨酸、组氨酸、蛋氨酸、亮氨酸、酪氨酸等。头发中的各种氨基酸组成以长链式、螺旋、弹簧状结构相互缠绕交联,使毛发具伸展性与弹性。

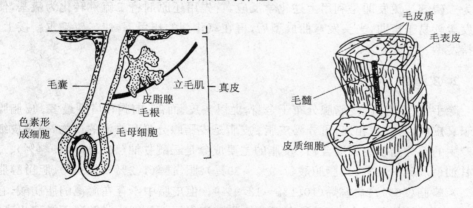

图 2-2 毛发结构(左)和剖面图(右)

(3) 毛发的性质:毛发的稳定性是由多肽链之间各种作用力所决定,这些作用力包括盐键(离子键)、氢键、二硫键、范德瓦尔斯力、共价多肽或酯键,见图 2-3 所示。但二硫键起决定性的作用。二硫键的交联结构决定着角质蛋白的强度和阻抗性能,使毛发具有刚韧的特性。

毛发不溶解于冷水,但其长链分子上的众多亲水基团能与水形成氢键,使毛发具有良好的吸湿性。当水分子进入毛发后,使纤维膨化而变得柔软,但由于链内氢

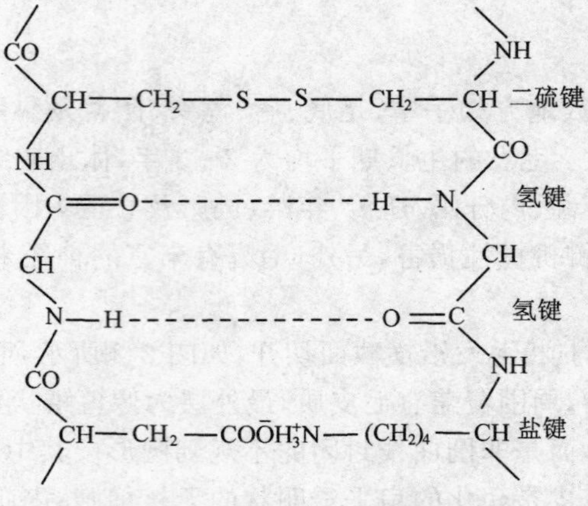

图 2-3 毛发角蛋白的化学结构示意图

键相应地减少,毛发的纤维强度减弱,断裂伸长增加,但干燥后,肽链间的氢键可复原。毛发在高温下烘干,由于纤维失去水分会变得粗糙,强度及弹性降低,甚至导致二硫键或碳氮键断裂,引起纤维受损。所以不宜经常或长时间对头发吹风定型。另外毛发对稀酸具有一定的稳定性,而在碱性溶液中,易发生主链的断裂,同时使二硫键和盐键断裂,随着碱的浓度和温度增大,则毛发纤维的损害程度将愈大。氧化剂作用于毛发,可使毛发的二硫键氧化成磺酸基,且产物不能复原为原状。而还原剂对毛发的作用比氧化剂要弱,在还原剂作用下,二硫键可转化为巯基,使毛发变得柔软和易于弯曲,巯基在酸性条件下较稳定,在碱性条件下,易被空气中的氧氧化为二硫键。烫发即是利用上述化学反应,首先用还原剂将二硫键转化为巯基,使头发柔软易于弯曲,当头发弯曲成型后,再在氧化剂的作用下,使二硫键重新接上,保持发型。

2. 皮脂腺

除手掌、足底外,皮脂腺分布于全身,尤以头皮、面部、前胸和肩胛最多。皮脂腺位于真皮内,与毛囊相连,可分泌皮脂。皮脂是皮脂腺分泌和排泄的产物,与表皮细胞产生的部分脂质组成混合物。皮脂的主要成分是三酰甘油(19.5%~49.4%)、二酰甘油(2.3%~4.3%)、脂肪酸(7.9%~39%)、胆甾醇(1.2%~2.3%)、胆甾醇脂(3%)、蜡脂(26%)、角鲨烯(10.1%~13.9%)。但皮脂中不存在游离的脂肪酸,它是以三酰甘油的形式存在,只是在细菌的脂肪酶作用下分解为脂肪酸而游离出来。皮脂的作用是在表皮和毛发上扩散从而润滑毛发和皮肤,同时还能保温和防止体内水分的蒸发,此外皮脂中的脂肪酸还具有抑菌作用。皮脂的分泌有一定的饱和度,即其在皮表扩展到一定的厚度时,就会停止皮脂的分泌,但这一饱和量因人而异,因季节、饮食而异。

3. 汗腺

汗腺分布于全身皮肤,通过不断分泌汗液,具有散热和调节体温及排泄废物的作用,还能润湿皮肤,以防止皮肤的干燥。汗腺又分为小汗腺和大汗腺。其中,小汗腺平时的分泌量比较少,以看不见的气体形式散发出来,但当汗的分泌量增加时,它可在皮肤的表面形成液滴。小汗腺分泌的汗一般为弱酸性透明物质(pH＝4.5～6.5),99％左右为水分,盐分占 0.2％～0.5％,乳酸占 1％,此外,还含有氨基酸、氨、硫化物和尿素,与尿的成分相似。小汗腺的分泌有助于体温的调节,同时也可将体内新陈代谢的部分产物通过汗液的排泄排出体外,代替肾脏的部分功能。大汗腺分泌的汗浓稠,含有蛋白质和糖类、脂肪、铁分,偏碱性。大汗腺除了分泌汗液外,还分泌细胞浆,这种细胞浆经细菌分解后,生成挥发性的低级脂肪酸与挥发性的盐等,从而产生恶臭。它与皮脂腺均是发生体臭的因素。大汗腺不具有调节体温的作用。

4. 爪甲

爪甲是表皮角质层增厚而成的半透明的薄片,它可保护指头末端的软组织,同时帮助手指完成各种精细的动作。爪甲露在外面的部分为甲体,甲体与皮肤相连的部位为甲床,甲床含有丰富的血管和神经,指甲的最后部分称甲根,甲根的深部为甲母质,甲母细胞是能产生新甲的基点。指甲的厚度约为 0.35 毫米,含水量为 7％～12％,含脂肪 0.15％～0.76％。指甲的颜色、形态、光泽均与人的健康状态和生活环境有关,正常健康的指甲具有一定的光泽。

二、皮肤的机能

(一)保护功能

表皮的角质层致密而坚韧,且具有弹性,因而可承受一定的机械性磨擦和压迫;同时可防止体内水分、电解质及其他物质的丢失和渗透;皮肤中角质层和皮脂可抵抗少量酸、碱和别的化学品的侵蚀;皮肤中角质层和天然保湿因子可防止皮肤水分的挥发并可从空气中吸收一定的水分;皮脂中游离脂肪酸可阻止细菌的侵入;汗液中的乳酸、氨基酸及溶于汗液中的二氧化碳使皮肤具有一定的酸碱缓冲作用;表皮中角质层和黑色素还可以对紫外线具有一定的防护作用,其中角质层对紫外线有一定的反射作用,而黑色素对紫外线有一定的吸收作用。

(二)调节体温

人体的体温主要就是通过皮肤来进行调节。皮肤中的皮下脂肪组织是热的不良导体,因而既可防止体内热量的散失,又可以防止体外热量的传入。皮肤中血管的收缩、舒张和汗腺的分泌,也共同调节着体温在正常范围之内。

（三）分泌和排泄功能

皮肤可通过汗腺和皮脂腺分泌汗液和排泄皮脂。汗液的成分与尿液的成分相似，汗液的排泄可部分替代肾脏的功能，排出废物，保持机体水分和电解质的平衡。汗液的排泄还可调节体温、使角质柔化及酸化、使脂类乳化。皮脂的适当分泌可润泽皮肤和毛发，保护角质层，还能起到排除体内废物的作用。

（四）渗透和吸收功能

皮肤虽然具有保护作用，但很多物质还是可以通过皮肤吸收到体内，这一吸收作用既有利也有弊，如化妆品中的活性成分及外用药物正是利用这一功能经皮肤吸收而起营养及治疗作用，而有毒物质也可通过皮肤吸收进入体内引起中毒，因此化妆品的制备过程需严格控制有害物质的存在。

1. 皮肤对外来物质的渗透与吸收途径

（1）经软化（或膨润）了的角质层中的细胞膜进入角质层细胞，再进入表皮中的各层。

（2）少量经角质层的细胞间隙中进入。

（3）可通过毛囊、皮脂腺和汗腺导管被皮肤吸收，如少量大分子及不易渗透的水溶性物质就只有通过此途径进入体内。

2. 影响皮肤吸收的一些因素

（1）物质存在状态的影响：通常固体物质不易被皮肤吸收，而气体物质则容易渗透进入皮肤。液体类中，皮肤对油脂类中的动物油吸收较多，对植物油的吸收次之，对矿物油和水溶性物质、悬浮剂几乎不吸收，激素、脂溶性的维生素等很容易被皮肤吸收。如水溶性维生素 C 不能经皮肤吸收，而油及油溶性成分如维生素 A、维生素 D、维生素 E 可经皮肤吸收。有机溶剂如乙醚、氯仿、二甲基亚砜、苯、煤油、汽油对皮肤的渗透性强，易被皮肤吸收。所以供皮肤表面处理用的化妆品，如收敛、杀菌、漂白作用的化妆品以水溶性为宜，而营养成分或需在体内作用的药物，宜以油溶性为好，但化妆品基质一般难于被皮肤吸收。

（2）皮肤被水浸软后或皮肤充血时吸收功能增强。因此在皮肤护理中常采用蒸气熏面或利用面膜阻止汗液的蒸发，使皮肤水分增加，膨润角质层，扩张毛孔和汗腺，使皮肤表面温度上升，从而促进皮肤的血液循环，以加强皮肤对营养物质的吸收作用。

（3）化妆品中存在表面活性剂或助渗剂（又称透皮促进剂，如尿素、多元醇等）时，化妆品中的成分可与皮脂膜相溶，使表皮细胞膜的渗透性增大，对营养物质或药物的吸收也增加。

（4）皮肤由于病变如湿疹等破损后可增加吸收作用。

（5）角质层厚薄不同的地方吸收作用不同。如黏膜无角质层，吸收作用较强。

（6）皮肤的吸收与化妆品剂型有关，从毒理学角度衡量，皮肤对各种剂型的吸收顺序为：乳液＞溶液或凝胶＞悬浮液＞物理混合物。

（7）在其他条件相同时，作用时间愈长，则吸收愈多。

皮肤的吸收作用及影响因素为选用化妆品剂型、配制方法和使用提供很好的依据。因此一般要促使皮肤吸收，洁面后由于去掉了皮脂，需擦拭一些乳剂或柔肤水，软化角质层，再经按摩同时施以蒸气熏面，促进皮下血液的循环和膨化角质，再敷上面膜作用，可加速皮肤的新陈代谢，使营养物质更易渗入皮肤和吸收利用。

（五）感觉功能

皮肤内有丰富的神经组织，可感知外界微小的变化，产生触觉、冷觉、温热觉、痛觉、压觉及痒觉。基于此种原因，在制备化妆品时除要求具有保护、调理和营养作用外，还需具备舒适感觉。当异常情况出现时，皮肤还能表现出相应反应以达到自我生理稳定的平衡状态。如随着紫外线照射量的大小不同，黑色素细胞产生黑色颗粒的量也不同。

（六）再生功能

皮肤的再生功能很强。如创面修复等。

（七）其他功能

皮肤除了以上所述作用外，还参与整个机体的新陈代谢过程，以维持机体内外的生理动态平衡。如皮肤参与蛋白质、脂质、糖类以及水、电解质的代谢。皮肤还有呼吸作用、免疫作用等。

三、皮肤的类型

（一）中性皮肤

皮肤水分与皮脂分泌适中，角质层的含水量10％～20％，pH值为5.0～5.6，触手细嫩、润滑，厚薄适中，富于弹性，健康，对外界不易过敏，适合涂用各种霜膏，是一种健康理想的肤质。一般青春期前为中性肤质，青春期后分化为油性、干性皮肤。

（二）油性皮肤

油性皮肤毛孔粗大，皮脂腺的分泌多，角质层的含水量达 20% 以上，pH 值为 5.5～6.5，对外界不敏感，不易出现皱纹和衰老现象。肤色常为淡褐色、褐色、甚至红彤色。油性皮肤需注意皮肤的清洁，不宜涂擦油脂含量较多的化妆品，以防油脂堵塞毛孔诱发粉刺和毛囊炎。

（三）干性皮肤

毛孔不明显，油脂分泌较少，角质层的含水量在 10% 以下，pH 值为 4.5～5.0，皮肤无光泽，皮肤紧绷而缺乏弹性，肤色洁白。但这种皮肤易受外界因素影响而变化，保护不好易出现早衰现象。此类皮肤宜用洗面奶洁肤，四季选用高滋养性的护肤品。

（四）混合性皮肤

T 带（前额、鼻子、下巴）趋于油性皮肤，其余区域趋于中性或干性肤质。这类皮肤的护理按油性皮肤对待。

（五）过敏性皮肤

多数过敏性皮肤毛孔粗大，皮脂分泌量偏多，使用化妆品后，易引起皮肤过敏、红肿发痒。过敏性皮肤的人不宜过多使用化妆品，最好不要选用含药物、色素、香精或质量差的化妆品。

皮肤的质地主要取决于皮脂量和含水量，而皮脂量由皮脂腺的活性决定，含水量由角质层细胞及胞间质的保湿能力决定。

四、皮肤的皮脂膜、pH 值和天然保湿因子（NMF）

（一）皮 脂 膜

皮脂腺与汗腺分泌出的物质与角质层排出的水分互相混合，可在皮表共同形成一层皮表脂质膜，称为皮脂膜。皮脂膜的主要成分为游离脂肪酸、角鲨烯、蜡、胆甾醇、胆甾醇酯、烃类、单酰甘油、二酰甘油和三酰甘油。皮脂膜由于含有游离的脂肪酸而呈弱酸性。皮脂膜的厚度与皮脂的排泌形成动态平衡，可调节皮脂的排出量。皮脂膜的作用：一是能防止皮肤水分的过度蒸发，同时防止外界水分及别的物质大量透入，保持皮肤的水量正常；二是皮脂膜的水分可使皮肤保持一定的湿度，而脂质部分可保持皮肤柔韧、润滑与光泽；三是皮脂膜中的游离脂肪酸能够抑制某些微生物的生长,具有一定的自洁作用;四是皮脂膜中的弱酸、弱碱成分对酸、碱具有一定的缓冲作用(中和能力)。

(二) 皮肤的 pH 值和缓冲性(中和性)

皮肤的 pH 值是指在皮肤表面加少量净化水而测得的值,通常为 4.5～6.5,呈现弱酸性,因而具有抑制皮肤表面经常存在的病菌及微生物繁殖的作用。皮肤的 pH 值随年龄、性别的不同而略有不同,也随身体部位的不同而不同。一般而言,幼儿的 pH 值比成年人高,女性 pH 值比男性稍高。皮肤的类型不同,其 pH 值也稍有不同,油性皮肤 pH 值为 5.6～6.0,干性皮肤的 pH 值为 4.5～5.0,中性皮肤的 pH 值为 5.0～5.6。

皮肤表面对外来碱性溶液缓冲的能力,叫皮肤的中和能力。皮肤的缓冲作用一方面来源于皮肤表面乳酸和氨基酸的两性(既能中和酸又能中和碱的两性物质),另一方面是皮肤呼吸所呼出的二氧化碳溶于汗液中所起的缓冲作用。对于正常健康的人来说,皮肤的中和能力较强,使用碱性化妆品后能很快恢复正常 pH 值。但对开始老化的皮肤、皮肤过敏或湿疹病人,皮肤的中和能力就较弱。选择化妆品时,化妆品的 pH 值最好与皮肤或毛发的 pH 值匹配、协调,因此具有弱酸性而缓冲作用较强的化妆品对皮肤是最合适的。当使用碱性较大的洗涤用品洁肤后,可选用微酸性的化妆品来调节皮肤的 pH 值,以减少碱性产品对皮肤的刺激。

(三) 天然保湿因子

皮肤角质层中一般含有 10%～20%的水分以维护皮肤的湿润和弹性。但由于年龄或气候条件的变化有可能使皮肤的角质层水分的含量低于 10%,导致皮肤干燥和起皱,以致老化。正常皮肤的角质层中之所以可以保持一定量的水分,一方面是由于皮脂膜可防止水分蒸发,另一方面是由于角质层中含有天然保湿因子(natural moisturizing factor ,N. M. F),它参与角质层的保水作用,使皮肤具有从空气中吸收水分的能力。NMF 是由表皮细胞在角化过程中形成的,其组成如表 2-1 所

表 2-1　天然保湿因子的组成

成分	质量含量/%	成分	质量含量/%
氨基酸类	40.0	钠	5.0
吡咯烷酮羧酸	12.0	钾	4.0
乳酸盐	12.0	钙	1.5
尿素	7.0	镁	1.5
糖、有机酸、肽	—	氯化物	6.0
其他未确定物质	8.5	磷酸盐	0.5
氨、尿酸、葡糖胺、肌酸酐	1.5	柠檬酸	0.5

示。皮肤角质层的保水作用实际上就是通过细胞脂质和皮脂等油性成分与天然保湿因子相结合,或包围着天然保湿因子,从而防止水分的流失,对水分的挥发起着适当的控制作用。另外,天然保湿因子还能调节表皮的选择性渗透作用。

五、皮肤的老化

(一) 皮肤老化的因素

随着年龄的增长,皮肤会逐渐趋向衰老。皮肤的老化因素可从两方面考虑:一方面是在不受或较少受外界刺激因素影响的皮肤,主要表现为受内源性因素——遗传因素影响的自然老化,即皮肤的自然生理老化;另一方面是在外界环境因素影响的皮肤老化,即暴露部位皮肤会受到外界环境因素如日光、空气的温度、湿度、流速及环境污染中的有害化学物质影响引起的衰老,其中日光对暴露部位皮肤所致的老化因素占 90%,因而常将外因引起的皮肤老化又称为日光老化。

皮肤的老化除了遗传和光照外,环境中的化学物质对皮肤也是有害的,日积月累也会使皮肤老化;机体的营养不良,皮下脂肪缺乏,也是皮肤老化的重要原因;另外,人到了老年之后,性腺功能的衰退使机体的性激素减少也是人体皮肤老化的因素。

(二) 皮肤老化的特征

自然老化皮肤在外观上表现为皮肤松弛,出现细小的皱纹,同时皮肤干燥、脱屑,脆性增加,修复功能减退;在毛发方面表现为毛发数目减少,形成秃发,且毛发变细呈灰白色;光老化的皮肤在外观上表现为皮肤松弛、肥厚,并有深而粗的皱纹。

(三) 皮肤老化的机制

人体老化机制,到目前为止,已经存在七八种观点,如"残渣学说"、"自身免疫学说"、"消耗学说"、"细胞变异学说"、"自由基衰老学说"、"交联结合学说"等。其中英国的 Denham Harman 于 1956 年提出的"自由基衰老学说"目前已得到广泛的关注。该理论认为,随着年龄增大的退行性变化是由于机体正常代谢过程中产生的自由基对机体生物膜中的脂质[多聚不饱和脂肪酸如油酸(十八碳-9-烯酸)、亚油酸(十八碳-9,12-二烯酸)等]产生过氧化反应,引起生物膜的障碍造成的。不管是自然老化,还是光化老化,其许多老化症状均可由自由基学说加以解释,但该理论不能全面解释衰老过程的所有现象。

自由基是指具有未配对电子的原子、原子团或分子,如 O_2^- 含一个单电子,称为超氧化物阴离子自由基,·OH 称羟氧自由基。在正常情况下,机体内自由基的产生与消除是处于动态平衡状态。在正常的细胞新陈代谢过程中,机体内自由基会不断产生,同时参与正常机体内各种有益的作用,如免疫作用、某些生物活性物质的合成等,剩余的自由基会被机体中的自由基清除剂酶类,如 SOD(超氧化物歧化酶)、CAT(过氧化氢酶)、GSH-PX(谷胱甘肽过氧化物酶)和一些有机小分子抗氧化剂如维生素 A、维生素 C、维生素 E、谷胱甘肽、半胱氨酸等所清除。但当人体衰老时,或机体产生病变、机体某一环节变得薄弱,或外源性物质如药物、环境中氧化性污染毒物如 O_3、NO_2、NO、高能辐射、紫外线照射的引发下,使机体产生过量的自由基,或机体清除剩余自由基的能力下降,从而使体内自由基的产生与清除失去平衡,过剩的自由基可对细胞中的生物大分子进行攻击,破坏生物大分子的结构,随着破坏程度的逐渐加深,会损伤正常组织形态和功能的完整性,直到组织器官的功能发生紊乱及障碍,机体表征出衰老迹象。

1. 自由基引起机体衰老的机制

(1) 生物大分子的交联聚合与脂褐素的堆积:在高等动物生物体中的生物膜上,存在着大量的不饱和脂肪酸,如棕榈油酸、油酸、亚油酸、亚麻酸、花生四烯酸等。当有自由基引发剂或自由基存在时,自由基进攻机体中的脂类(不饱和脂肪酸)引发脂质过氧化作用。在这一氧化过程中,过氧化反应的终产物丙二醛是一个双功能基化合物,可作交联剂,能与蛋白质、核酸、脑磷脂等含氨基化合物反应,使之发生交联聚合,聚合后的生物大分子丧失其生物活性功能,同时使机体的组织发生生理性变化,如使血管弹性降低而硬化。脂质过氧化的结果还可引起生物膜通透性增强、线粒体膨胀、溶酶体酶的释放、酶的失活等损伤。

表征细胞衰老的指征——脂褐素(lipofusin)就是不饱和脂肪酸脂质过氧化反应的产物丙二醛与蛋白等物质发生交联所形成的产物。脂褐素是一种不溶于水、棕色的、可产生荧光的圆形或椭圆形颗粒物质,由于其不易溶于水因而不易随代谢产物清除出体外,它在细胞内的堆积随年龄的增长而增多,二者呈函数关系。脂褐素在细胞内的堆积会阻塞细胞膜的通道,扰乱细胞的空间,改变其扩散的渠道,挤开了一些亚微结构,因而对细胞可产生不良后果。脂褐素达到一定水平后,再增加则可使胞质 RNA 持续减少,直至 RNA 不能维持代谢的需要,使细胞萎缩死亡。脂褐素在皮肤上的堆积将形成老年色斑,在脑细胞中堆积,则会出现记忆力减退或智力障碍甚至出现老年痴呆症。当一个人的脂褐素在表皮上呈现时,也就预示着他的体内同样堆积有了老年特征的代表物——脂褐素。

自由基引起皮肤皱纹的主要原因:

① 衰老时或外界因素如紫外线、空气中污染物等引发体内各种自由基水平的提高促使胶原蛋白聚合,使胶原蛋白的溶解性下降,弹性降低,水合能力减弱,结果使皮肤失去张力,皮肤皱纹增多,骨质再生能力减弱而变脆,眼的晶状体物理性质改变,产生白内障。

② 自由基引起弹性纤维的降解,使皮肤失去弹性和柔软性,使遍布全身的血管硬化。

③ 自由基还能直接或间接作用于黏多糖基质如透明质酸、硫酸软骨素,引起

解聚而导致皮肤保水能力降低,皮肤干燥而起皱。

(2)器官组织细胞的破坏与减少:自由基对器官组织细胞的破坏与减少表现在以下几个方面:

① 由于自由基引发脂质过氧化的作用,使丙二醛与蛋白质、核酸等生物大分子发生交联聚合,造成机体的正常代谢出现各种障碍。

② 脂质过氧化作用使保持生物膜如细胞膜、微粒体膜、溶酶体膜柔软性和流动性的不饱和脂肪酸转化为饱和脂肪酸,饱和脂肪酸含量的增加使膜的流动性降低而脆性和通透性增加、膜蛋白的自由扩散能力减弱,引起膜结构的改变和功能紊乱,造成对细胞膜与细胞器膜的损害。

③ 由于自由基作用于 DNA 引起基因突变,改变遗传信息的传递,导致蛋白质与酶的合成发生错误,酶的活性降低或丧失;自由基还与膜上的酶作用,改变酶的活性,影响细胞正常的生理功能,引发一系列对组织器官和细胞的损害作用。这些都导致细胞功能的损伤。

④ 由自由基所引起的结缔组织大分子的交联,会阻碍营养物质的扩散并损伤组织的活力。

⑤ 对细胞施加连续的氧化应力会使能量的转移成为必需,从而夺走了一部分生物合成、修复过程所需的正常的能量,使修复功能受阻。

综合以上这些损害的累积,逐渐造成器官组织细胞的老化与死亡。

(3)免疫功能的降低:自由基作用于免疫系统,通过抑制免疫细胞的分裂而抑制其作用;自由基也通过修饰免疫细胞的表面而影响其功能;在免疫反应中,致敏淋巴细胞可通过释放淋巴因子而起作用,自由基也通过修饰淋巴因子而使免疫反应减弱。结果引起细胞免疫和体液免疫功能减弱,出现衰老。

2. 自由基对脂质的过氧化作用的反应过程

自由基对脂质的过氧化作用所造成的机体损伤直至衰老的反应从开始至结束可分为以下几个阶段。下面以机体内活性氧自由基的变化为例,说明自由基的整个反应过程。

(1)自由基起动阶段:在大多数生物系统的自由基反应中,起动阶段是由于新陈代谢中单电子传递反应、药物、某些酶、污染物或光照、高能辐射的作用下,使分子获得电子成为自由基,或分子异裂为自由基。

当机体受到上述因素之一诱发下,使分子氧得到一个电子,转变成超氧化物阴离子自由基 O_2^-。正常状态下 O_2^- 会受超氧化物歧化酶(superoxide dismutase,SOD)作用生成过氧化氢(H_2O_2),这些 H_2O_2 接着被过氧化氢酶(catalase,CAT,又称触酶)或谷胱甘肽过氧化物酶(glutathione peroxidase,GSH-PX)作用而除去。所以,对于健康机体而言,体内虽有自由基生成,但因有这些酶的保护作用,组织细胞的成分才不致被破坏。

(2)自由基连锁反应:若 H_2O_2 未被及时除去,H_2O_2 能与另一分子超氧化物阴离子自由基在铁离子或铁的复合物催化下,生成氧化性更强的羟氧自由基·OH。

·OH 或 O_2^- 可作用于其他周围的生物大分子,发生连锁反应,通过原子转移(如抽取氢)、加成反应(加成到双键中)及单电子转移等反应,使自由基反应蔓延下去,它本身消失而产生许多其他自由基(酯类自由基、酯类过氧自由基、嘧啶自由基和嘌呤自由基等),此为自由基反应的蔓延阶段(类似于疾病的蔓延)。这些自由基进攻生物大分子引起生物大分子的损伤,进而造成"自由基衰老"机制所说的三大衰老结果。

(3)自由基反应的终止阶段:在整个连锁反应中,所生成的自由基有的因互相碰撞结合而终止反应,有的自由基与生物体内的一些天然的自由基清除剂或抗氧化剂发生反应而终止(或中止)自由基的连锁反应。

从以上分析可知,在细胞内,存在清除自由基、抑制自由基反应的体系,以维系机体处于正常的生理平衡状态。其组成有些是酶,有些是低分子化合物。任何物质,只要能与自由基反应而又不给细胞造成损害,都可用作为自由基清除剂。细胞中的糖、含硫氨基酸和不饱和脂肪酸,有的也可以作用于自由基,使之形成比原来的自由基具有较小毒性的产物,从而对细胞起保护作用。从化妆品学的角度出发,要阻止自由基对机体造成损伤而导致的衰老。化妆品正是从最初的引发自由基产生的影响因素出发,开发出防晒品、与空气污染物隔离的护肤品,接着是清除自由基的抗氧化剂、维护皮肤的保湿剂、营养剂、修复剂等方面来防止或减缓皮肤的老化。对自由基的抗氧化作用研究发现,许多酶类、天然产物中均有许多具有很好的抗氧化作用的物质,如酶 SOD、CAT、GSH-PX,小分子有机物中的维生素 C、维生素 E、尿酸、β-胡萝卜素、血浆铜蓝蛋白等。天然产物中人参总提取物、人参茎叶总皂苷均具有抑制中、老年动物的脂质过氧化作用,减少细胞中脂褐素的生成而有益于机体延缓衰老。据文献报道,其抑制脂质氧化作用与维生素 E 近似,而且优于维生素 E。鹿茸可显著降低过氧化产物丙二醛(MDA)和脂褐素含量,同时可提高老化小鼠肝线粒体中 SOD 活性,该活性的提高与鹿茸成量效关系。花粉可降低脂褐素含量,提高SOD 活性,可显著降低 LPO 含量。黄酮类化合物是一种很强的 O_2^- 捕捉剂和淬灭剂而使脂质过氧化受抑。天然食品中根茎类食品(熟红薯为最强的抗活性氧的食品之一)、青菜、水果、茶叶、黑色食品也具有极强抗氧化作用。因此将具有较强的抗氧化作用的成分添加入化妆品中,可有效地阻止自由基在皮肤上的氧化作用所造成的皮肤衰老。现在化妆品中常使用的抗氧化剂有 SOD、人参提取液、维生素 E、脂溶性维生素 C 衍生物、水溶性维生素 C 及许多其他的药用植物有效成分提取物等。

第二节 皮肤的颜色

在皮肤基底层的黑色素细胞的多少、大小、类型,皮肤的色素及经过皮肤所能见到的血液颜色,以及皮肤表面的散乱光等综合因素决定着皮肤颜色的深浅差异。其中皮肤的色素包含呈黑色的黑色素及类黑色素、呈黄色的叶红素、存在于动脉血中呈鲜红色的氧化血红蛋白和存在于静脉血中呈暗红色的还原血红蛋白。而黑色素是决定皮肤颜色的主要因素。

　　黑色素细胞是人体产生黑色素的特异细胞。黑色素细胞密度随身体部位不同而不同,女性面部和男性的生殖器密度最高,人体躯干最低。黑色素细胞感光性很强,可吸收和散射紫外线,在光照射下还可促进黑色素的生成,从而使深层组织免受紫外线的辐射损害。当黑色素细胞被破坏或功能减退时,皮肤丧失黑色素,出现白癜风或白化病;反之,若黑色素细胞受刺激,功能亢进,而黑色素增多时,则出现黄褐斑等皮肤色素沉着。黑色素是一种极微小的颗粒状黑色体,黑色素的形成机制如图 2-5 所示,包括体内的酪氨酸在酪氨酸酶氧化下转化为多巴,进而氧化成多巴醌、多巴色质、二羟基吲哚等,最后生成黑色素及黑色素体的黑化、迁移、分泌和降解。其中任一环节发生改变均可影响黑色素的含量和分布,从而导致皮肤色泽的改变,而这正是祛斑增白类化妆品的作用原理。

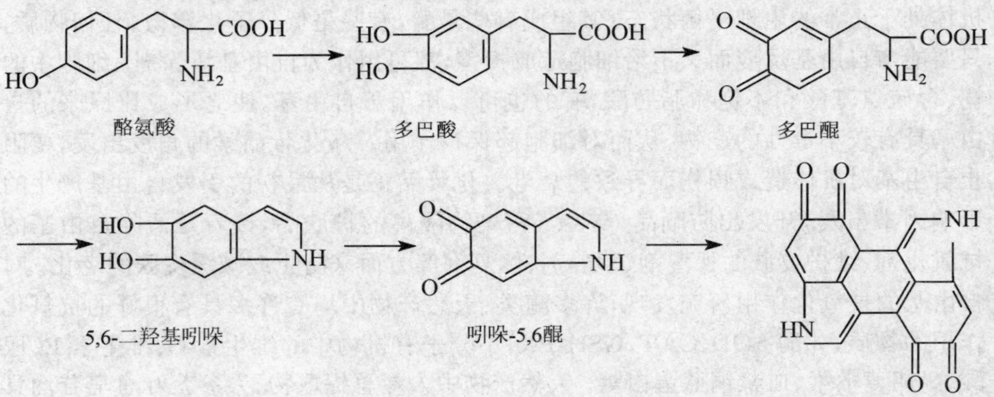

酪氨酸　　　　　　　多巴酸　　　　　　　多巴醌

5,6-二羟基吲哚　　　　吲哚-5,6醌

图 2-5　黑色素的生成原理

第三节　健康皮肤与化妆品

一、皮肤的健康

　　健康的皮肤给人以生机勃勃、健康向上的美感,尤其是面部的皮肤。健康的皮肤应具备三个条件:一是肤色正常,血色红润。黄种人的皮肤,在正常情况下,微红稍黄是健康的肤色;二是皮肤正常无病变,适度的润泽(皮脂分泌或代谢功能正常),肤质具有张紧状态,但娇嫩、柔软、无皱纹而富有弹性(皮肤的含水量及脂肪的含量适中),不敏感,无痤疮、酒渣鼻之类的皮肤病,体味正常(人体的体味是人体健康状态的信息反映);三是皮肤具有生命活力,红润、光泽,有生机勃勃之感(血液循环良好,新陈代谢旺盛),若铁青、蜡黄、苍白则缺少生命活力。

二、影响皮肤健美的因素

1. 内源性因素

（1）遗传因素：皮肤的健美与否，与遗传因素密切相关。先天的因素：一是父母遗传性的皮肤病传给子代，如银屑病（牛皮癣）、鱼鳞病、遗传性的过敏性湿疹等，先天就有的柔润、细腻、光滑的天生丽质，或黑黄、粗糙、油腻的肤质；二是近亲婚配所致的先天不足；三是胚胎发育的环境受到影响，如孕妇饮食无节制，怀孕期对煎、炒、油、炸食物及烟、酒毫无禁忌或营养失调等因素的影响。

（2）病理生理因素：机体各器官的病变，通过皮肤的色素沉着、斑疹等形式表现出来。如女性内分泌失调，两颊暗黑色素沉着；肝肾疾病可出现黄褐斑；妇科肿瘤可在颞颧部出现对称性的点状色素斑等。

（3）心理因素：心理因素也可影响到皮肤细胞的代谢。心理因素不好时可导致皮肤无光泽、灰暗、出现色斑，久之出现皮肤干燥、弹性降低、皱纹，甚至影响到皮脂代谢出现痤疮等变化。但当心情愉快时，或在某种美好情感如谈恋爱等刺激下，可激活皮肤的色素代谢而使皮肤容光焕发，充满朝气。

2. 外源性因素的影响

（1）生物学因素：人体皮肤受到各种生物体的困扰，如蚊、虫叮咬引致皮炎，皮肤接触某些植物如漆树、花粉后引起荨麻疹，细菌可引起疖、痈、毛囊炎，真菌可致癣等。

（2）环境中物理化、学因素：皮肤因与外界物理、化学因素接触而受损。过热可致烧伤，过冷可致冻伤或生冻疮，炎热潮湿使毛孔堵塞引起汗液潴留而生痱子，风可使皮肤失水、干燥、粗糙，出现饱经风霜之状。放射线可使皮肤产生放射性皮炎。环境中的沥青、汽车排放出的尾气、煤焦油等化学物质可使皮肤色素沉着。

（3）光老化因素：光老化中紫外线引发机体产生自由基进攻皮肤细胞膜中的脂质及蛋白质等生物大分子，使细胞膜受损，皮肤提前老化甚至引起日光角化病、鳞状细胞癌、黑色细胞癌等癌变。另外，据文献报道，红外线对皮肤老化及致癌方面有一定的诱导作用。光老化的皮肤呈现为皮肤松弛、肥厚及深粗的皱纹，局部出现过度色素沉着、毛细血管扩张等症状。

（4）医源性因素：一是美容护理中的按摩手法不当，如逆着面部肌肉的方向按摩或过多的按摩、乱按摩等均可使皮肤增加皱纹；二是面部皮肤疾病治疗不当或不及时；三是减肥方法不当，如突然减肥过度，皮肤失去大量水分而变得干燥，产生皱纹；或者节食不当，失去营养而产生皱纹或使皮肤失去光泽、出现铁青色；四是治疗雀斑、蝴蝶斑（黄褐斑）的去斑霜，由于含有某些腐蚀性化学成分，使用时掌握不好，会引起皮炎或溃疡。如以果酸作为化妆品成分，浓度稀时具有使皮肤角质细胞粘连减弱，将过多堆积的角质细胞脱落下来的作用，可改善皮肤肤质，使皮肤具有滋润光滑、美白的作用；浓度稍大时，专业美容师用于给客人换肤；但浓度再大时则会伤及真皮组织,所以必须掌握好合适的浓度量,否则有可能引发毁容。

(5) 化妆品因素:化妆品使用不当会引起某些皮肤过敏,轻微时皮肤瘙痒,局部发红,严重时会产生丘疹、水泡、肿胀或过敏性皮炎。一是由于化妆品中的某些化学成分使皮肤细胞感受异物不适应,皮肤细胞产生了抗体而引起了皮肤的致敏作用,或通过破坏表皮蛋白质的屏障,经皮肤吸收而产生病变。如化妆品中普遍使用色素、香精、防腐剂、抗氧化剂、表面活性剂以及化学烫发剂中的氧化剂是直接或间接引起皮肤过敏或刺激的因素。长期使用某一种化妆品可产生化学成分的累积性中毒,如染发制品中的染发染料许多对皮肤、黏膜有强刺激性,同时对细胞有致突变性,而且染料的颜色愈鲜丽,毒性愈大,长期使用会使皮肤产生积累性中毒,最后引发皮肤癌或白血病。二是化妆品使用不当引起的皮肤色素沉着或皮炎,如经常浓妆艳抹,会妨碍皮肤汗腺、皮脂腺的分泌、排泄,引起皮肤炎症或色素沉着,肤色苍白而无血色;乱用化妆品,如油性皮肤使用滋润性强的化妆品,而引起脂溢性皮炎或使毛囊栓塞、皮脂分泌排泄出现障碍,导致毛囊角化而引起痤疮;青春期使用营养化妆品,会导致营养过剩使皮肤变得粗糙、浮肿等。

三、皮肤的保健

正常情况下,皮肤作为人体与周围环境的接触体,有着极其精密而完善的多层次结构和组织,适应着环境的变化,抵御着各种外界因素的刺激。通俗地说,健康的皮肤是人体重要的屏障,同时具有自动维护皮肤处于健康状态的机能,即具有自我保健的功能,如皮脂腺、汗腺可根据皮脂的饱和度大小及时分泌水分、汗液和油分,自动滋润、润泽皮肤,皮肤的天然保湿因子具有维护皮肤含水量的作用,皮肤中的胞质具有维护细胞正常生理功能的作用,紫外线照射时,皮肤黑色细胞会产生黑素颗粒,吸收一定的紫外线,以阻止紫外线对皮肤的伤害。但皮肤的自我保健功能也有其缺陷,即天然分泌物极易腐败,受细菌侵蚀,常会发出不愉快的臭味,皮肤上的皮脂膜易吸附空气中的灰尘和环境污染物。另外,当阳光强烈时,皮肤的黑色素也仅能部分地吸收紫外线,不可能将外来紫外线全部吸收。因此,综合以上的因素,需借助化妆品及时将不洁油垢清除,同时适当补充水分和油分来调整肌肤的状态,或借助防晒剂将造成皮肤老化的紫外线反射或吸收掉,并借此机会给皮肤补充营养物质,或以活性成分来延缓皮肤的衰老,这正是化妆品的作用。

下面为皮肤护理的基本原则。

1. 保持皮肤的清洁

保持皮肤的清洁是皮肤美容护理的基础。人体新陈代谢的产物、皮肤分泌的油脂、汗腺和脱落的角质细胞及环境中的灰尘、化学物质、微生物形成了皮肤的污垢。污垢不及时清除,化学污染物会伤害皮肤,污垢就会阻塞皮肤腺体的继续分泌,或分泌出的物质挤塞腺体,引起皮肤粗糙,与微生物一起作用产生炎症。为此须利用清洁剂将污垢清除出去。

常用的清洁剂有清洁霜、洗面奶、浴液、肥皂、面膜、磨面膏等等。但对不同肤质要使用不同的清洁剂,如清洁霜或清洁蜜一般为中性或弱酸性,含较多的矿物油,对皮肤的刺激性小,清洁皮肤表面的污垢能力强于香皂,用后可在皮肤表面留下滋润性的油膜,适用于干性皮肤,不适用于油性皮肤;洗面奶为较温和的清洗皮肤用品,碱性弱于香皂,洁肤力强于香皂,对皮肤无刺激,用后可在皮肤上形成极薄的保护膜,使皮肤柔滑爽快,洗面奶种类较多,可根据不同的肤质选用不同种类的洗面奶;香皂碱性较强,去污力强,但用后会在皮肤上产生紧绷感,使皮肤干燥而失去光泽,一般情况下不用;面膜是利用其在皮肤上干燥时,将膜剥落时可将皮肤的深层污垢吸附掉而起清洁皮肤的功效。

皮肤的清洁是必不可少的美容护理之一,但需要注意以下几点:一是不宜洗得过勤,清洁次数过多,皮肤受的刺激过多,皮肤油脂和汗液的天然滋润作用丢失,长时间处于非自然状态,反而刺激皮肤过多的油脂分泌,代谢发生异常;二是所用的洗涤剂碱性不宜过强,否则破坏皮肤略带酸性的脂肪酸,减弱皮肤的抗菌力,同时使皮肤的水分由于没有皮脂膜的保护而失水加快,使皮肤干燥,最终导致皮肤细胞的生物活性降低,皮肤提早老化;三是洗涤水不宜是硬水,硬水长期使用会损伤皮肤;四是洗涤用水的水温不宜过高,否则会使皮肤变得松弛、弹性降低,同时使皮肤的水分蒸发过多,皮肤洗后变得干燥老化,皮脂腺也易失去功能,使皮肤的自我保护机制受损,冷水则洗不干净;五是清洁完皮肤及时给皮肤补充水分和滋润成分(与皮脂膜相似的成分),维系皮肤正常的微酸性与平衡,给皮肤以精心的呵护。毛发的护理与皮肤护理相似,只是毛发化妆品的作用机制稍有不同而已。

2. 正确使用化妆品

(1)要根据不同肤质选用含油量不同的化妆品,如护肤类化妆品的选择中,油性皮肤应选择油分少、清淡的干性雪花膏、清淡型(O/W 型)乳液、收敛性化妆水等;中性皮肤的人,选择油水成分各半的中性护肤霜、营养化妆水或中性化妆水;干性皮肤的人,应选择油分较多的冷霜类护肤品。

(2)要根据不同的季节气候条件,选用不同防护化妆品,如冬天宜用滋润性强的化妆品,夏天宜用乳液类化妆品,在强烈阳光下,要用具有防晒功能的乳液,有效防止皮肤的光老化。

(3)根据不同的护理目的要求,选用不同的特殊化妆品,如营养皮肤用化妆品、细胞活性因子化妆品、去斑用化妆品、美白用化妆品等等。

(4)使用化妆品时根据不同的目的采用不同的处理方法,如要促使化妆品中的有效成分吸收的可先软化皮肤角质,促进血液循环后再使用;如去斑霜类的化妆品,则应尽量避免皮肤吸收化妆品中的作用成分,施用手法正好与前者相反。

3. 加强皮肤功能的锻炼

通过体育锻炼、适度的日光浴、面部肌肉适度按摩等以增强皮肤的抵抗力,使用一些与皮脂膜成分相似的保护性化妆品,维持皮肤正常的 pH 值,以保护皮肤免受各种外界环境因素的伤害。但要避免过强阳光的照射,否则将使皮肤过早的老化,出现毛发枯黄易断等现象。

4. 保持心情愉快,注意饮食

精神状态不佳,会使人的内分泌产生异常,引起色素沉着,同时出现皮肤皮脂膜的分泌产生过多或过少的异常现象,同时使人体的免疫能力下降,使皮肤对外界因素的抵抗力下降,容易使皮肤产生炎症。饮食中注意营养的均衡,只有身体健康、营养好的人才会有滋滑、光泽、红润、富于弹性的健美肌肤和具有柔顺光泽的秀发。

第三章

化妆品原料

化妆品是以化妆为目的的产品总称,包括:清洁人体用的洗净用化妆品;调整皮肤水分和油分,保养和滋润肌肤,以保持皮肤健康的基础化妆品;润饰容颜的美容化妆品;美化和保护毛发、指甲的化妆品以及口腔内使用的化妆品和芳香制品等。化妆品种类繁多,从其所含成分看,化妆品是不同化学物质通过不同的工艺混合而成的,除某些特种制品外,化妆品的生产一般都不经过化学反应过程,因此配方技术左右着产品的性能。世界各国都把化妆品列为精细化学品(fine chemicals)或专用化学品(chemical specialties)。

我国《化妆品卫生监督条例》给化妆品下的定义为:以涂擦、喷洒或者其他类似的方法,散布于人体表面任何部位(皮肤、毛发、指甲、口唇等),以达到清洁、消除不良气味、护肤、美容和修饰目的的日用化学工业产品。美国食品药品化妆品条例(FDC Act)对化妆品的定义为:用涂抹、倾倒、散布、喷雾或其他方法使用于人体或人体任何部位的物品,能起着清洁、美化、增加魅力或改变外观的作用,不包括肥皂。化妆品主要以清洁、保护、美化为目的,对于用于治疗或具有药效活性的制品,我国《化妆品卫生监督条例》称之为"特殊用途化妆品",日本等其他国家则称之为"类医药品"。

化妆品是人类日常生活使用的一类消费品,除满足有关化妆品法规的要求外,还应满足以下一些必要的条件:

(1)安全性:化妆品和药品不同,它是长期使用品,所以要具有严格长期使用的安全性。对化妆品的安全性在原料阶段就要提出要求。

(2)稳定性:需考虑最终使用阶段和货架寿命,要求产品在胶体化学性能方面和微生物存活方面能保持长期的稳定性,还应保证产品在使用过程中微生物不会造成二次污染,在有效期内不变质。

(3)使用舒适感:化妆品和药品的另一不同之处是必须使人们乐意使用,不仅色、香兼备,而且具有使用舒适感。美容化妆品强调美学上的润色,芳香类产品则在整体上赋予身心舒适的感觉。

(4)有效性:化妆品和药品不同,化妆品的使用对象是健康人。化妆品的有效性主要依赖于构成制剂的物质以及作为构成配方主体的基质的效果,而医药品主要依赖于药物成分的效能和作用。化妆品要具有柔和的作用,还要达到有助于保持皮肤正常的生理功能以及维系皮肤的长久健康性。

化妆品按其作用可分为五类:

(1)清洁类:去除皮肤、毛发、口腔和牙齿上的污垢,以及人体分泌及代谢过程中产生的不洁物质的清洁类化妆品。如洁面乳、浴液、肥皂、面膜等。

(2)保护类:可在皮肤或毛发表面形成薄薄的类皮脂膜,保护皮肤及毛发等处的柔软、光滑、富于弹性,以抵御风寒、紫外线辐射对皮肤的伤害,防止皮肤皲裂及毛发干燥的保护类化妆品。如雪花膏、冷霜、防晒霜、发乳、护发素等。

(3)营养类:具有营养皮肤及毛发,增加组织活力,保持皮肤角质层的含水量,减少皮肤细小皱纹及促进毛发、皮肤生机的化妆品。如含维生素,天然植物如芦荟、人参、紫草等有效成分,动物胎盘等等的化妆品。

(4)美容类:为修饰身体外表,美容皮肤及毛发或散发香气的化妆品。如香粉类、唇膏、胭脂、指甲和眼用化妆品。

(5)日常治疗类:预防或治疗皮肤及毛发、口腔和牙齿等部位影响外表或功能的生理病理现象的化妆品。如雀斑霜、粉刺霜、祛臭剂、痱子水、生发剂、防秃剂等特种化妆品,包括健美用的如丰乳霜、减肥霜等。

化妆品按其用途还可分为清洁类、护肤类、粉饰类、治疗类、护发类、固发类、美发类等;按其使用部位和目的分为肤用化妆品、发用化妆品、美容化妆品、特殊用途化妆品、口腔卫生用品;按其生产工艺和其外形可分为膏霜类、蜜类、粉类、液体类、棒状类化妆品。

第一节 化妆品基本成分及作用

化妆品主要是由各种原料,经配方加工混合,不需要经过化学反应(除特殊要求外)而制成的一种复杂的混合物。化妆品的组成成分非常复杂,也因种类不同而异。但大多数化妆品都是由化妆品基质(底子)加上其他一些必要成分(添加剂)加工而成的。化妆品基质,即化妆品的基本原料,是组成化妆品的主体,或在该化妆品内起主要功能的物质。添加剂也有多种,它们在化妆品中有其各自独特的作用,如使化妆品成型、稳定,或赋予化妆品色、香、感及特殊的美容功效等等。但在化妆品中基本原料与添加剂之间却没有绝对的界线,某一种原料在这一化妆品中起着基本原料的作用,而在另一化妆品中则可能为添加剂。如许多胶质类水溶性高分子化合物既可作为化妆品中的基本成分之一——表面活性剂,也可成为化妆品的添加剂成分——保湿剂存在。

化妆品基质主要是油性原料,包括油脂类和蜡类、碳氢化合物以及组成这些成分的游离高级脂肪酸(RCOOH)、游离高级醇(ROH)、合成酯类和氢化油等,这些原料是雪花膏、冷霜、乳液、发乳、发蜡、唇膏等油蜡类化妆品的基本原料。另一类粉类化妆品的原料,一般为不溶于水的固体,经磨制而成细粉末,并利用其遮盖、滑爽、吸收、吸附及磨擦等作用而配制成香粉、爽身粉、胭脂和牙膏等化妆品。

　　作为化妆品的原料,应具备以下条件:不对皮肤产生刺激和毒性;不妨碍皮肤生理作用;不会使皮肤产生异常生理变化;不促进微生物的生长和繁殖;稳定、不变色、不会产生不愉快气味和发臭。

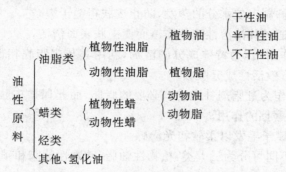

　　以下对化妆品基质中各类的主要成分和添加剂分别进行讨论。

一、油　类

(一) 油 脂 类

　　油脂类的主要成分主要是由各种高级脂肪酸与甘油构成的脂肪酸三甘油酯(简称三酰甘油),另还含有不同比例的游离高级脂肪酸与游离高级脂肪醇类等成分。

$$
\begin{array}{l}
CH_2\!-\!O\!-\!COR_1 \\
CH_2\!-\!O\!-\!COR_2 \\
CH_2\!-\!O\!-\!COR_3
\end{array}
$$

脂肪酸甘油酯结构(R_1、R_2、R_3:脂肪族烃基或烯基)

　　这些脂肪酸、醇类的混合比例不同和生成脂肪酸甘油酯结构不同,恰好决定了天然油脂、蜡类中脂肪酸三酰甘油的多样性。三酰甘油的疏水性主要来自与甘油结合的脂肪酸所具有的疏水特性。三酰甘油的其他物理性质也主要由组成它的脂肪酸决定。

　　所有天然油脂中均含有少量的非甘油酯成分。油脂的非甘油酯成分通常为磷脂、甾醇、无色烃类(最重要的一种为角鲨烯 $C_{30}H_{30}$,其氢化后得的角鲨烷是高级化妆品原料)、维生素 A、维生素 D、维生素 E、阿魏酸、β-胡萝卜素及其他如萜烯烃类、δ-癸酸内酯和含硫葡糖苷等。

在常温下,这些脂肪酸若为液体状的则称为油,通常含大量油酸、亚油酸等液体脂肪酸;而为固体状的则为脂,主要含大量的硬脂酸、棕榈酸、肉豆蔻酸、月桂酸等固体脂肪酸。

油脂在化妆品使用中所起的作用主要有:

(1)防护作用:在皮肤表面形成疏水性薄膜,使皮肤柔软细嫩、润滑和具光泽性,同时防止外部有害物质的侵入和防御来自自然界因素的侵袭,并免除外界不良因素对皮肤的刺激。

(2)防水作用:抑制表皮水分的蒸发,防止皮肤粗糙干裂。

(3)清洁作用:通过其油溶性溶剂作用而使皮肤表面清洁。

(4)促进吸收作用:作为特殊成分的溶剂,利用其与皮脂膜相似相溶的原理,促进皮肤对药物或有效活性成分吸收。

(5)辅助作用:作为过脂剂补充皮肤必要的脂肪,而起保护皮肤的作用。按摩皮肤时起润滑、减少磨擦的作用。

(6)美化作用:赋予毛发以柔软和光泽感。

油脂按其来源不同可分为三大类:植物性油脂、动物性油脂和碳氢类油脂。

1. 植物性油脂

植物性油脂主要来自植物种子和果实,也有部分来自植物的叶、皮、花瓣和花蕊等。植物性油脂是脂肪酸和甘油的结合物(即脂肪酸甘油酯)。脂肪酸的代表物有硬脂酸、油酸、豆蔻酸、棕榈酸、亚油酸、月桂酸。油脂的代表物有扁桃仁油、鳄梨油、橄榄油、红花油、椰子油、林豆油、向日葵油、杏仁油、山茶花油、可可油、芝麻油、蓖麻油等。

油脂中的脂肪酸均含有不同程度的不饱和键,其不饱和度的大小可利用油脂与碘作用,测定油脂与碘作用的量而得碘值。碘值高,则油脂的不饱和程度高。根据碘值的不同,植物性油脂按其流动性或碘值又可将油脂分为干性油(碘值120以上,如桐油、红花油、大豆油)、半干性油(碘值处于100～120之间,如芝麻油、棉籽油、菜籽油、米糠油)、不干性油(碘值在100以下,如橄榄油、杏仁油、山茶油、蓖麻油)。化妆品中使用的油脂几乎是不干性油脂和部分半干性油脂。

(1)甜杏仁油:无色或微黄色液体油脂,近于无臭,溶于苯和氯仿、乙醚,不溶于水,微溶于酒精,由杏仁压榨而得,对皮肤无害,有润肤作用。主要成分为油酸脂,不易变质,可用于润肤油及膏霜类、乳剂类化妆品。

(2)橄榄油:微黄色或黄绿色的油状液体,微有臭味,溶于氯仿、乙醚和二硫化碳,不溶于水,来自于橄榄仁压榨而得,其对皮肤有较强的渗透性,碘值低,与其他油脂相比不易氧化,对皮肤无害。可用于润肤霜、抗皱霜、化妆皂、唇膏、乳剂类及其他香油类等化妆品。但橄榄油可能会促使粉刺生长。

(3)蓖麻油:白色或微黄色黏稠状液体油脂,有微臭,味能引起反胃,可溶于醇、酸、苯、氯仿、乙醚,其主要成分为蓖麻酸酯,来源于蓖麻籽以冷法压榨而得。对皮肤无害,有润湿性质。用于唇膏和膏霜护肤品、香波、化妆皂、润发油。

(4) 椰子油:白色,半固体脂肪,微具椰子的香味,溶解于氯仿、乙醚和二硫化碳。其自椰子的果肉提取而得,主要成分为月桂酸酯和豆蔻酸酯。可用于化妆皂和香波。由于成分中含有己酸、辛酸和癸酸而对皮肤略有刺激。

(5) 可可脂:淡黄色的固体脂肪,性脆而有可可的香味,溶于氯仿、乙醚,微溶于乙醇,不溶于水。来源于可可豆的压榨、煎熬或用溶剂的提取而得。主要成分为硬脂酸酯、月桂酸酯、棕榈酸酯。它对皮肤无不良作用。主要用于唇膏、面霜、香油、化妆皂、医药油膏及栓剂。

(6) 茶籽油:淡黄色油状液体,可溶于氯仿、乙醇。由茶籽压榨而得。它是发油最理想的原料。据文献报道,茶籽油具有很好的抗氧化作用,同时具有杀虫解毒和治疗疥疮的功效。用于润发制品,具有润滑、杀菌和止痒作用。

(7) 小麦胚芽油:浅黄色透明油状液体。其成分中的维生素 E 的含量较高,为理想的抗氧化剂,可保护细胞膜免受自由基的侵蚀,也是优良的润肤剂,同时有助于人体充分利用维生素 A,对保持皮肤洁净、健康和抵御疾病感染有着重要的作用,对皮肤无不良作用。所以小麦胚芽油已受到广泛应用。

2. 动物性油脂

动物性油脂常温下为白色固体,饱和脂肪酸含量较高,即碘值较高。一般动物油脂、蜡都不同程度带有各种特殊气味,很少直接使用于化妆品中,像牛脂和猪脂主要用作制皂原料。但由于人体皮肤对油脂类的吸收次序为:动物油脂＞植物油＞矿物油,所以精炼过的动物油脂却是化妆品的优质原料。

常用的动物油和油脂有水貂油、海龟油、牛脂、猪脂、蛋黄油、豚脂等。

(1) 硬脂酸:白色蜡状结晶体,略有光泽,不溶于水,溶于氯仿、二硫化碳、四氯化碳、热的乙醚和乙醇,来源于上等牛油或其他含多量硬脂酸的油脂加压水解,经蒸馏压榨而得,或以油酸氢化而制取。是用于膏霜类化妆品的重要原料,制雪花膏的主要原料之一。

(2) 海龟油:易被皮肤吸收,有较强的收敛性,可用作皮肤润滑剂、抗皱霜等,不会引起急性皮肤刺激和过敏,使用安全。

(3) 豚脂:白色滑腻软膏状,味微臭,不溶于水,溶于乙醚、氯仿、石油醚和二硫化碳,遇光变质,主要成分为硬脂酸酯、棕榈酸酯和油酸酯。来源于猪的腹背各部脂肪等。用于面膜,易于皮肤吸收。还可用于化妆皂、油膏和香膏。

(4) 牛脂:洁白或略带黄色的固体或半固体油脂,精制者近于无臭无味,能溶于氯仿、乙醚。其主要成分为硬脂酸酯、棕榈酸酯和油酸酯。来源于牛类的固体脂肪中。是制造化妆皂的主要原料,精制品也可用于香油类化妆品。

(5) 蛇油:淡黄色油状液体。对皮肤皲裂有良好的治疗作用,可令皮肤感到光滑、凉爽,适用于护肤制品和药用油膏。

（二）蜡　类

蜡类主要成分是高级脂肪酸和高级脂肪醇结合而成的酯。它包含有植物性蜡和动物性蜡。

蜡类的作用：

① 作为固化剂，提高制品的性能和稳定性等。

② 赋予产品摇变性，改善使用感觉。

③ 提高液态油的熔点，赋予产品触变性，改善对皮肤的柔软效果。

④ 由于分子中具有疏水性较强的长链，因而可增强在皮肤表面形成的疏水薄膜。

⑤ 赋予产品光泽，提高其商品价值。

⑥ 改善成型机能，便于加工操作。

1. 植物性蜡

植物性蜡有巴西棕榈蜡、木蜡、小烛树蜡。

2. 动物性蜡

动物性蜡有蜂蜡、鲸蜡、白蜡、羊毛脂及其衍生物（羊毛脂乙酰化、氧化、皂化等处理而得）等。羊毛脂的成分与人脂肪的成分相似，是化妆品的主要原料。

（1）蜂蜡：呈白色或微黄色半透明状固体，略有蜂蜜的气味，溶于氯仿、乙醚、油类，不溶于水，微溶于乙醇。主要成分为棕榈酸蜂蜡酯、虫蜡酸和某些高碳石蜡。来源于蜜蜂的蜂房。用于唇膏、冷霜及香油。

（2）鲸蜡：白色半透明状固体，溶于乙醚、氯仿、油类，不溶于水，用于唇膏和乳剂类化妆品。

（3）羊毛脂：浅黄色软膏，溶于苯、丙酮、乙醚、氯仿、石油醚和热乙醇中，不溶于水，但可与双倍量的水混合而不分离。主要成分为胆甾醇、虫蜡醇及多种脂肪酸的酯。来源于羊毛提取而得的脂肪物，分无水和含水两种。可用于冷霜、唇膏及富脂皂中。

（三）碳氢类油脂、蜡

碳氢类油脂常用的有液体石蜡、纯地蜡、凡士林、聚乙烯粉末等。

（1）纯地蜡：微黄色固体，溶于油，不溶于水和乙醇，用于冷霜和唇膏。

（2）凡士林：白色或淡黄色半透明油膏，白色者称白凡士林，黄色者称黄凡士林，溶于乙醚、氯仿、二硫化碳、苯和油类，不溶于水。来源于石蜡系分馏后的半固体烃和液体烃。主要成分为烷属烃（$C_{16}H_{34} \sim C_{32}H_{66}$）和烯属烃（$C_{16}H_{32}$）的混合物。在化学上和生理上均是惰性，可与许多药物配伍而不会使药物发生变化，凡士林具有很好的润滑作用,不易被皮肤吸收,用于产品硬度的调节,赋予产品光滑感,使用于膏霜类及香油类、唇膏、发蜡和乳剂类化妆品产品。

(3) 液体石蜡:无色透明油状液体,几乎无臭和无味,溶于乙醚、氯仿、二硫化碳、苯,不溶于水、冷乙醇和甘油。来源于分馏石油高沸点部分。用于蜜蜡面膜和用于膏霜类及油类化妆品。

(4) 褐煤蜡:白色或淡褐色的蜡状固体,可溶于氯仿、四氯化碳、松节油等。对皮肤无不良作用。它主要应用于唇膏、发蜡条。

(5) 石蜡:白色半透明的蜡状固体,无臭无味,能溶于橄榄油、苯、氯仿、石油醚、温乙醇,不溶于酸类。成分为固体烃类 $C_{18\sim30}$ 的混合物,由石蜡油或地蜡分离而得。主要用于膏霜类及香油类化妆品。

(6) 地蜡:白色的蜡块,无臭无味,能溶于醇、苯、氯仿、石油醚,不溶于水。来源于矿产物。用于膏霜类化妆品。

(四) 合成油脂、蜡

合成的油脂、蜡及其衍生物的开发目的是为了更好地发挥天然油脂所具有的优良特性,改善它的缺点。合成的油脂、蜡,在纯度、物理性能、化学稳定性、微生物稳定性以及对皮肤的刺激性和皮肤的吸收性等方面都较优越。如聚醚化物可具有较低的熔点,较高的黏度和优良的亲水性。常用的有鲸蜡醇类、固醇、硅油、金属皂、角鲨烷、维生素 E、维生素 E 乙酰酯等。

油脂或蜡类的衍生物的作用有:油脂及蜡类衍生物中脂肪酸具有乳化作用;高级脂肪醇可作为乳化助剂、油腻感抑制剂和润滑剂;酯类是铺展性改良剂、混合剂、溶剂、增塑剂、定香剂、润滑剂和通气性赋予剂;酯类具表面活性剂作用,传输药物和有效成分,促进皮肤对营养成分的吸收。

(1) 氢化羊毛醇:白色或微黄色软蜡状,略有特殊的油脂气味,吸水性强,不黏稠,有保湿性和可塑性,用于唇膏、面霜等乳剂类产品的增稠和调湿。

(2) 羊毛醇(ROH):黄色或浅棕色油膏,略有气味,由羊毛脂经水解反应生成。对皮肤的渗透性好,吸水性强,无刺激和过敏,其作为基质容易被皮肤吸收,比凡士林好,用于乳剂类化妆品增稠和调湿、婴儿制品、干性皮肤护肤品和膏霜类、乳液、唇膏类化妆品。

(3) 羊毛酸异丙酯:浅黄色油状膏体,略有气味,溶于白油,由羊毛脂和异丙醇置换反应而得。无黏滞性,可减少产品的油腻感,有调理和润肤作用,渗入皮脂和头发并使之光滑和柔软,亲水性和润滑性强,易被皮肤吸收,可作为药物的载体,促进皮肤对有效成分的吸收。用于唇膏、膏霜和乳液中,以减少矿物油的油腻感。

(4) 乙酰化羊毛醇:微黄色油状液体,略有气味,溶于蓖麻油、白油、90%乙醇,用于乳剂和唇膏,具有较强的润滑性。

(5) 乙酰化羊毛脂[RCH(—OOCCH₃)COOR′]:黄色半固态油膏,熔点在 30~40℃,溶于白油,不溶于水和乙醇。由羊毛脂和醋酐反应而得。具有较好的抗水性能,能形成抗水薄膜使皮肤减少水分蒸发,避免外界环境因素的脱脂和使皮肤柔软。用于乳剂及儿童产品。

(6)角鲨烷:无色、无味、惰性透明状液体,稍溶于乙醇、丙酮,溶于矿物油及其他动植物油。由角鲨烯氢化制得。其渗透性、润滑性和透气性较其他油脂好,对皮肤无毒性,可加速化妆品中的活性成分向皮肤渗透。用于高级化妆品的油性原料。

(7)胆甾醇(胆固醇):白色或淡黄色结晶,不溶于水,可溶于乙醇、氯仿。对皮肤无不良刺激作用,可治疗受刺激的干裂皮肤及干燥受损的头发。主要添加入营养霜和药用油膏及乳液中,增加其稳定性和吸水能力,其与脂肪醇或羊毛脂衍生物配伍作用比单独使用好。

(8)维生素 E:黄色透明黏稠的油状液体,无味,不溶于水,溶于油脂、乙醇。用作抗氧化剂,同时用于防晒化妆品、唇膏及抗衰老护肤品。

(9)维生素 E 乙酰酯:黄色透明低黏稠的油状液体,无味,不溶于水,溶于油脂、乙醇、丙酮,用于防晒及唇膏等化妆品。

(10)白油:无色透明状液体,无味,有良好的透气性,用于发油、乳剂类产品和防裂唇膏,主要起润滑作用。

(11)棕榈酸异丙酯:黄色油状液体,无味,溶于乙醇、乙醚,有良好的渗透性和润滑性,用于乳剂类化妆品。

(12)豆蔻酸异丙酯:黄色或浅黄色油状液体,无味,溶于乙醇、乙醚,有良好的润滑性,用于乳剂类化妆品。

(13)硬脂酸丁酯:白色或淡黄色蜡状物,溶于乙醇,不溶于水,用于唇膏。

还需说明的是,化妆品各类基质中虽都具有很多前已述及的作用,但有些成分如羊毛脂类某些成分也可对皮肤引起接触性皮疹、过敏性皮炎,如石蜡、地蜡、凡士林等可刺激皮肤,发生皮炎,苯甲醇对皮肤、黏膜有刺激性、腐蚀性、硬脂酸对皮肤产生过敏等。所以在化妆品配制过程中应考虑这些可能引起皮肤过敏或刺激的基质成分的比例和含量。

二、粉　类

粉类是组成香粉、爽身粉、牙膏、胭脂等粉饰类化妆品的基本原料。粉饰类化妆品可分为粉底霜、粉底液、粉条、蜜粉、胭脂、眼影、眼线液、睫毛膏、唇膏、指甲油、唇笔、眉笔。本节主要介绍美容化妆品的组成成分。

(一)美容化妆品粉体的特点及作用

美容化妆品使用的粉体种类很多,性能各异,但均具有以下一些特点:

1. 遮盖力(covering power)

可以遮盖皮肤表面的瑕疵、疤痕、大毛孔、色素沉着、色斑和因油脂分泌过旺而产生的过度的光泽。如氧化钛、氧化锌等白色颜料具有此作用。

2. 柔滑性（slip）

在皮肤表面能平滑地延展，有润滑性感觉。具有柔滑性作用的粉体有滑石粉、淀粉、金属皂等，但属滑石粉作用效果最佳。

3. 吸收性（absorbency）

粉体应可吸收皮肤分泌物、汗液、皮脂，具有抑制皮肤油脂造成的油光光的感觉。此类粉体有高岭土、碳酸钙、碳酸镁、淀粉等。

4. 附着性（adhesiveness）

易黏附于皮肤上，使妆体不易脱落。要满足此条件可通过加入淀粉、金属皂如硬脂酸锌、硬脂酸镁等达到。

5. 绒膜性（bloom）

在皮肤表面上形成像天鹅绒般的细微粒子外层。

（二）美容化妆品粉体的组成

粉体组成主要是由着色颜料、白色颜料、珠光颜料和体质颜料（即填充剂）等粉体部分和作为这些粉体原料分散所使用的基剂成分所组成。基剂成分随不同剂型而改变。一般基剂包括凡士林、液体石蜡、各种蜡类、合成酯类、羊毛脂及其衍生物、天然植物油、二甲基硅氧烷及其衍生物等油溶成分，甘油、丙二醇保湿剂和表面活性剂等，还有防腐剂、抗氧化剂和香料。

（三）粉体的条件

作为美容化妆品的粉体，应满足以下条件：

1. 安全性

对皮肤、黏膜等无刺激作用，不会引起脂粉斑疹、眼妆过敏症等症状，不含有害的重金属如铅、汞及砷等杂质，无微生物污染，不会由于微生物作用而产生毒性或刺激作用。

2. 稳定性

对热、光、药品、油脂及香料等不发生变色、变质、改变气味、变形和分离等质量问题。因此需考虑其防腐、抗氧化等因素。

3. 混合性和分散性良好

与黏合剂或其他粉体的混合性良好,不会聚结成团,易于在皮肤表面铺展和分散。

4. 使用舒适感

涂敷时有柔和感,涂敷后能感到爽滑,无异物感。但由于化妆品原料配制需要,有些引起过敏性的成分如粉质中的颜料氧化锌(白色颜料,对皮肤、黏膜有一定的刺激,可引起局部腐蚀)还是存在,在这种情况下,只可能降低比例或开发出新的原料,或尽可能使用天然粉体如改性淀粉等。

(四) 美容化妆品使用的主要颜料和粉体的种类

美容化妆品的粉体通常分为体质颜料、白色颜料、着色颜料、珠光颜料和金属皂。

1. 体质颜料

体质颜料的作用是使美容化妆品的粉体具有铺展性、吸收性、填充作用。其又分为:

(1) 无机填充剂:如滑石粉、高岭土、云母、绢云母、碳酸镁、碳酸钙、硅酸镁、二氧化硅、硫酸钡、硅藻土、膨润土。

(2) 有机填充剂:纤维素微球、尼龙微球、聚乙烯微球、聚四氟乙烯微球、聚甲基丙酸酯微球。

(3) 天然填充剂:木薯粉、纤维素粉、丝素粉、淀粉、改性淀粉。

2. 着色颜料

着色颜料的作用是着色,分为两类:

(1) 有机颜料:食品、药品、及化妆品用焦油色素。

(2) 无机颜料:红色氧化铁、黄色氧化铁、黑色氧化铁、锰紫、群青、氧化铬、氢氧化铬、赫石、炭黑。

还有天然颜料如 β-胡萝卜素、红花素、胭脂红、叶绿素、藻类等。

3. 白色颜料

白色颜料作用是遮盖性。该颜料有钛白粉、氧化锌。

4. 珠光颜料和金属皂

(1) 珠光颜料的作用为具光泽性,常见的有鱼鳞箔、氯氧化铋、云母钛、氧化铁处理云母钛、鸟嘌呤、铝粉。

（2）金属皂的作用为附着性，常见的有硬脂酸镁、硬脂酸锌、硬脂酸铝、月桂酸锌、肉豆蔻酸锌。

（五）常用的粉体

（1）滑石粉（talc）：白色至灰绿色晶状粉末或者淡黄色粉末，溶于水。主要成分为硅酸镁（$3MgO \cdot 4SiO_2 \cdot H_2O$），性质柔软，粉末柔滑，具有润滑性，对酸、碱、热有很好的抵抗力，化学性质不活泼。化妆品用的滑石粉主要用于制造蜜粉、香粉、粉饼、胭脂、爽身粉、痱子粉等粉类产品。在香粉中的质量分数可高达 65%，粉饼中质量分数达 45%。

（2）高岭土（kaolin）：化学式：$Al_2O_3 \cdot 2SiO_2 \cdot 2H_2O$。高岭土为白色粉末或灰色粉末，是一种以高岭石为主要成分的黏土，为天然的硅酸铝，纯度高，有油腻感，有泥土味，常温下微溶于稀酸（盐酸和醋酸）。易分散于水或其他液体中，具有抑制皮脂及吸收汗液的性质，有较强的收敛性，用于香粉、粉饼、胭脂、湿粉和面膜等产品。与滑石粉配合使用时，可吸收、消除及缓和滑石粉光泽的作用。

（3）碳酸钙（calcium carbonate）：分子式：$CaCO_3$。来源于方解石、石灰石、大理石磨成的细粉。白色粉末，无臭无味，不溶于水，在含有二氧化碳的水中溶解度较大，溶于热乙醇，有滑腻感，与皮肤有较好的黏附性，用于香粉、粉饼、胭脂、爽身粉、粉底霜、粉蜜等粉类产品和牙膏类产品。一般与滑石粉配伍使用。

（4）氧化锌（zinc oxid）：分子式：ZnO。白色非结晶粉末，在空气中能吸收二氧化碳，不溶于水和乙醇，溶于稀酸，对皮肤微有干燥和杀菌作用，有较强的遮盖性，用于粉蜜、粉底霜等产品。对皮肤有一定的刺激作用，可引起局部腐蚀。

（5）二氧化硅（silica，pigment white）：分子式：SiO_2。无色、透明、发亮的结晶和无定形粉末，无味。化学惰性，不溶于水和酸（氢氟酸除外），溶于浓碱液。在化妆品使用的 pH 值范围内很稳定。与牙膏中氟化物和其他原料的相容性良好。主要用作香粉、粉饼类化妆品的香料吸收剂（载体），氟化物牙膏和透明牙膏的磨擦剂，磨砂膏和磨砂洗面奶的磨擦剂。硅藻土（diatomaceous silica）为含水二氧化硅（$SiO_2 \cdot nH_2O$），由天然硅藻加工而成，硅藻是单细胞水生植物硅藻的化石残留骨架。硅藻土具有多孔性的结构，表面积很大，因而吸油量很高，堆密度低，附着力高。硅藻土是廉价的粉体填充剂，用于各类粉剂和粉饼，也用于面膜。

（6）云母粉（mica）：主要化学成分：$Al_2O_3 \cdot K_2O \cdot SiO_2 \cdot H_2O$，云母是一组复合的水合硅酸铝的总称，种类较多。用于化妆品的云母粉主要是白云母（muscovite）和绢云母（sericite）。白云母是质软带有光泽质亮反光的细粉，可与大多数化妆品原料配伍。绢云母是近年来开始应用的新原料，用它制得的产品触感柔软、平滑，用于粉类化妆品，有助于颜料的分散，黏附性很好，使皮肤具有一种自然的滑爽感，可作为滑石粉的代用品。白云母是含粉类化妆品的重要原料，用于制造香粉、粉饼、胭脂、爽身粉、痱子粉、粉底霜和乳液等。

(7) 钛白粉(titanium dioxide)：分子式：TiO_2。白色，无臭无味的非结晶粉，不溶于水及稀酸。来源于钛铁矿经硫酸处理而得。有极强的遮盖力，主要用于粉蜜、保湿亮霜、香粉等产品。

(8) 碳酸镁：分子式：$MgCO_3$。白色轻质的粉末，不溶于水，遇酸分解，存在于天然矿石菱镁矿中。具有很好的吸收性，色泽极白。可用于制造香粉、牙膏，与牙膏中其他组分相容性好，硬度适中，但单独使用容易使牙膏固结。

(9) 磷酸氢钙(secondary calcium phosphate)：分子式：$CaHPO_4$。白色结晶粉末，无臭无味，不溶于水，溶于稀的无机酸(如盐酸、硝酸和醋酸)。主要用于制造牙膏。

(10) 磷酸钙(calcium orthophosphate)：分子式：$Ca_3(PO_4)_2$。白色无臭无味粉末，不溶于水，易溶于稀的无机酸。主要用于制造牙膏，硬度适中，稳定性好，可与牙膏中其他大多数组分配伍，但不宜与氟共同配制含氟牙膏(生成氟化钙沉淀)。

(11) 硬脂酸锌(zinc stearate)：分子式：$Zn(C_{17}H_{35}COO)_2$。白色，质轻，黏着的细粉，微有特征臭，溶于苯，不溶于水、乙醇、乙醚，遇酸分解。由硬酯酸钠和硫酸锌溶液相互作用而得。具有很好的黏附性，用于香粉类化妆品。

(12) 硬脂酸镁(Magenisium)：分子式：$Mg(C_{17}H_{35}COO)_2$。白色无味轻粉，溶于热乙醇，不溶于水。具有很好的黏附性，用于香粉类化妆品。

(13) 纤维素微珠(microporous spherical cellulose beads)：纤维素微珠组成为三醋酸纤维素或纤维素，为高度微孔化的球状粉末，相似于海绵球，质地很软，手感平滑，吸油性和吸水性很好，化学性质稳定，可与其他化妆品配伍，赋予产品很平滑的感观。分散好，可防止结块和聚凝。主要用作粉类化妆品填充剂，用于香粉、粉饼、湿粉等；用于磨砂洗面奶作为摩擦剂，清洁作用优良，质软平滑。

(14) 玉米淀粉(corn starch)：化妆品用的玉米淀粉为漂白过可自由流动的粉末。主要用作黏结剂、填充剂和崩解剂，也用做油吸收剂和水分吸收剂，还用于婴儿爽身粉、眼线膏和睫毛油等美容化妆品。但它易滋生微生物，贮存和制剂中需添加防腐剂。其作为化妆品使用安全无毒性。

(15) 辛基淀粉琥珀酸铝(aluminum starch octenylsuxxinate)：为经疏水处理的改性玉米淀粉。不溶于水，也不被水润湿，但可吸收空气中的水分，为亲油剂。在液态和干态的美容化妆品中是很好的油脂吸收剂。

无机颜料中有绿色的氧化铬、因氧化程度不同而呈现不同颜色的氧化铁(氧化铁红、氧化铁黑和氧化铁棕)、由硫、硅酸铝、炭黑混合烧制成的具有青色至接近粉红色的各种颜料等。

珠光颜料常用的有由鱼鳞制取的晶体材料鸟嘌呤、可随厚度增加颜色由银色变为金色、红色、紫色、蓝色至绿色的覆盖云母颜料等。

三、溶剂与水

溶剂是膏状、浆状及液状化妆品中不可缺少的起溶解作用的成分。除溶解作用外,其在化妆品中作用还有:一是与配方中的其他成分互相配合,使制品保持稳定的物理性能,便于使用;二是在许多固体化妆品的生产过程中起胶黏作用,如制粉饼成颗粒的时候,就需要一些溶剂黏合;三是化妆品中的香料及颜料的加入,需借助溶剂以达到均匀分布的目的;四是起挥发、润湿、润滑、增塑、保香、防冻及收敛作用;五是营养化妆品中的活性成分,不管是脂溶性还是水溶性物质,均需溶剂溶解等等。

化妆品中常用的溶剂为水及有机溶剂。水在化妆品生产中是使用最广泛、最廉价、最丰富的原料。如古龙水、须后水和化妆水等产品含水量就很高。水具有很好的溶解性,也是一种重要的润肤物质。水质的好坏会直接影响化妆品稳定性和良好的使用性的要求。若水的硬度高(钙、镁离子的含量高),会使化妆品中的乳化剂转化为钙、镁皂,影响制品的透明性与稳定性。长期使用高硬度的水会使皮肤受损。另外,水质还需要无微生物污染。所以化妆品中的生产用水应为去离子水或纯净蒸馏水,且经除菌或灭菌处理。

有机溶剂常用的有乙醇、乙醚、液状油脂类等物质。

(1)乙醇(ethyl alcohol):无色透明液体,有酒味,易燃、易挥发,用作化妆水、须后水、古龙水、花露水和多种化妆品中的溶剂,有较强的杀菌效果,但也存在一定的刺激作用。

(2)聚乙丙烯:淡黄色黏稠状液体,溶于水、乙醇和蓖麻油,用作保湿剂和水溶性润肤剂。

(3)吗林:无色油状液体,有氨味,能随空气挥发,用于眼线液。

(4)乙醚:液状,溶于水、乙醇,有强烈的燃烧性,用于多种化妆原料的溶解,但其对人体有一定的麻醉作用,可通过皮肤吸收。

(5)去离子水、蒸馏水:无色透明液体,是经过紫外线灯灭菌的水,广泛用于液体护肤品、香水、化妆水及乳剂护肤品中。

除此之外,化妆品的溶剂还有乙酸乙酯、乙酸丁酯、稀酸、丁醇、丙酮等。

四、胶 质 类

胶质类原料主要是水溶性的高分子化合物。这类化合物在水中能膨胀成凝胶,在许多化妆品中被用做胶合剂、增稠剂、悬浮剂和助乳化剂等,使化妆品具有诱人的质感,以增加产品的货架销售量。胶质类原料许多还是很好的天然保湿剂,成为保湿类化妆品的主要成分。

胶质类原料主要分为如下的无机胶类和有机胶类:

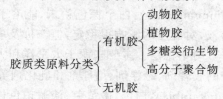

有机胶:天然高分子、半合成、合成高分子。

植物胶:黄蓍树胶、鹿角菜胶、果胶等。

动物胶:明胶、酪蛋白胶、骨胶原、角蛋白、水解蛋白、水解网状蛋白等。

多糖类衍生物:甲基纤维素、羟乙基纤维素、羧甲基纤维素、透明质酸、硫酸软骨素/水解蛋白、汉生胶等。

高分子聚合物:聚乙烯醇、聚乙烯吡咯烷酮、羧基乙烯聚合物、聚氧乙烯等。

无机胶:膨润土、改性膨润土、胶性硅酸镁铝、胶性氧化硅等。

绝大多数的胶质物质均是从天然植物中提取而得,或经化学加工而制成。从它们的主要分子结构看大多属多糖类。胶质类原料的主要特性是含少量这些物质的水溶液,可以形成黏稠的凝胶,这些凝胶不同程度地都具有触变性,即受到外加的应力作用时会不同程度地使黏稠度下降,当外加的应力去除后,凝胶又会恢复原来的黏稠度。有些胶质在水溶液中,当温度较高时是稀薄的溶胶,而在温度较低时,即变为稠厚的凝胶。凝胶的这种性质主要是物质本身的分子结构、氢键、范德瓦尔斯力相互作用形成三维立体网状结构的结果,这种结构可以吸附大量水分,因此而使溶液变得十分稠厚。为此,人们常利用这些特性,将其应用于化妆品中,一是改变产品的质感,二是起很好的保湿作用。

(一) 有机胶类

(1) 淀粉(starch):白色无味,非晶状粉末,不溶于冷水、乙醇和乙醚,在热水中成胶冻。主要是从含淀粉较高的种子和块茎中获取。用于香粉类化妆品作为粉剂的一部分,在牙膏及胭脂中可用作胶合剂。

(2) 黄蓍树胶(gum tragacanth):白色到微黄可微红的粉末,不溶于乙醇,在水中膨胀成凝胶,在甘油中膨胀的情况较差。来源于黄蓍的树汁干燥而成。是一种很好的胶合及增厚剂,广泛用于牙膏和发类等制品。

(3) 果胶(pectin):白色粉末,或为糖浆状的浓缩物。其特点为在合适条件下,可凝结成胶冻状。主要成分为具有长链而部分甲基化的水解乳糖醛酸衍生物。来源于用稀酸液浸取的苹果或橙类的果肉。用于牙膏及其他化妆品中,作为保护胶体和乳化剂等。

(4) 鹿角菜胶(carrageenin):有 κ、ι 和 λ 三种产品级,能快速吸收水分,溶于温水中,冷却后成凝胶。一般 3% 的溶液成软凝胶,熔点 $27 \sim 30℃$,而 5% 溶液成硬凝胶,熔点为 $40 \sim 41℃$。它可从鹿角菜或爱尔兰苔等以热水抽提醇沉淀而得。它的稳定性较纤维素胶要好。可用作牙膏中的胶合剂及其他化妆品中的悬浮剂和增稠剂。

(5) 海藻酸钠(sodium alginate):白至棕色粉末,能溶于水,不溶于有机溶剂,水溶液为稠厚的胶性溶液,对温度的影响很稳定,但二价及多价金属离子的盐类会使其沉淀,pH 值低于 3.3 时不稳定。主要来源于太平洋和大西洋海岸的褐藻和大海藻。可用作化妆品中的胶合剂、悬浮剂、增厚剂和乳化剂等。

(6) 阿拉伯树胶(gum arabic):白色、微黄色、淡琥珀色树脂状物,在室温下,能溶于双倍重的水中,不溶于乙醇,溶液能流动。由各种胶树的树汁干燥而成。在化妆品中用作乳化剂、增厚剂和保护胶体等。

(7) xanthan gum:乳白色粉末,含水分<12%,灰分阶段<10%,pH=7,温度对其的影响较小,在酸碱性溶液中稳定,并且不易受盐类的影响,是一种较好的多糖类胶质。由一种称为黄单胞杆菌属的微生物,经人工培养发酵而制得的高分子量天然碳水化合物。适宜于作为酸性或碱性的化妆品的胶合剂或增稠剂。

(8) 甲基纤维素 $ROCH_3$(methyl cellulose):白色纤维状固体,无臭无味,不溶于多数有机溶剂,不受油脂的作用,对光线亦安全,遇火则燃烧,其能在水中膨胀成透明、黏稠的胶性溶液。可用作分散剂、增厚剂、活化剂和胶合剂等。

(9) 羟乙基纤维素 $(C_6H_9O_4 \cdot OCH_2CH_2OH)_n$(hydroxyethylcellulose,HEC):白色无味的粉末,易分散于水中成凝胶状,由于非离子的特性,适用性较广。由碱性纤维素以环氧乙烷加成制得。适用于作香波、整发用品、膏霜和蜜以及牙膏等的胶合剂和增稠剂。

(10) 羧甲基纤维素钠 $ROCH_2COONa$(sodium carboxymethylcellulose,CMC):白色无味的粉末或颗粒,易分散于水中成凝胶状,在 pH 值 2.0～10.0 之间稳定,pH<2.0 以下产生固体沉淀,pH>10.0 以上则黏度显著降低。由碱性纤维素和一氯醋酸钠相互作用而得。为一种亲水胶体,可代替或和天然的水溶性的胶质混合使用,可作为各种化妆品的胶合剂、增厚剂、悬浮剂、乳化剂及助涤剂等。

(11) 聚乙烯醇(polyvinyl alcohol,PVA):化妆品用的聚乙烯醇是一种水溶液,利用其成膜能力来制造润肤剂、喷发剂,并利用其保护性能用作乳化的稳定剂。

(二) 无 机 胶

(1) 膨润土(bentonite,colloidal clay):淡黄色或淡棕色粉末,与水有较强的亲和力,能吸收约 15% 的水分,在碱性水溶液中能形成凝胶,2% 的水悬浮液 pH 值约为 9～10,对微生物的稳定性比其他水溶性高分子高,但易受电解质影响。主要成分为胶性硅酸镁铝,由天然矿物加工制得,为无机胶质,可用于牙膏及粉饼等化妆品。

(2) 胶性氧化硅(pyrogenic silica,aerogel):比表面积特大($380m^2/g$),有亲水性和疏水性两种,微粒极细,化学纯度很高,无定形 X 射线结构,折射率 1.45,在相似折射率的介质中呈透明状,在非极性和低极性介质中为有效的稠化剂,吸水率达自重 40% 时仍保持粉末状。其来源于四氯化硅的水解,为无机胶质,通过控制其折射率制成透明的产品。

(3) 胶性硅酸镁铝(colloidal magnesium aluminum silicate):柔软白色薄片或无味细粉,含水量<8%,pH 值在 9.0～10.0 之间(每克加 $0.1mol \cdot L^{-1}HCl$ 6～8ml 可降低 pH 值到 4.0)。其来源于火山灰所形成的绿土(smectite clays)加工精制而成,化学成分为:

$$SiO_2：Al_2O_3：MgO：CaO：Na_2O：Fe_2O_3：K_2O ：TiO_2=$$
$$56.3：10.5：9.2：0.3：2.4：1.8：1：0.1$$

在化妆品中可与各种有机胶体协同作用。

第二节　化妆品的添加剂

化妆品的基本成分除油、脂、蜡外,还有以下各类必需的添加剂,以寻求具有许多特殊功能且质量稳定的美容与护肤的高效新型化妆品。

一、抗氧化剂（防氧化剂）

含有油脂类物质的化妆品,特别是具有不饱和键的油脂中的碳-碳双键两侧的 α-亚甲基易与空气中的氧反应而自动氧化引起变质,这种氧化变质称为酸败。动植物油脂氧化的难易是随着它的分子结构中不饱和键存在的程度而决定的,往往由于少量不饱和键存在促使氧化作用的迅速进行。

动植物油酸败时发生恶臭（由酸败后产生的某些醛类化合物,特别是庚醛和壬醛而引起）,与此同时还伴随着水解反应的进行,使油脂中的游离脂肪酸的含量增加,这些反应产物成为影响化妆品质量和对皮肤产生刺激的原因。油脂的酸败伴随着复杂的化学变化,一般认为水分、空气、日光、酶、细菌及重金属等物质是促进油脂氧化分解的主要原因。油脂的氧化是先在脂肪酸链的双键上发生氧的加成,生成过氧化物,过氧化物继续分解或相互作用或与其他氧化物反应生成了实际上与酸败有关的臭味物质和一些低分子物质,如低分子醛类、酸类、羟基酸类、酮类、酮酸类、短链脂肪酸及其他产物等。例如,油酸甘油酯的酸败,先生成油酸,后生成壬醛:

$$\underset{\text{油酸}}{CH_3(CH_2)_7CH = CH(CH_2)_7COOR} + O_2 \rightarrow \underset{\text{壬醛}}{CH_3(CH_2)_7CHO} + \text{其他氧化物}$$

为了防止化妆品中的油脂、蜡、烃类等油性成分接触空气中氧发生氧化反应,产生过氧化物、醛、酸等,使化妆品变色、变质,因此需要在化妆品中添加抗氧化剂。

抗氧化剂的种类很多,按照它们的化学结构,大致可分为六类:酚类、醌类、胺类、有机酸和醇类、无机酸及其盐类、硫的化合物。如表 3-1 所示。

表 3-1　抗氧化剂按化学结构分类

化合物类型	抗氧化剂
酚类化合物	2,6-二叔丁基对甲酚（BHT）、叔丁基对羟基茴香醚（BHA）、正二氢愈创酸（NDGA）、没食子酸酯、二苯乙醇酮（安息香）、丙基甲基愈创木醇、铁杉内酯、降铁杉内酯、天然生育酚
醌类化合物	氢醌、阿诺克默（Anoxomer）、6-羟基苯并二氢吡喃、7-羟基香豆素

续表

化合物类型	抗氧化剂
胺类化合物	烷基醇胺、磷脂、萘胺和双胍衍生物、异羟肟酸、葡萄糖胺和嘌呤衍生物
有机酸、醇和酯	山梨醇、甘油、丙二醇、己二酸、枸橼酸、酒石酸、马来酸、维生素C、葡糖酸、乌头酸、衣康酸、葡糖醛酸、半乳糖醛酸和它们的酯和盐
无机酸和盐	各种磷酸和聚磷酸盐
硫的化合物	元素硫、硫代二丙酸、硫代二丙酸二硬脂酸酯、硫代二丙酸二月桂酸酯、半胱氨酸、蛋氨酸、亚硫酸盐、硫尿、谷胱甘肽、秋兰姆(TMTD)、二硫代氨基甲酸盐

目前常用的抗氧化剂是酚类和醌类，其他几类本身不能算为一种有效的抗氧化剂，仅当它们与其他两类混用时有协合作用。

以下介绍一些常用的抗氧化剂。

（1）没食子酸酯（ester of gallic acid，或 ester of 3，4，5-trihydroxybenzoic acid）：没食子酸酯是一类重要的抗氧化剂。其中没食子酸丙酯为白色至淡黄褐色结晶状粉末，无臭，略有苦味，耐热性较好。难溶于冷水，易溶于热水，易溶于乙醇、乙醚、丙二醇、乙酸乙酯、植物油和动物油脂。没食子酸的甲酯、乙酯、丙酯、异戊酯、辛酯、月桂酯均已在化妆品中使用。

（2）叔丁羟基茴香醚（tert-butyl-4-hydroxganisde，或 bulylaed hydroxyanisole，简称 BHA）：BHA 主要是由 3-BHA 和 2-BHA 两种异构体组成。市售的 BHA 是无色至浅黄色蜡状固体。略有酚类的特殊气味，对热相当稳定，在弱碱条件下不容易破坏，遇铁等金属会着色，光照也会引起变色。不溶于水，溶于乙醇和乙醚、石蜡、黄凡士林、椰子油、白矿油、猪油、豆油。3-BHA 的抗氧化效果比 2-BHA 强 1.5～2 倍，两者合用有增效作用。

（3）维生素 E（生育酚）（tocopherol）：为红色至红棕色黏液，略有气味，不溶于水，溶于乙醇、丙酮和植物油。对光照和热均稳定。在自然界中存在于植物种子内，为天然油溶性抗氧化剂，以 α、β、γ 和 δ 四种形式存在。柠檬酸和维生素 C 对生育酚的抗氧化作用有增效作用，在化妆品中得到广泛应用。

（4）无水亚硫酸钠：白色粉末，有咸味，溶于水及甘油、氯仿、乙醚。

从天然产物中提取的抗氧化剂有：能有效抑制油脂过氧化作用的类黄酮化合物，如桑白素、橙皮素等含此类化合物的植物提取物；能防止光照引起化妆品氧化作用的，从茶叶或中草药中提取的儿茶素；能有效抑制化妆品氧化作用的马尾草提取物等。

除此之外，常用的抗氧化剂有二丁基羟化甲苯、丁基羟化苯甲醚等。

二、防腐剂和防霉剂

防腐剂与抗氧化剂在化妆品中的作用是防止和保护化妆品在贮存过程中的败

坏和变质。其中防腐剂能够防止和抑制细菌或真菌(霉菌)生长繁殖,而抗氧化剂能防止和减弱油脂的氧化酸败。为了防止化妆品由微生物污染引起败坏和消费者在使用时产生第二次污染,防腐剂的添加是很有必要的。防腐剂加到化妆品中,使化妆品具有内在的抵抗微生物污染的能力,而在一定期限内保持质量不变。

对于化妆品中的防腐剂,要求不影响产品的色泽,无异味,在正常量范围内无毒性,对皮肤无刺激性和过敏性,不影响化妆品的黏度、pH 值,同时有比较广的抗菌谱,对多种微生物有效。

而某一化妆品选用何种防腐剂,则要求满足以下几个条件:

(1) 选用防腐剂时要注意产品的 pH 值,以使其能发挥最大的效力。对于有机弱酸,防腐剂的活性取决于未离解的含量,当弱酸 HA 的 $[A]=[HA]$ 时,亦 $pH=pK_a$ 时,防腐剂有 50% 离解,活性减弱;只有在产品的 $pH<pK_a$ 时,pH 值的改变对防腐剂活性的影响较小。如安息香酸只有在不离解状态下才能发挥最好效果,山梨酸和脱氢醋酸也受同样的局限。另外,pH 值的改变影响防腐剂的稳定性。如 2-溴-2-硝基-1,3-丙二醇(bronopol)在 pH=4.0 时,十分稳定;在 pH=6.0 时,其活性可保持 1 年;pH=7.0 时,其活性只有几个月。

(2) 必须考虑配方中的各种成分对防腐剂的影响,尤其是非离子型表面活性剂的产品要特别注意。可通过抑菌试验得出结论。

(3) 对乳化体产品,均需考虑油水两相的防腐剂,油相应采用油溶性防腐剂,而水相则应采用水溶性防腐剂,二者配合使用才可能取得较好的效果。

(4) 使用易受污染的产品时,对防腐剂的选用,需考虑再污染的问题。

(5) 对中性且含有大量水分及营养成分的产品,必须采用高效和较多量的防腐剂,此时化妆品中发挥有效浓度时防腐剂的毒性、刺激性、离析、变色和价格等因素就比较突出。

另外,某些化妆品如卷发剂、染发剂、收敛剂、脱毛剂、亮发油、爽身粉、香水及化妆水等产品,不需加防腐剂,因为这些产品并不具备微生物生长的条件。配方中无水分,pH 值高于 10.0 或低于 2.5,醇含量超过 40%,甘油、山梨醇、丙二醇等在水相中的含量高于 50%,以及含有高浓度香精的产品都属于这一范畴。

在防腐、杀菌、抗氧化剂的使用安全性中,其中最受注目的是酚类中的甲酚。异丙甲酚可经皮肤吸收,并对皮肤、黏膜有强刺激,可发生肿胀、痤疮、疙瘩、荨麻疹,腐蚀皮肤、黏膜,可发生毛细血管痉挛、坏疽等强损伤,甚至引至中毒残废,有致癌性。其次是苯甲酸盐、水杨酸,包括水杨酸盐及水杨酸酚,这些物质常作保存剂、杀菌剂、防腐剂,对皮肤、黏膜、眼鼻、咽喉有刺激,可腐蚀引至发疹,水杨酸还可引起角膜剥离。另外,用作防腐剂的乙醇、用作防腐剂和保存剂的间苯二酚、用作杀菌剂、防霉剂和保存剂的对羟苯甲酸酯类等成分也会刺激皮肤、黏膜,且因人体质不同,可引起某些人接触性皮炎或过敏性湿疹等。用作抗氧化剂的二丁基羟化二甲苯也可引起皮炎过敏症等。

防腐剂通常以化学结构分类为:

（一）醇类防腐剂

（1）苯甲醇（benzyl alcohol，或 phenylcarbinol，别名 苄醇）：苯甲醇为无色液体，微有芳香臭，味灼烈，可溶于水，可与乙醇、乙醚、氯仿、脂肪酸和挥发油等任意混合。

（2）乙醇：白色透明液体，溶于水。在醇类中，乙醇具有很好的防腐作用，在 pH 值为 4.0～6.0 的溶液中，乙醇浓度达 15% 时已有效；在 pH 值为 8.0～10.0 的溶液中，乙醇溶液浓度在 17.5% 以上有效。可刺激皮肤、黏膜。

（3）三氯叔丁醇：无色或白色结晶，有挥发性，臭似樟脑，在中性至碱性条件下加热或存放会起分解，本品不能与硝酸银、维生素 C 及碱性物质混合。

（二）酚 类

苯酚：无色或微粉红色吸湿性结晶，存放日久氧化成红色，有特异味，浓品对皮肤有腐蚀性，可溶于脂肪酸与挥发油中，对革兰氏阳性和阴性细菌有强的杀菌作用，对芽孢和耐酸菌则作用较弱。

（三）尼泊尔金（对羟基苯甲酸酯）（esters of ρ-hydroxybenzoic acid，或 PHB esters）类防腐剂

此类防腐剂用于化妆品中已有很长历史，现仍广泛应用。此类物质不挥发、无毒性、稳定性好，在酸性及碱性介质中都有效，而且颜色、气味都极微，这些特性使它很适宜作为化妆品的防腐剂。对羟苯甲酸酯类的杀菌功能随着烃链的长度而增大。常用的尼泊尔金类防腐剂有对羟苯甲酸甲酯（水溶性）、对羟苯甲酸乙酯、对羟苯甲酸丙酯（脂溶性）三种酯，对真菌的抑制效能较强，但对细菌较弱。尼泊尔金适宜于弱酸和中性，其中甲酯、乙酯最适宜的条件为 pH＜6.0，丙酯最适宜于 pH＜7.0。若尼泊尔金与丙二醇配伍，则可加强尼泊尔金的作用。

（四）有机酸类

（1）山梨酸：白色或乳白色针状结晶，略有酸味，溶于水，对真菌和细菌有较强的对抗作用。

（2）水杨酸（salicylic acid，2-hydroxybenzoic acid）：白色细微结晶粉末，无味，溶于乙醇、乙醚、丙酮、松节油等。常用作保存剂、杀菌剂、防腐剂，对皮肤、黏膜、眼鼻、咽喉有刺激，可腐蚀发疹。水杨酸可引起角膜剥离。

（3）脱氢醋酸（dehydroacetic acid，DHA）：白色斜方形片状结晶或浅黄色粉末，无臭，无味，熔点：108～110℃，脂溶性，溶于乙醇，稍溶于水。在产品的 pH＜5.0

时，DHA 加入量为 0.1%，对抑菌有效。

（五）季铵类表面活性剂

这类物质由于气味、色泽和毒性都极微，且性质稳定，是一种理想的抗菌剂。它们能溶于水及很多溶剂，物理状态有结晶体、固体蜡、稠厚的油等，分子结构可由下式表示：

$$\left[\begin{array}{c} R \\ | \\ R_1{-}N{-}R_3 \\ | \\ R_2 \end{array} \right]_n^+ A^-$$

R 代表油基团，为长链的烃基或聚环烃基及其衍生物。R_1、R_2、R_3 表示 H、脂肪族烃基、芳香族烃基或杂环基；A 是酸根，如 Cl^-、SO_4^{2-} 或 Br^-；n 是数字 1 或 2，是按照酸根的价数而定。若 N 是属环状结构，则某些 R 基团可能没有，因为 N 的键被环状结构所利用。分子中接有 R 的基团是亲油部分，它在溶液中离解为阳离子，是分子中有效部分，在碱性介质中的抗菌功效甚佳，但若与高分子的阴离子基团接触，则会产生沉淀而失效。季铵类表面活性剂与卵磷脂类相结合会失效。

（1）苯扎溴铵（溴化苯甲烃铵）：白色或黄色粉末或蜡状物，有芳香味，味极苦，具强烈的杀菌作用。

（2）度米芬：白色或微黄色的软片状结晶，易溶于水，对革兰阳性菌作用强，对革兰阴性菌作用弱，对白色念珠菌作用强，对真菌的作用视菌的不同而异。

（3）氯己定（己烷二醋酯盐）：无毒性反应的皮肤广谱杀菌剂，为弱碱，具有强大的杀菌作用，可溶于水、醇、甘油、丙二醇，防腐浓度为 0.002%～0.10%。

（4）咪唑烷基脲（imidazolidinyl urea）：白色粉末，无味，溶于水，对皮肤无毒性、无刺激性和过敏性，与尼泊尔金配合使用可大大提高抗菌活力。对各类表面活性剂都能配伍。酸碱度的适应范围在 pH4.0～9.0 之间。

常用的还有去氢醋酸钠（水溶性），硼酸（具消毒、抑菌、去痱作用），芳香油中的紫苏醛、桂皮醛，此外还有汞化合物类及其他。

三、保湿剂

人体表皮角质层中存在天然保湿因子（NMF），以保持皮肤润泽、柔软和富于弹性的健康状态。作为要保持皮肤健康状态的辅助性物质——化妆品，应具备两个作用：一是在皮肤表层形成一层油膜，阻止或减少皮肤内的水分蒸发；二是模拟皮肤天然保湿因子，能从潮湿空气中吸收水分以补充皮肤的水分。具有前者作用的物质称为吸留性皮肤柔软剂，如凡士林、矿物油等过脂剂，而具有后者作用的物质称为增湿性皮肤柔润剂，简称保湿剂（humectants），如甘油、山梨醇等。保湿剂是一类具有吸湿性质的化合物。

纯的保湿剂的特点是可从环境中吸收水分,直到吸收达到饱和为止,此时所吸收的水量称平衡吸湿量。保湿剂的溶液在其稀释度未达平衡吸湿量时还可从环境中继续吸收水分,降低水的蒸发速度。保湿剂添加入化妆品中(特别是 O/W 型乳化制品),可延缓乳化制品因水分蒸发而引起的干裂现象,延长货架寿命。

保湿剂一般可分为无机保湿剂、金属-有机保湿剂和有机保湿剂。化妆品中应用的保湿剂主要是后两种保湿剂。

常用的保湿剂有:

(一) 多元醇类保湿剂

(1) 甘油(glycerol) $CH_2OHCHOHCH_2OH$:无色透明状液体或微黄的稠厚液体,无臭,味甜而温,置潮湿空气中能吸收水分,其溶液对石蕊试纸呈中性,能溶于水及乙醇,不溶于醚。熔点 17℃,沸点 290℃。通常由油脂经水解或皂化而提取,或以化学合成的方法制备。甘油是极优良的润湿剂、防冻剂、润滑剂,广泛用于牙膏、雪花膏等化妆品中。由于甘油的吸水性极强,因而纯甘油需加 20% 水分以后再用,否则既吸空气中水分,也吸皮肤中水分,起不到润肤作用,反而会灼伤皮肤。

(2) 丙二醇(propylene glycol) $CH_3CHOHCH_2OH$:透明无色的稠厚液体,有微臭,味略有刺激,能溶于水、醇及许多有机溶剂,但与石油醚、石蜡和油脂不能混溶。对光、热稳定,低温时更稳定。相对密度:1.0364,沸点:188.2℃。它是以碳酸钠处理二氯丙烷,或以碱液处理氯丙醇而得。作为甘油的代用品,主要用于乳化制品和各种液体制品本身的湿润剂和保湿剂,与甘油和山梨醇复配用作牙膏的柔软剂和保湿剂,在染发剂中用作调湿、均染和防冻剂。其在化妆品的应用很广泛,被认为是较安全的。在化妆品中丙二醇用量一般小于质量分数 15% 时,不会引起一次性的刺激和过敏。但也有报道称,丙二醇会引起口腔刺激、皮肤湿疹和刺痒,但这种情况较少见。

(3) 山梨醇(sorbitol) C_6H_8OH:白色无臭结晶粉末,尝之微甜有凉的感觉,溶于水,微溶于甲醇、乙醇、乙酸、苯酚和乙酰胺,几乎不溶于其他有机溶剂。用作甘油的代用品,保湿性较甘油为缓和,品味亦较好。可以和其他保湿剂并用,以求得协合的效果。山梨醇可防止皮肤水分蒸发,并带有清爽芳香气味,具有吸湿性,在化妆品中还可以增加护肤化妆品及发用化妆品对皮肤的舒适感觉,而且有较好的软化作用。山梨醇在化妆品中的另一个特点是促进膏体在使用时涂敷均匀,从而使营养、药物化妆品的作用得到更好地发挥。但在使用中还需注意到其含量比例,当使用浓度低于质量分数 50% 时,则易发霉。

(二) 酰胺类保湿剂

常见的有乙酰基单乙胺、乳酰基单乙醇胺、乙酰胺基丙基三甲基氯化铵等。这类季铵和酰胺化合物含有羧基、羟基、酰胺基和氨基等亲水性基团,对水有较好的亲和作用,具有良好的保湿性。与常用保湿剂甘油相比较,酰胺类保湿剂系列产品有更好的吸收和保持水分的能力,可取代其他保湿剂,适用于香波、护发素和各种膏霜以及乳液。

(三) 高分子(collagen)类保湿剂

(1) 明胶:明胶是由某些动物组织如皮肤、白色结缔组织和骨头经部分水解、纯化而制得的天然产物。明胶是无色至黄色半透明片状或粉粒状的固体,不溶于冷水,但在冷水中会溶膨,逐渐软化,可吸收其自身质量 5~10 倍的水,质量浓度为 20.0g·L^{-1}的明胶热水溶液在冷却时形成透明或半透明啫喱状凝胶。明胶可溶于热水、冷的甘油和水混合物以及乙醇,不溶于 90%乙醇、乙醚和氯仿。明胶主要用作乳化剂和乳液稳定剂,其保护胶体作用、乳化能力和黏合作用是较为突出的,还可用作增稠剂、成膜剂、润湿剂、皮肤保护剂、抗刺激剂。

水解胶原蛋白及其衍生物在化妆品中已成为十分有效的原料。它们能滋润肌肤,赋予其平滑感觉,对头发有很好的调理作用,使头发更丰满、富有生机。这些产品性能温和、多功能和使用安全等,符合当代化妆品的潮流,已成为高档化妆品的重要原料。不同的水解蛋白其氨基酸组成不同,相对分子量有较大的差异,它们对皮肤和毛发作用差别也较大。

水解胶原蛋白及其衍生物按原料来源,可分为动物蛋白(包括胶原蛋白——胶原氨基酸、弹性蛋白、角蛋白和网硬蛋白)、植物蛋白、丝蛋白、透明质酸蛋白、全蛋白和奶蛋白等。动物性蛋白均具有保湿性,属一类较好的保湿剂。

(2) 胶原氨基酸(collagen amino acid):由哺乳类动物皮制得的纯胶原酸水解后的产物。为优良的保湿剂,用于护发类制品作调理剂,改善化学试剂对头发引起的损害。用在护肤制品中,可改善皮肤柔软性。

(3) 水解胶原蛋白(hydrolysed collagen):由药用明胶经进一步水解或由小猪、小牛皮肤经酸或酶提取、水解而制得。水解胶原蛋白具有良好的保湿性能和渗透性,添加入化妆品中可降低其他制剂的刺激性。如在洗涤剂中添加质量分数为 2%~3%水解胶原,可减小表面活性剂对皮肤的刺激作用,用后不会有皮肤绷紧和粗糙感。在洗发用品中主要用作调理剂,使头发柔软,易于梳理;在化妆品中有增泡、稳泡、抗沉积作用;用于染发和烫发剂中可防止头发受损。在护肤产品中,它与皮肤表面的蛋白结合,起着天然皮肤保湿剂的作用。

(4) 季铵化水解胶原蛋白(quarternised hydrolysed collagen):为水解蛋白季铵化衍生物,保湿性能良好,适用于发质品,具有成膜性和润湿性。它主要用于增加皮肤柔韧性,润湿皮肤,改善肌肤色泽和外观,特别适用于皮肤清洁剂,其可在皮肤上形成一层胶体膜,使皮肤增加弹性,还适用于眼睛抗皱霜。水解蛋白已成为护肤化妆品最流行使用的蛋白质之一。

(5) 角蛋白(keratin):为高等动物外皮层的主要结构蛋白,它是指甲、毛发和羽毛的主要成分。主要用作发质用品,保湿性能良好,可提高皮肤表层的保水能力。

与维生素 B 和脯氨酸配伍可制成对毛发具有保护和调理作用的生发水；烫发水中加入 3％角蛋白可减少化学试剂对毛发的伤害。

(6) 水解网状蛋白(hydrolysed reticulin)：为高聚的网蛋白纤维降解后所得的相对分子量较低的网状蛋白。水解性网状蛋白有优良的吸湿性，有助于增加皮肤表面的平衡含水量，使皮肤丰满，富有弹性。水溶性网状蛋白还有成膜性，成膜后收缩，使皮肤绷紧，暂时地使皱纹消失。主要用作皮肤调理剂、润滑剂，能使皮肤长时间保持十分润滑和柔软感觉。也可用作香波调理剂。

(7) 弹性蛋白(elastin)：存在于韧带和血管中，为哺乳动物皮中含量居第二位的蛋白质。常以牛颈部的韧带为原料提取。在化妆品中主要用于补充老化皮肤中的弹性蛋白含量，增加皮肤的弹性，润湿角质层，与可溶性胶原蛋白合用可刺激皮肤的微循环，加快成纤维细胞合成胶原蛋白的速度，减少皱纹。弹性蛋白对皮肤的亲和性比胶原蛋白强，也极易被头发毛孔吸收，适用于眼部的抗皱霜和洗发制品中。在洗发制品中，由于其微酸性，头发洗后皮脂不会完全被去除，从而使头发易于梳理，有丝质感。

(8) 丝蛋白(sericin)：由蚕丝提取而得。将其粉碎成微细粉称为丝素。可用于粉体化妆品中，粉粒刚性柔和，覆盖力强；丝蛋白与人皮肤匹配性好，同时与化妆品中其他成分的配伍性强，化学性能稳定，是常用的保湿剂、调理剂和营养剂。

（四）多糖类保湿剂

(1) 透明质酸(hyaluronic acid)：透明质酸是白色纤维状粉末或淡黄色透明液体，无臭，无味。以鸡冠为原料，经生化技术提取制得。透明质酸是细胞间基质中普遍存在的重要组分，是存在于人体结缔组织的氨基多糖，充填在各种组织的细胞之间的空间(如皮肤、软骨、肌肉和筋等细胞)。在皮肤中，透明质酸具有水化、润滑的作用，参与溶质的输送、细胞的移动、细胞机能的发挥以及异化作用的进行等生理过程。它是人体的保湿因子主要成分之一，与人体皮肤亲和性好。之所以具有大的水合容量，就在于其长的以双糖重复结构为单元的线性多糖链无支链，同时具有相对高的分子质量和大的分子体积，这些大分子互相缠绕和聚集，从而形成互相缠卷的黏弹性的聚合物网络组织，能支承很大的水化容积，其保持水分的能力比其他任何天然或合成聚合物强。如质量分数为 2％的透明质酸水溶液能牢固地保持质量分数为 98％的水分，同时生成类凝胶，而这种类凝胶不是真正的凝胶(如明胶、琼脂、角叉菜胶等)，而是真正的液体，能被稀释，表现出黏弹性的流动的液体，并具有假塑性，这是透明质酸具有的特性。其在护肤品中使用能使皮肤保持光泽和润滑性，软化真皮的角蛋白和减少皮肤表皮弹性蛋白分子间的交联度，从而减少皱纹，延缓皮肤的老化。参考用量为 2％～3％。透明质酸是高档化妆品的添加剂，主要用于各类膏霜和乳液类护肤品，如抗皱霜、营养霜和眼用嗜喱等，也用于护发用品中。

(2) 甲壳质(简称壳聚糖，chitosan)：是一种聚氨基葡萄糖，其广泛存在于菌藻类到低等动物的一种高相对分子质量的多糖，是龙虾和蟹壳的主要成分，是一种仅次于纤维素的最丰富的生物聚合物。它的结构与透明质酸类似,是一种带正电的生物聚合体,因而很容易与经常带负电荷的组织和器官如皮肤和头发结合成一层均匀、致密、带电荷少的膜,由于壳聚糖为多羟基化合物,通过氢键可结合和保持水分,因而具有较好的保湿性和吸湿性。

(3) 甲壳质衍生物:甲壳质衍生物是对自然界大量存在的甲壳质进行化学处理后合成的壳聚糖衍生物,能弥补壳聚糖不溶于水的不足。其中脱乙酰壳多糖是甲壳质脱乙酰化物的混合物,在化妆品中主要用于香波和护发素。脱乙酰壳多糖可与蛋白质有成膜能力,与合成聚合物比较,它在高湿度下更为稳定及有较低的粘连性。脱乙酰壳多糖对皮肤和头发有较好的亲和作用,形成透明的保护膜,而且保湿作用较好,可作为透明质酸(优良的天然保湿因子)的代用品。

(4) 硫酸软骨素(chondrotin sulfate):广泛存在于人体结缔组织的氨基多糖之一。可通过猪小肠制取而得,为白色或灰白色的粉末,易溶于水,不易溶于大多数有机溶剂,水溶液黏度大。硫酸软骨素的特点之一是具有强的吸湿性,可吸附 $16\%\sim$ 17% 的水分,可用作化妆品的营养性助剂和保湿剂;特点之二是有广泛的配伍性,如与核酸或维生素 E 配伍可制成头发助长剂,与组氨酸或尿酸配伍可配成头发调理剂,与泛酸或粘连蛋白配合可制得抗皱化妆品。它还具有增强曲酸、熊果苷等增白剂效果的作用。

(5) 海藻糖(trehalose):为白色结晶,味甜,可溶于水和热醇。其与膜蛋白有很好的亲和性,可用作皮肤渗透剂,增加皮肤对营养成分的吸收,增加细胞的水化功能,具有良好的保湿性,在治疗由于皮肤干燥引起的皮屑增多、燥热、角质硬化方面有特效。若能与磷脂以脂质体的形式存在于护肤品中则效果更好。

(五) 其他保湿剂

果酸中的保湿剂成分:羟基乙酸、L-乳酸。

(1) 乳酸和乳酸钠(lactic acid and sodium lactate,$CH_3CHOHCOOH$、$CH_3CHOHCOONa$):无色或黄色的稠厚液体,能溶于水、醇及醚,可与水、醇、甘油混溶,微溶于乙醚,不溶于氯仿、石油醚和二硫化碳。有 α 型和 β 型两种,通常为 α 型。耐光、耐寒、吸湿性强。乳酸是自然界中广泛存在的有机酸,它是人体表皮的天然保湿因素(NMF)中主要的水溶性酸类,也是果酸中的成分之一。它可影响含蛋白质物质组织结构,对蛋白质有增塑和柔润作用,可使皮肤柔软、溶胀、增加弹性。它的刺激性较果酸中的羟基乙酸为小,常用于性质温和的眼部护肤品,可有效地去除细小皱纹和皱纹。乳酸是护肤类化妆品很好的酸化剂。乳酸和乳酸钠组成的缓冲溶液(pH:$2.2\sim7.1$),可调节皮肤的 pH 值(pH:$4.5\sim6.5$),乳酸分子中的羧基对头发和皮肤有较好的亲和作用。乳酸钠是很好的保湿剂,在相同的浓度时,其保湿性比甘油好。乳酸主要是从淀粉、牛乳、葡萄糖溶液等发酵后再以碳酸钙中和,然后将所生成的乳酸钙溶液浓缩后,再以硫酸分解制取,或由亚硫酸盐浆废液人工合成而制得。主要用作调理剂和皮肤或头发的柔润剂,调节 pH 值的酸化剂。用于护肤的膏霜和乳液、香波和护发素等护发品中,也用于剃须用品和洗涤剂中。化妆品中主要是使用 L-乳酸,其用量约为 5%。

（2）2-吡咯烷酮-5-羧酸钠（2-Pyrrolidone-5-sodium carboxylate）：无色、无臭、略带咸味的液体,为人体皮肤天然保湿因子的主要成分,只有在盐的形式下才有良好的吸湿、保湿效能,吸湿、保湿效果强于多元醇类的许多保湿剂,为优良的保湿剂。其相应的铝盐同时具有收缩、止汗和消毒的作用。合理的使用能够发挥其卓越的功能和特色。在化妆品中,主要用作保湿剂和调理剂,用于化妆水、收缩水、乳液、膏霜等化妆品中,也用于牙膏和香波中。

（3）卵磷脂：黄色固体,吸湿性强,溶于无水乙醇。

（4）单硬脂酸甘油酯：白色蜡状或粉末状,不溶于水,溶于氯仿、乙醇。

四、表面活性剂（乳化剂）

基础化妆品由水和油组成,起到使油混合于水中或水混合于油中而又不分离作用的物质为表面活性剂（乳化剂）。乳化剂分子有亲油和亲水两种基团,在水与油的体系中,若亲水基团作为内相,亲油基团作为外相时,形成油包水型乳化体;当亲水基团作为外相,亲油基团作为内相时,形成水包油型乳化体。表面活性剂的种类可分为非离子性活性剂（非离子型乳化剂）、阴离子活性剂（阴离子型乳化剂）、阳离子活性剂（阳离子型乳化剂）和两性活性剂（两性乳化剂）。凡能电离生成离子的称离子型乳化剂;反之,称为非离子型乳化剂,另外,还有天然乳化剂和天然胶合乳化剂。化妆品中加入表面活性剂,可以达到洗涤、润湿、乳化、分散、增溶、起泡等多种作用（此内容已在表面活性剂中详述）。

五、酸、碱、盐类物质

化妆品中经常加入酸、碱、盐类物质来调节其 pH 值,常用的酸性物质有橡胶酸、酒石酸、水杨酸、硼酸,碱性物质有氢氧化钾、氢氧化钠、氨水、乙醇胺、碳酸氢钠,盐类有明矾（硫酸铝钾）、硫酸锌、氯化锌等。

（1）氢氧化钠（sodium hydroxide）NaOH：白色固体,容易吸收空气中的二氧化碳和水分,溶于水及乙醇、甘油。腐蚀性极强,能毁坏有机组织,取用时勿触及皮肤。相对密度:2.13,熔点:318.0℃。制备是由食盐溶液电解而得或以石灰乳和碳酸钠溶液相互作用而得。用于制钠皂,它与硬脂酸等相互皂化后在膏霜类化妆品中起乳化作用。

（2）氢氧化钾（potassium hydroxide）KOH：白色或浅绿色固体,容易吸收水分和二氧化碳。能溶于水、乙醇,微溶于乙醚。相对密度:2.0244;熔点:360.4℃。加热至熔点以上会升华。制备是由氯化钾的浓溶液电解而得或以石灰乳与碳酸钾溶液煮沸后沉淀去碳酸钙,将溶液浓缩蒸干而得。用于制钾皂,皂化后在膏霜类化妆品中起乳化作用。

（3）硼酸（boric acid）H_3BO_3：白色结晶或粉末，能溶于水、醇。相对密度：1.4347；熔点：184.0℃。主要以盐酸或硫酸作用于硼砂溶液，再经结晶而得。具有轻微的收敛和消毒作用，亦有防腐的作用，也可用于中和调节酸碱度。

（4）枸橼酸（citric acid）$C_3H_4(OH)(COOH)_3 \cdot H_2O$：无色、无臭结晶或白色粉末，能溶于水、醇及醚。来源于以碳酸钙中和柠檬汁或白柠檬汁后，再以无机酸分解而得，或从碳水化合物经真菌发酵而制得。用于酸性膏霜及中和调节酸碱度。

（5）乳酸和乳酸钠：在"保湿剂"一节中已叙述。

（6）磷酸（phosphoric acid）H_3PO_4：澄清无色稠厚液体，能溶解于水。相对密度为1.884；熔点38.6℃。制备是以硫酸作用于磷酸盐矿石，或以硝酸氧化赤磷而得。主要用于中和调节酸碱度。

（7）三乙醇胺（triethenolamine）$(CH_2OHCH_2)_3N$：淡黄色黏稠液体，其性质位于醇和氨之间，呈弱碱性，微有氨臭。沸点：277～279℃；熔点：21.2℃。由氧化乙烯和氨化合而成。三乙醇胺与脂肪酸作用生成三乙醇胺皂，吸水性极强，能溶于水是很好的乳化剂、分散剂和浸湿剂，用于制造膏霜类化妆品。

（8）三异丙醇胺（triisopropanolamine）$N(CH_2CHOHCH_3)_3$：白色结晶固体，溶于水。相对密度：0.99；熔点：45℃；沸点：305℃；冰点58℃。以环氧丙烷与氨化合制得。用作为助乳化剂、雪花膏、冷霜等原料。

（9）碳酸氢钠（sodium bicarbonate）$NaHCO_3$：白色粉末或结晶块，味凉而微涩，能溶于水，不溶于醇，相对密度2.20，热至270℃即失去一部分二氧化碳。由二氧化碳通入碳酸钠中而制得。用作为缓冲剂和调节酸碱度。

（10）磷酸氢二钠（disodium hydrogen phophate）Na_2HPO_4：无色半透明结晶或白色粉末，味咸而凉，能溶于水。相对密度：1.52；熔点：35.0℃。制备是以稀盐酸浸渍骨灰或磷灰石，滤取其溶液蒸浓，再经过滤后冲淡，加碳酸钠沉淀其所含钙，滤去碳酸钙，再浓缩、结晶而得。其为一种良好的缓冲剂，用以调节酸碱度，是制造磷酸氢钙的原料。

六、香　料

香料是香精和香料（有时称为原香料）的总称。香精和香料在化妆品中主要的功能是提供令人愉快的气味，掩盖产品基质气味，因此，化妆品中常添加一些香精，使化妆品有诱人的香味。在常温下，它的蒸汽或微粒会引起使用者愉快的心情。一般香精是由多种成分复合而成的。

香精的原料有植物性、动物性和合成香料三种，其中植物性、动物性香料因其从天然产物（花、叶、枝、干、皮、根、果、籽、香腺、香囊）及分泌物，以及包括从这些组织中或分泌物中经过加工提取出来的含有发香成分的物质中提取，所以称为天然香料。合成香料包含两类：一类是从煤炭、石油化工产品、萜类产品等为原料通过化学反应合成的香料；另一类是从天然复合体香料分离出来的某些成分，如从芳香油中分离出来的香味醇和香茅醛等。

作为香料应具备一定的香味,同时对人体是安全的,不含对人体有害的物质,可与化妆品或其他种类香料配伍成香精或怡人的化妆品。

香料安全性问题多由合成香料引起,合成香料是由煤、石油合成的化学物质调和而成,能刺激皮肤,有的亦有致敏作用。香精在化妆品中主要是加香产品与皮肤、眼睛、黏膜、头发和指甲等接触引起的不良反应。据统计,每种香精都会对一些人有致敏作用,并与人的个体素质有关。香料香精引起的皮肤过敏和刺激症状包括:显型香精过敏性皮炎,隐型香精过敏性接触皮炎,过敏性接触皮炎,光致刺激作用或光致毒性,光致接触皮炎,非免疫性接触荨麻疹和免疫性接触荨麻疹,以及主观刺激作用(亚临床接触性荨麻疹)。合成香料中醛类香料已被证明能明显地损伤细胞DNA。香精的组成是复杂的,其中某些组分有刺激作用,有时可添加另一种本身有刺激性的组分使其刺激作用下降或消失。如肉桂醛对大多数人有较强的皮肤刺激作用,然而,它与肉桂醇和丁子香混合后,刺激性消失;苯乙醛有刺激性,添加等量的苯乙醇后,刺激性也消失。

植物香料:植物香料是从植物的花果、叶、茎、根、皮籽及树脂中提炼的。常用的有:香叶、玫瑰、白兰花、橙叶、薰衣草、康乃馨、甜橙、柠檬、青瓜、薄荷、茉莉、乳香脂、苏合、香荚兰等。

动物香料:常用的有龙涎香、麝香、灵猫香、海狸香。

合成香料:常用的有薄荷脑、香叶醇、玫瑰醇、柠檬醇、青瓜醇等。

七、色 素

为了使化妆品有悦人的色泽,涂在皮肤、毛发表面而易被人们接受、喜爱,化妆品中常需加入一些色素成分。色素亦称着色剂,是粉饰型化妆品中的主要成分。色素的优劣,取决于色素的遮盖力和牢固度。这里指的色素的遮盖力是指色膜的不透明度。在印有黑白色图案上用指定色素涂布,观察黑色的透射反映,当色素涂布很薄,而且黑色透射差,表示色素遮盖性强。而色泽受光辐射、酸性、碱性或其他化学药品影响后的色泽稳定性称为色素牢固度。

作为理想的化妆品色素应满足:对皮肤无刺激和无毒、无副作用;当光和热等外界条件影响时,化学性质稳定;易溶于水或非水溶剂中;与其他化妆品的配伍性强;色泽艳丽,覆盖力强等。

色素按来源可分为合成色素、天然色素。其中合成类色素有焦油类色素(如偶氮染料、蒽醌染料等)、荧光类色素和染发类着色剂。天然色素有植物性色素、动物性色素和矿物性色素。化妆品所用的色素一般细分为四类:有机合成色素,无机颜料,动植物天然色素和珠光颜料。在化妆品的发展中,天然色素作为首选色素是必然趋势,安全性高,色调鲜艳,同时有些色素还同时兼备营养和药理作用。据文献报道,许多天然色素具有抗衰老及抗氧化、清除活性氧自由基的作用,如 β-胡萝卜素就有此功能。

（1）有机合成色素：遮盖力、着色力强，广泛用于唇膏、胭脂等粉饰型化妆品及染发用品。

（2）无机颜料：在"美容化妆品粉体"一节中已叙及。无机颜料的粉体色泽的鲜艳度和着色力较差，但耐光性强，不易引起过敏现象，使用安全系数大，用于粉底霜和眼影粉。

（3）天然色素：大部分来源于植物的花瓣、叶子和少量的昆虫，由于天然色素着色力和耐光性差及资源问题，使其在化妆品中受到限制。相对稳定和资源丰富的有胭脂虫红、红花苷、胡萝卜素、类胡萝卜素、叶绿素、姜黄、凤仙花苷、柠檬黄、玫瑰苷、藻类天然颜料（荧光和非荧光颜料）等，这些也是食品、医药品和化妆品的宝贵资源。在崇尚自然、提高化妆品安全性因素上，化妆品中的色素更趋向于以天然色素取而代之。

（4）珠光颜料：闪耀光泽颜料称为珠光颜料，主要有鱼鳞和云母，常用于甲油、眼影粉、粉饼、唇膏等美容化妆品中。

色素虽然给化妆品带来诱人的视感，但它却常是引起化妆品过敏的过敏源之一。色素的过敏性多由焦油类色素引起，尤其是偶氮染料经皮肤吸收，可引起过敏反应，有报告称，大多数焦油染料具有致癌性。另外，黄嘌呤色素在光的作用下有刺激皮肤、发疹等强毒性。有些色素虽然本身无致癌性，但经光线照射后，却可变为致癌原。氧化型染发剂、许多偶氮类染料的致突变性也极强。如对苯二胺用过氧化氢氧化，可染色，常用于染发剂中，其中的苯二胺（对苯二胺、间苯二胺、对硝基苯二胺）、氨基酚（对氨基酚、邻氨基酚、对氨基酚氢醌）、对氨基邻甲酚、硫酸甲苯-2,5-二胺、硫酸对甲氨甲酚均对皮肤、黏膜有强刺激，可引发过敏症，出现皮炎、皮疹，并向颜面、后背、咽喉扩散。儿茶酚（染发氧化染料）对皮肤有腐蚀性，焦性没食子酚（染白发氧化染料）对皮肤黏膜刺激性极强，容易发生皮疹、色素沉着，如果经皮肤吸收，重则可引起中毒死亡。

八、化妆品的营养添加物和疗效化妆品中的活性成分

近年来，随着科学技术的迅猛发展，人们的美容观念已从注重美容色彩美化方面转至更加注重于化妆品的生理和卫生方面的作用。现代化妆品除提高化妆品本身膏体或乳液的质量而具有美容的作用之外，还应包含有保证皮肤舒适、维护和促进皮肤、毛发和指甲的健康的效果，但其不具备改变生理机能的药理效果。而疗效化妆品是一种对人体作用比较缓和，用于防止疾病而介于医药品和化妆品之间的产品。所以在化妆品中，不管是营养型还是疗效型化妆品，无疑都在寻求许多具有特殊功能意义的作用，即在化妆品基质中添加入特殊添加剂：一大类全新的、具有有效活性成分的化妆品特殊添加物（新原料和新药物、天然产物提取的活性成分），以保持皮肤健康，或减缓皮肤衰老，降低皮肤不健康色素，免受外界环境污染刺激等等因素的影响。

这些特殊添加剂按其来源、提取方法和化学类别分成如下几类：维生素、甾醇、

激素、脂质体、微囊、动物提取物、植物提取物、海藻类提取物、生物工程产物和酶类等。

但目前国际上化妆品市场上是以含天然药物(中草药)成分和动物活性成分的化妆品为主流,所占的比重达 60% 以上。单就延缓衰老类,按其添加的药物所起的作用就可以分为以下几类:能延缓外貌衰老的化妆品,具有延缓组织器官衰老的化妆品,有延长寿命作用的化妆品,有逆转衰老作用的化妆品。如在化妆品中适当加入含胆固醇原料的天然药物以及添加微量矿物质和泛酸、烟酸、生物素即维生素,均可抗衰老或延缓皮肤衰老。

化妆品的特殊添加物常见的有:

(一) 维生素类

维生素(vitamine)不同于糖类、脂类和蛋白质,它在天然食物中含量极少,而且人体自身不能合成它们,必须从食物中或维生素制剂中摄取,人体缺乏维生素时会出现维生素缺乏症。在皮肤方面,缺乏维生素会引起皮肤障碍以及皮肤的能量代谢系统失调。但药理实验和临床治疗中已证明,局部涂敷维生素的方法对缺乏维生素引起的皮肤炎症具有一定的治疗效果和药理作用,并且在合适范围内是安全和无副作用的。因此,在化妆品和疗效化妆品中配入适量的维生素,对皮肤、头发和指甲的保护、调理和再生过程具有重要的作用。

维生素可分为脂溶性维生素和水溶性维生素两大类。脂溶性维生素有维生素 A、D、E、K 等,水溶性维生素有维生素 C 和维生素 B 族。维生素 B 族是辅酶的组成部分,在人体内生物合成中起着重要的作用。在化妆品中,应用较广泛的维生素有维生素 A、E、C 和泛酸(原维生素 B_5)。由于人体皮肤的皮脂膜为脂溶性的及细胞膜的脂质为疏水性的,所以水溶性维生素难以为皮肤所吸收,同时对光和热的稳定性差,现在已开始对这类维生素进行改性,使其得以广泛应用于化妆品中。

1. 维生素 A(vitamine A)

维生素 A 为微黄色油状液体或微黄色结晶,或为晶体与油的混合物。根据结构不同,维生素 A 又分为维生素 A_1(一般称维生素 A)、维 A 酸、醋酸维生素 A、棕榈酸维生素 A、维生素 A_2。维生素 A 是油溶性的,不溶于水,微溶于乙醇,能与乙醚和石油醚任意比例混溶。其在 328 nm 波长区有最大的紫外吸收。在空气中易氧化,遇光易分解,加热不易降解但易氧化,其碱性溶液较酸性溶液稳定,其脂肪酸、醋酸和棕榈酸酯较稳定。提炼自动物油、鲨鱼鱼肝油。维生素 A 可通过皮肤吸收,可滋润角质,供给纤维组织营养,有助于皮肤柔软和丰满,改进皮肤作为水的阻隔层的功能。同时能延缓皮肤衰老,对表皮细胞的分裂和发育有调节作用,对粉刺进行局部治疗十分有效,它还可防止皮肤粗糙皲裂、冻疮、日晒、雪光晒黑、头屑和糜烂。维生素 A 主要用于膏霜类和乳液类的护肤品和疗效化妆品中。

2. 维生素 B 族

维生素 B 族包括维生素 B_1、B_2、B_6、H（biotin）和烟酸、泛酸等。在化妆品和疗效化妆品中应用的只有维生素 B_6、B_2 和原维生素 B_5（泛酸）。维生素 B 族是水溶性的，一般认为不能由皮肤吸收，化妆品中的维生素 B 是将维生素 B_2 上的四个羟基用脂肪酸酯化，制得脂溶性的维生素 B_2 四丁酸酯，再配制成膏体，它具有防治皮肤粗糙、斑症、粉刺和头屑的作用，用于油性皮肤润肤霜及面膜。

维生素 B_6——维生素 B_6 由于有三种不同的化学结构又分为三种：吡哆醇（pyridoxin）、吡哆醛（pyridoxal）、吡哆胺（pyridoxamine）。市售维生素 B_6 是其盐酸盐 $C_8H_{11}O_3N \cdot HCl$，为白色结晶粉末，无臭、味酸苦。易溶于水，微溶于乙醇，不溶于乙醚和氯仿。水溶液呈微酸性反应。吡哆醇是较稳定的一种结构，在酸性或碱性溶液中可耐热，醛式和胺式维生素 B_6 较不稳定。水溶性维生素 B_6 不易被皮肤吸收，现已合成一些衍生物，如吡哆醇二辛酸酯、二月桂酸酯、二棕榈酸酯和三棕榈酸酯。这些衍生物对脂溢性皮炎有临床效果，已在疗效化妆品中应用。维生素 B_6 在大豆、酒酵母、肝、脱脂奶中提炼，可用于油性皮肤面膜。在膏霜中添加维生素 B_6、复合维生素 B，也能促进皮肤新陈代谢，起到延缓衰老的作用。主要用于防治皮肤粗糙、粉刺、日光晒伤、止痒和雪光晒黑，也适用于防治脂溢性皮炎，一般性痤疮，干性溢脂性湿疹和落屑性皮肤等化妆品制剂。可制成膏霜、乳液和醇溶液。一般与其他维生素配合使用。使用浓度一般质量分数为 0.1%～1.0%。

维生素 B_5——又称泛酸，为无色透明、高黏度、略带吸湿性的液体。易溶于水、乙醇、甲醇和丙二醇，不溶于油脂类。泛酸对过敏性皮炎、伤口的愈合、湿疹、日光晒伤、虫咬有一定的疗效和解毒作用，还是渗透性良好的润湿剂。可用于各类膏霜、乳液和唇膏等美容化妆品中，还用于发用产品的营养调理剂，它可渗入皮肤的内部而保持头发的润湿、柔软和修复受损的头发。

3. 维生素 C（vitamine C）

维生素 C 又名抗坏血酸。为白色结晶或结晶性粉末，无臭、味酸、久置色渐变微黄，水溶液显酸性，易溶于水，微溶于乙醇，不溶于乙醚和氯仿。水溶液不稳定，有还原性，遇空气或加热都易变质，在酸性溶液中较稳定，在碱性溶液中易氧化失效，氧化剂、光、热、核黄素及微量铜、铁等均能加速其失效。维生素 C 由于其水溶性而不易被皮肤吸收，现已开发出了稳定性和皮肤吸收效果都良好的脂溶性的高级脂肪酸酯和磷酸酯之类的衍生物，如硬脂酸和棕榈酸抗坏血酸酯、二棕榈酸抗坏血酸酯、抗坏血酸磷酸酯镁盐等产品。

化妆品用的是脂溶性的维生素 C 衍生物。它用于膏霜和乳液类制品。由于维生素 C 具有还原性，是良好的抗氧化剂，还可抑制酪氨酸-酪氨酸酶的反应，因而维生素 C 的加入除可加强皮肤营养、促进皮肤新陈代谢外，还具有防治自由基引起的皮肤异常色素沉着、老年斑、雀斑、肝斑和黑皮症等功能，还具有抑制黑色素颗粒生成的作用，作为抗氧化剂起到延缓衰老的作用。维生素 C 的一般用量（以质量分数计）：硬脂酸和棕榈酸抗坏血酸酯 0.5%～2.0%，二棕榈酸抗坏血酸酯 1.0%，抗坏血酸磷酸酯镁盐 3.0%。

4. 维生素 E(vitamine E)

维生素 E 也叫天然生育酚(natural tocopherols)，它是一种脂溶性维生素。维生素 E 有八种，主要的有四种：α、β、γ、δ-生育酚，其差别只在甲基的数目和位置的不同，天然生育酚是它们的混合物，它们的生物活性互相间的比较分别为 100%、40%、72%、40%，α 生育酚的生物活性最高。α 生育酚又有 dl-α-生育酚酯、dl-α-生育酚醋酸酯、dl-α-生育酚烟酸酯、dl-α-生育酚亚油酸酯。最常见的是 dl-α-生育酚醋酸酯，为浅黄色无味油状液体，不溶于水，溶于乙醇、脂肪、油脂和碳氢化合物类的溶剂。dl-α-生育酚醋酸酯稳定性比 dl-α-生育酚高，耐氧和热，但不耐碱和强氧化剂。dl-α-生育酚亚油酸酯是白色或微黄色蜡脂状结晶，熔点 38～41℃，极易溶于丙酮、乙醚、氯仿和苯，稍溶于乙醇，几乎不溶于水，容易混合于化妆品制剂的油相中。

维生素 E 从蛋白、胎盘中提炼，具有保护皮肤真皮层结构组织的功效，还具有抗生物体内过氧化脂质所引起的组织老化，保护皮脂，防止色斑的生成，延缓衰老的作用。原因就是其含有的酚类-OH 能使维生素 E 具有很好的抗氧化性和稍具极性；维生素 E 的亲油性，使它能与生物膜结合，成为生物膜组成部分。细胞膜中磷脂的不饱和脂肪酸部分是自由基的主要攻击目标，而维生素 E 不仅具有清除自由基的功能，而且还有俘获激发态的氧原子，终止体内自由基链式反应，防止细胞膜因氧化而受损伤，抵御磷脂酶 A、游离脂肪酸和溶血磷脂的作用，稳定细胞膜。α 生育酚可防止人体内超氧化物歧化酶(SOD)受 UVB 和 UVA 辐射而失活。因此 α 生育酚有延缓光致老化、防晒、抑制日晒红斑、平滑皮肤、减少皮肤皱纹、润肤和消炎等作用。α 生育酚能经皮肤吸收，可从毛口、毛囊、角质层吸入皮肤内，而在微血管周围具有高的亲和性，它对生发、养发也有临床效果。市售商品主要为 α 生育酚醋酸酯，它可用于各类护肤、面膜、护发、防晒和生发养发制品，其效果是防止皮肤粗糙、皲裂、斑疹、小皱纹、黑斑、黄斑、雀斑、粉刺、日晒、头屑和消除皮肤炎症，对各类脱发症、促进生发和养发都有效果。dl-α-生育酚用在化妆品中的常用建议量如下表 3-2。

表 3-2　dl-α-生育酚用在化妆品中的常用建议量

品名	建议用量(质量分数)/%	品名	建议用量(质量分数)/%
抗氧化剂	0.05～0.20	浴用制品	0.5～2.0
护肤霜膏乳液	0.5～5	发胶和发用凝胶	0.1～0.5
香波和护发素	1.0～5.0	唇膏	2.0～5.0
防晒制品	1.0～5.0		

最佳使用 pH 值范围：5.0～7.0。

另外维生素 D_2、D_3 与维生素 A 结合、维生素 D_2 与维生素 E 结合，能增强皮肤的吸收能力；维生素 P 从麦类、酵母、果蔬、牛奶中提炼，用于防晒品；维生素 H 从动物肝脏、蛋黄、牛奶酵母中提炼，刺激细胞新陈代谢，能增强皮脂及胆固醇的生成,用于营养霜;维生素 F 从动物脂肪中提炼,防止皮肤干燥,对不饱和脂肪酸缺乏症能起到一定的治疗作用,用于护肤霜和面膜,在液体香波中加入维生素 F 和维生素 A 可以防止脱发。

(二) 激素和酶类

1. 激素(hormones)

激素是生物体内自身合成的一类调节机体生命活动的微量有机化合物,激素在机体的生命活动中起着重要的作用。激素通过体液或细胞间液将它运送到特定作用部位,从而调节控制机体的生长、发育、代谢和衰老等生命过程。

我国化妆品卫生标准 GB7916—87 中规定,化妆品组分中禁用的物质包括:孕激素、雌激素类、具有雄激素效应的物质和糖皮质激素类。我国对特殊用途化妆品中激素的使用尚没有明确的规定,疗效化妆品和药品的界限有时是不够明确的。

激素按其化学本质可分为四类,其中与皮肤关系较密切的激素主要是甾醇类激素(包括雄性激素、雌性激素和皮质类甾醇等)。此外,蛋白质激素和多肽激素也影响皮肤的结构,增加皮肤对甾醇类激素的响应。以下为一些疗效化妆品使用的激素性状和应用。

(1) 蛋白质和多肽类激素

① 促黑激素(melanotropin):产生于脑垂体,可诱导黑色素移动,并显著提高酪氨酸酶的活性,可有效防止头发的变灰和变白。

② 促脂激素(lipotropin):由动物垂体前叶分泌,可促进脂肪分解和促进黑色素细胞活性,可显著提高酪氨酸酶的活性,从而防止头发变灰和变白。

③ 胸腺素(thymoisin):分泌于动物的胸腺,它的缺乏是导致多种疾病的根源,加入化妆品中可促使皮肤再生,延缓衰老,祛除皱纹,与抗氧化剂如 SOD、维生素 E、人参皂苷等相互作用,效果更佳。

④ 表皮生长因子(epidermal growth factor,EGF):从动物的内脏和外分泌腺获得,在人尿、表皮和角膜上皮中都存在。其生物学作用是刺激核酸和蛋白质等大分子的生物合成,直接促使表皮再生和角质化,使表皮重新形成新皮肤大分子,可增加细胞的活性,促进细胞分裂,促进新陈代谢,防止皮肤衰老,它还具有消炎、镇痛、促进皮肤和黏膜愈合、调理皮肤和保湿的作用。它需与高营养性活性成分共同使用,否则效果不佳。

⑤ 表皮润泽因子(epidermal moisture factor,EMF):为人体胚胎皮肤自然润泽因子,是从人体胚胎皮肤细胞提取的一种复合类酯。将其添入与人体细胞间质成分比例相同的被脂质体包裹的化妆品中将更易被人体吸收,可使其发挥保湿、保水、营养、增白、防晒、抗皱、防衰和促进细胞新陈代谢的作用。长期使用可使皮肤白嫩细腻,富于光泽和弹性。

⑥ 表皮营养因子(EHF):来源于人胚胎皮肤细胞,属一种复合类酯,主要成分为磷脂、类醇酯、不饱和脂肪酸和细胞间质脂质。其作用是营养、滋润和护肤,作用

机制与表皮润泽因子相同。

⑦ 动物生长调节因子(angiogenin):可从动物胎盘中提取。具有消炎性,与胶原蛋白配伍可促进伤口愈合,有增白亮肤效应,可促进细胞有丝分裂,可控制皮肤疮疹与雀斑的发展。

(2)氨基酸衍生物激素类

褪黑素(melatonin):又称脑白金,分泌于大脑的松果体。虽然其含量极其微小,但却普遍存在于大自然许许多多的动植物中。由于褪黑素能使某种小蝌蚪皮肤的黑色素发生凝集反应褪色变白而得名。褪黑素具有广泛的生物学效应,对机体的生殖系统、内分泌系统、免疫系统和神经系统具有明显的调节作用,可防治各种疾病,如老年痴呆、高血压、心脏病、糖尿病等等,并能延缓衰老、恢复青春;具有较强清除体内自由基的作用,它的抗氧化作用比维生素 E 强一倍;有研究报道,褪黑素可使人的黑素细胞生长受阻,能促进细胞的新陈代谢,有利于伤口的愈合,改善干性皮肤状况,可促进毛发的生长。

(3)脂肪酸激素类

前列腺素(prostaglandin):存在于重要的组织和体液中。对高血压、动脉硬化、呼吸系统疾病有重要的治疗作用,具有激活细胞的作用,提高皮肤的微循环。主要用于发水中促使血管扩张,增加营养供应,利于生发。

(4)甾醇类激素

① 雄酮(androsterone):无色、无臭结晶状粉末,不溶于水,可溶于乙醇、乙醚。常用的为有机酸酯类。其可促进表皮发育,助长毛囊、皮脂腺的生长,抑制头发发育,但促进四肢躯干之体毛生长,扩张血管,促进血液流畅。

② 雌酮(estrone):白色小结晶或白至奶白色晶状粉末,无气味,在空气中稳定。其可局部用于皮肤,可被皮肤表面吸收,使表皮再生和水分含量增加,使老化皮肤有所改善,对褪化性薄皮症有效,可恢复皮肤弹性减少皱纹,抑制表皮发育,促进头发发育,抑制四肢和躯干的体毛生长,扩张血管,促进血液循环,对促进生发和抑制粉刺有一定效果。

③ 雌三醇(estriol):白色结晶粉末,无臭、无味。不溶于水,溶于乙醇、乙醚、丙酮、氯仿和植物油。在激素膏霜中一般含量为 7 500～10 000 IU/28 g,醇性生发水中的含量为 1.5～3.0 mg/100 g,醇性生发水治疗粉刺制品可含较高的浓度。雌激素可降低血管的脆性,软化组织,一般与营养物质配伍可增加其他活性物质的药效。

④ 黄体酮(progesterone):白色至奶白色结晶粉末,无臭、无味,在空气中稳定,在 121℃发生多晶转变,不溶于水,稍溶于植物油,溶于乙醇、丙酮。可促进毛细血管扩张,使血液流畅,应用于冻疮及圆型脱毛症的外用药剂。

⑤ 肾上腺皮质激素:各种可的松一般均为白色或微黄色结晶性粉末,无臭、无味,不溶于水,微溶于乙醇。其易被皮肤吸收,用于急、慢性湿疹、瘙痒症及各种皮肤炎症的理疗,具有抗过敏、消炎、抗肉芽增生等作用,一般与各种维生素复配使用,用量约为 0.25～2.5 mg/100 g 制剂,与 cAMP 共配入发水,可刺激生发。

需要说明的是,青春发育期的男女青年,由于男性激素增高,导致皮脂腺肥大,分泌出来的皮脂增多,皮脂的贮留加上细菌感染而形成粉刺,如果搽用含女性激素的雪花膏,则可得到显著疗效,且能使毛孔缩小,皮肤细腻。但男青年如果擦用含男性激素的化妆品,则会加重粉刺症状,女青年如果擦用含男性激素的化妆品,则会促进胡须生长。激素类化妆品中的除皱霜具有一定的抗皱作用,但这类化妆品如果长期外涂,则可导致皮肤萎缩、色素沉着、丘疹、脓疱等,故不宜久用。

2. 酶(enzyme)

酶是具有催化活性的蛋白质。酶易受热、紫外线、化学因素及酸碱度的影响而失活,在化妆品的制备及使用过程中均需注意这些因素的影响。

超氧化物歧化酶(superoxide dismatase,SOD):在人体内具有清除超氧阴离子自由基作用的一种酶,由于体内自由基是引起皮肤色素沉淀的源头,因而 SOD 具有阻止色素沉淀的作用。SOD 对皮肤具有很强的渗透性,加入化妆品中,可使色斑淡白,有增白作用,同时对皮肤瘙痒、痤疮和日光皮炎具有治疗作用;与维生素和过氧化物酶配伍效果更好。

(三)消炎剂

氧化锌:有干燥、收敛、护肤、预防婴儿湿疹的作用;硼酸:有消毒、抑菌、去痱作用;肾上腺皮质激素:皮肤过敏和皮肤炎症治疗等;芦荟:对表皮真菌具有不同程度的抑制作用,对革兰氏阴性和阳性菌有较强的杀灭作用,对神经性皮炎有疗效,还可用于痤疮的治疗。

(四)增白剂或漂白制品

化妆品中的增白剂可分为:

(1)乳白覆盖剂:主要为滑石粉、高岭土、TiO_2、ZnO 等无机填料,通过这些无机粉体以掩盖瑕疵和皮肤颜色缺陷。

(2)氧化剂:次氯酸钠、过氧化氢等。但由于这两种氧化剂氧化性对皮肤而言较强,易损伤皮肤,所以在化妆品中较少用,只是在专业美容师局部处理斑点或作头发漂白剂时使用。

(3)汞的化合物:氯化汞、氯化氨基汞。其作用机制是与皮肤作用时,产生盐酸,从而引起角质层脱落而起漂白作用。但汞易引起积累性中毒,实际上含汞化合物已禁用于化妆品。

(4)酚类:对苯二酚、邻苯二酚及其衍生物。对苯二酚以 1.2%～2%加入化妆品中可使皮肤有效增白,是一种较为安全有效的增白剂,但不会使永久性的色素沉淀消失,而且该产品暴露于阳光下能逆转增白作用。邻苯二酚的作用是通过破坏色素细胞,以达到增白的作用,但效果不如对苯二酚,但被甲基、羧基或异丙基取代的邻苯二酚则成为较有效的皮肤增白剂。在漂白产品中,某些祛斑化妆品中,若含低浓度苯酚可止皮肤瘙痒,但高浓度时则有腐蚀作用,因此使用含苯酚祛斑化妆品的人,不同程度地感到面部皮肤长时间灼痛、肿胀,有些出现色素沉着、皮肤颜色变黑等症状。

(5)维生素类:维生素 A、维生素 C 及其衍生物。维生素 A 主要是通过直接或间接地激活细胞的新陈代谢,促使细胞增生、分裂、角化、皮脂分泌、免疫反应,通过换肤作用从而达到增白效果。但维生素 A 会引起皮炎、脱皮和红肿等不良反应。维生素 C 可抑制皮肤异常的色素沉着,其一方面通过抑制酪氨酸-酪氨酸酶的反应,从而阻止黑色素的生成;另一方面通过清除体内自由基,减少体内自由基对细胞脂质的过氧化作用及蛋白质的交联反应,减少色素或老年斑的生成。但维生素 C 为水溶性物质,不易被皮肤吸收,化妆品中使用的为脂溶性的维生素 C 衍生物。

(6)天然产物类:当归萃取物、桔梗萃取物、麻黄萃取物、颠茄萃取物、曲酸、熊果酸、α-羟基酸及其衍生物。果酸中的乳酸、羟基乙酸、苹果酸、枸橼酸、酒类中的酒石酸可作为皮肤漂白剂,丝瓜皂苷、甘草酸、亚油酸、胡椒酸也对皮肤有一定增白作用,可使皮肤白皙。

① 曲酸(kojic acid):为无色至微黄色棱柱状结晶,易溶于水、醇和丙酮。其来源于曲菌类产生的物质。能强烈地吸收紫外线,能显著抑制黑色素细胞中酪氨酸酶的活性,能治疗和防止皮肤色斑的生成。其外用安全,对皮肤无一次性刺激和累积刺激,还具有一定的抗菌性,可用作化妆品的防腐剂。为增加其对皮肤的亲和性,常将曲酸转化为酯类或糖苷类,而其衍生物刺激性更小,且增白效果不变。

② 熊果酸(ursolic acid):提取于栀子果实和鼠尾草。熊果酸为白色针状结晶,易溶于许多有机溶剂,但不溶于水和石油醚。在化妆品中熊果酸的酯或盐对褐斑、雀斑、晒斑的消炎具有相当好的效果,作为皮肤增白剂的前景不错,熊果酸对细菌有一定的抑制作用,外用有抑汗作用,可抑制皮肤癌的发病率,用于口腔可防止牙病和龋齿,具有抗炎及抗癌作用。

③ 熊果苷(arbutin):熊果苷为针状结晶,具有强吸湿性,可溶于水和乙醇,在稀酸中易水解。熊果苷能抑制蛋白质的降解,可促进皮肤细胞生长速度,显著抑制酪氨酸酶的活性,减少酪氨酸酶在皮肤中的积累,因而能抑制黑色素的生成,对皮肤有漂白作用,其作用强于曲酸和维生素 C,能缓和和减少表面活性剂或染发剂对皮肤的刺激,临床上也已证明其具有很好的安全性。熊果苷与其他营养成分如胎盘提取液、磷脂等配伍效果更好。

④ 亚油酸(linoleic acid):为不饱和二烯酸,在空气中易氧化,不溶于水和甘油,易溶于醚、无水乙醇。亚油酸能有效抑制酪氨酸酶的活性,以减少黑色素的生成,从而达到增白的作用。其还有增加保湿、抗刺激过敏、调理的作用,在肥皂中加入使用可防昆虫叮咬。

（五）紫外线吸收剂或防晒剂

防晒剂是能有效地吸收或散射太阳能中对皮肤有伤害部分的物质,即能有效地吸收或散射太阳光中 UVA 和 UVB 范围的光波。这类物质也称为紫外线吸收剂(UV absorbers)。防晒制品的主要用途在于防止日光浴时和皮肤敏感者在日光直接照射下产生的日光皮炎。

太阳光线包括红外(>770 nm)、可见(400~770 nm)和紫外(<400 nm)范围的连续光谱。可见和红外范围(400~1 400 nm)的辐射会使皮肤变红,辐射过后很快消褪,但近年发现,红外线对皮肤老化及致癌方面有一定的诱导作用,防晒化妆品也应考虑对红外线的防护作用。人类皮肤对不同波长范围紫外线的反应是不同的。波长 280 nm 以下的紫外线(UVC)会使核酸、蛋白、RNA 发生变异,但 UVC 在通过大气层(臭氧层)时,几乎全部被吸收,到达地球表面的数量很少,实际上对人体已不可能造成伤害。320~400 nm(UVA)波长紫外线会氧化表皮中的还原黑色素而直接晒黑皮肤,一般不会引起红斑。但近年来发现,UVA 在到达人体紫外线总量中占 98%,它对玻璃、衣物、水和人的皮肤穿透力远比 UVB 强,其对人体的皮肤虽然作用较缓慢,但日积月累可导致严重损害;UVA 会诱发光致敏作用、多形光斑疹、慢性光化皮炎、荨麻疹、红斑狼疮、皮肤变应性和光毒性反应。UVA 已被认定为是皮肤老化的主要原因之一。280~320 nm(UVB)波长紫外线会使皮肤引起急性皮炎(红斑)和灼伤。

一般的紫外线吸收剂是含有 1 个羰基、形成共轭结构的芳香化合物。在很多的紫外线吸收剂中,芳香环的邻位和对位被 1 个释电子的基团所取代(如氨基或甲氧基),大多数紫外线吸收剂具有如下的一般结构:

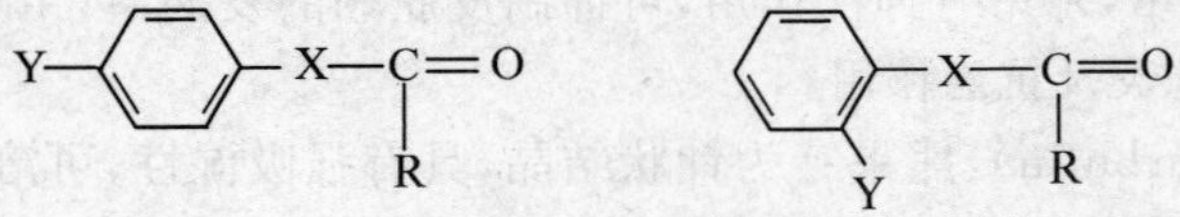

其中,X 为—CH＝CH—或不存在;Y 为 OH,OCH$_3$,NH$_2$,N(CH$_3$)$_2$;R 为 C$_6$H$_4$Y,OH,OR′(R′＝甲基、戊基、辛基)。

这类构型的化合物利用分子中单双键间的转化吸收有伤害作用的短波(高能量)的 UV 射线(250~340 nm),并将所吸收的高能量转变成无害的较长波(低能量)的辐射(一般在 380 nm 以上)。这一过程可解释为紫外线吸收剂分子吸收紫外线辐射后,由基态(n)被激发到较高的能态(π*)。当被激发的分子回到基态时,发射出的能量较开始时产生激发态所吸收的能量低,这部分能量以较长波长的辐射形式发射出来,如图 3-1 所示。此时分子发生了顺-反异构或酮式-醇式异构等的转变,从而引起该化合物最大吸收波长的位移。如下式中的对位氨基苯甲酸的离域化共振就是最好的说明。

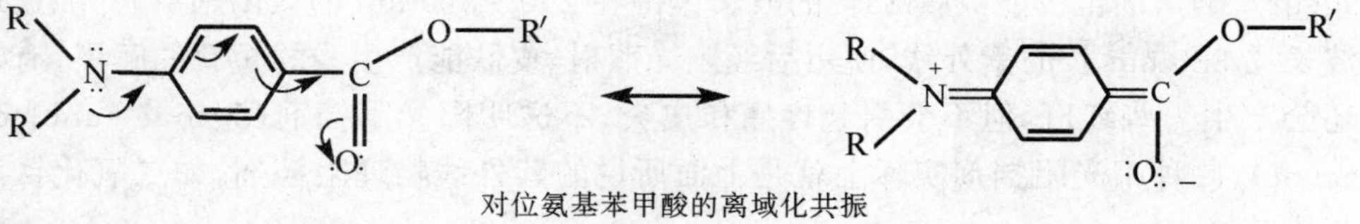

对位氨基苯甲酸的离域化共振

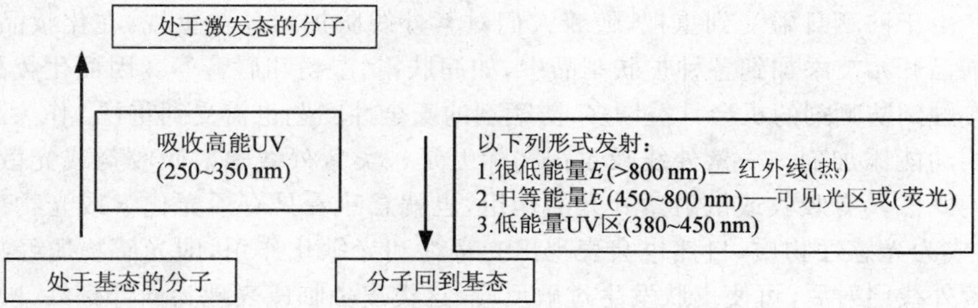

图 3-1　紫外线吸收剂吸收短波释放长波的图解

　　防晒剂按防护作用机理通常有两种：

　　一种是紫外线化学吸引剂（chemical absorber），其作用是这类分子吸引紫外线的光能，并将其转换成为热能或无害的可见光波释放出来，而它本身结构不起变化。如水杨酸类、对氨基苯甲酸类、香豆素类中水杨酸苄酯、羟基磺酸钠、邻氨基苯甲酸薄荷酯、N,N-二羟丙基对氨苯甲酸乙酯、对甲氧肉桂酸二乙醇胺等。实际上，紫外线化学吸引剂又可分为 UVA 和 UVB 两种化学吸收剂，UVA 化学吸收剂倾向于吸收 320～360 nm 波长范围的紫外光谱辐射，如二苯酮、邻氨基苯甲酸酯和二苯甲酰甲烷类化合物；UVB 化学吸收剂则倾向于吸收 290～320 nm 波长范围的紫外光谱辐射，如对氨基苯甲酸酯、水杨酸酯、肉桂酸酯和樟脑的衍生物。

　　另一种叫紫外线散射剂或物理阻挡剂（physical blocker），主要是通过反射和散射作用以减少紫外线与皮肤的接触，从而防止紫外线对皮肤的侵害。像二氧化钛、氧化锌、云母、红凡士林、高岭土、氧化亚铁、碳酸钙或滑石粉、表面处理油石粉等无机粉体作防晒剂，只要用量足够就可反射紫外线、可见光、红外辐射。两类防晒剂相比较，紫外线散射剂安全性高、稳定性好，但在一定用量上其防晒效果不如紫外线吸收剂好。

　　物理阻挡剂与紫外线化学吸收剂结合使用，可提高产品日光保护系数。另外，一些新型的金属氧化物也开始应用于化妆品，如利用纳米技术，将二氧化钛制成微米级（0.2～20 μm）和纳米级（10～250 nm）的粉末，加入防晒化妆品中可得到透明度好，同时在皮肤上涂布得更均匀的制品，克服了以往粉体因不透明而导致发白的外观，对 UVA 和 UVB 防护作用都很好，具化学惰性，使用安全。这类金属氧化物包括二氧化钛、氧化锌、氧化铬和氧化锡。

　　若按用途分类防晒剂则分为：晒伤防晒剂（sunbunr preventive agent），它能吸收≥95%的波长范围在 290～320 nm（UVB）的紫外线；晒黑剂（suntanning agent),晒黑剂至少能吸收 85％的波长范围在 290～320 nm 的太阳辐射,并能透过波长比 320 nm 长的紫外线,使用后经阳光照射,皮肤能产生浅的短暂的晒黑,有时还会产生一些红斑,但不会引起疼痛和皮炎;不透明阳光阻挡剂(opaque sunblock agent),此种阳光阻挡剂实际上就是上面所说的紫外线物理阻挡剂,如二氧化钛和氧化锌。

由于防晒日益受到重视,随着人们对紫外线防护的日益重视,在化妆品中,防晒剂已开始被添加到各种护肤制品中,如润肤霜、湿粉和唇膏等。因而化妆品使用者接触到防晒剂的机会日益增多,防晒剂的安全性问题也需受到重视。作为防晒作用的功能添加剂——紫外线吸收剂实际上是一类紫外线辐射吸收剂或光散射剂,它们既然具有吸收或散射紫外光的作用,也就意味着具有了光化学或光物理的活性,成为光感性物质,自然也会表现出光毒性和光敏化作用,即光感物质经特定波长紫外线照射后,可使皮肤发生过敏反应,这类皮炎临床表现为面部潮红、肿胀、起丘疹、水疱等。特别是一些有机化合物类的紫外线吸收剂。因而,它们和其他化妆品添加剂一样对皮肤也有一些不良反应,也可引起接触致敏作用。而且,在防晒制品中,紫外线吸收剂的用量通常较高(质量分数可高达 26％),因而引起接触致敏作用的概率也较高。另外,紫外线吸收剂与溶剂和基质制剂的相互作用,也会引起交叉致敏作用。这里所说的交叉致敏作用是在一种或多种化合物存在时发生的附加敏化变化。引起起始反应的变应原是原发致敏剂,继发变应原是那些引起交叉致敏的化合物。继发性变应原一般是原发变应原的新陈代谢产物或结构相似的化合物,两者之间往往很难严格区别。

基于以上防晒剂的光毒性和光敏性,目前化妆品中的防晒制剂很多已用天然防晒品与化学防晒剂及物理防晒剂配伍合用,以减少过敏源和化学吸光剂的致光敏症。天然防晒品常用的有:

(1)芦荟苷:可强烈的吸收 290～320nm 范围内的紫外线,如与硅油共用,能在皮肤外形成吸附性覆盖层,不易流失,抗晒效果相当好;

(2)胡椒酸:有强烈的抗氧化性,能宽幅地吸收紫外线,吸收强度大,光稳定性好;

(3)阿魏酸:对紫外线强吸收,可有效清除体内活性最强的羟氧自由基,同时有刺激生发和乌发作用;

(4)异阿魏酸:对可导致光致敏性红斑生成的 305～310 nm 紫外线有强烈吸收,对阳光晒黑型皮肤有增白效果,添入护发素中可促进毛发黑色素颗粒的生成。

(5)迷迭香酸:具有强抗氧化作用,与碱性氨基酸协同作用时,在紫外线 B 区域有强吸收,还具有抗菌、抗霉作用;

(6)槲皮素:在紫外区域 200～400 nm 均有强吸收,最大吸收在 258 nm 和 350 nm 处,具有抑菌作用,增强毛细管抵抗力,与曲酸配伍还可强化化妆品的美白效果;

(7)芦丁:可强吸收 280～335 nm 间的紫外线,芦丁的羟乙基化衍生物四羟乙基芦丁水溶液对紫外线吸收可增至 280～400 nm 的范围,芦丁还具抗氧化和抗毒作用。

（六）天然产物

1. 动物提取物

动物提取物按在化妆品中的作用与用途可分为基质材料(前述的油脂、蜡类、脂肪酸和脂肪醇等)和特殊添加剂成分(如透明质酸、硫酸软骨素、胶朊、水解动物蛋白和蚕丝水解物、动物器官提取物等)两类。

(1)蛋白质和氨基酸：由动物的皮提取，是一种水解蛋白质，吸湿性强，与皮肤有较好的亲和性。蛋白质水解产物和它的缩合物应用于化妆品，可促进皮肤组织再生，补给真皮层中的氨基酸，它们是天然调湿因子的组成成分。蛋白质水解缩合物对皮肤作用温和，与皮肤有很好的相溶性和很好的黏着性，能温和地脱脂，用于护肤化妆品有利于营养物质渗入皮肤。氨基酸是蛋白质的主要成分，具有平衡皮肤的作用，用于护肤霜或面膜。

(2)骨胶原：骨胶原有水溶性、油溶性、浓骨胶原粉和水解骨胶原粉四种，骨胶原蛋白营养皮肤的成分极其丰富。它能全溶于水或其他溶剂，中性，无味，透明，热稳定性好，是营养霜、皮肤滋养剂、香波等许多化妆品的特殊原料。骨胶原与液体接触，能够有规则地吸收液体，使体积增大，这种现象称为"膏体弹力膨胀"，它的膨胀过程先是水的低分子不断钻入骨胶原高分子链间的空隙，削弱高分子链间的范德瓦尔斯力，使高分子链交织为化妆品的新型网状膏体结构。骨胶原化妆品的特点是其氨基酸易被皮肤内胶原吸收。

(3)磷脂：蛋黄油成分，从大豆、蛋黄中提取。它是一种多元醇与磷酸酯化而形成的化合物，包括卵磷脂、脑磷脂、神经鞘磷脂和肌醇磷脂。可促进皮肤新陈代谢，在细胞膜渗透性调节中起着重要的作用。磷脂与皮肤有极好的相溶性，能迅速渗入皮肤，并有吸湿性。磷脂是构成细胞膜的主要脂质，它可形成层状体或内部充满水的微囊(脂质体)，可采用特殊的方法把天然含磷物质制成类脂化合物，使之具有与细胞膜完全相同的结构，从而与皮肤细胞间的生理系统相融合，促使细胞液的流动；若将要输送入细胞的物质预先置入脂质体内，则可促进必需物质进入细胞中，起到护肤、养肤、抗衰老的作用。

卵磷脂：黄色固体，有较强的吸湿性，溶于乙醚、无水乙醇，不溶于水，用于润肤霜。卵磷脂与优质的植物油共存时，能使皮肤柔软。可用于配制营养霜。

(4)胎盘提取物：化妆品用的胎盘提取物主要是人和动物胎盘提取物。主要成分包括胎盘球蛋白、胎盘酶和胎盘脂质。精制的胎盘提取液有碱性磷酯酶、乳酸脱氢酶、马来酸脱氢酶、谷氨酸草乙酸转氨酶(GOT)和谷氨酸丙酸转氨酶(GPT)，这些酶添加入化妆品中可加速细胞的有丝分裂，促进细胞代谢，并加强血液循环，抗皮肤衰老和皱纹。主要用于各类护肤制品，防治皮肤粗糙、小皱纹、黑色素、肝斑、雀斑、冻疮，能增加皮肤营养。

(5)蜂王精：基本成分为水66%、蛋白质12%、脂肪5.46%，含有丰富的泛酸、叶酸及肌醇,还含有维生素 A、维生素 B、激素、氨基酸等营养物质,可营养皮肤,并具抗氧化作用。对细胞有再生作用,因而可促进皮肤新陈代谢,补充营养。用于乳剂类护肤品。在化妆品中一般含量为 0.3%～0.6%;蜂蜜酵素作为浴液基料,可具有恢复疲劳的作用。

从动物中提取的物质还有:羊水提取物,具有营养作用和解毒作用,被用作润湿剂和皮肤赋活剂;血液提取物,含有血清蛋白、谷胱甘肽、多肽和氨基酸;主动脉提取物,具有改善皮肤毛细血管的扩张,明显促进真皮中的毛细血管恢复弹性,有抗皮脂溢的作用,调节皮肤的脂肪分泌;脑提取物脑磷脂,促使皮肤渗透障壁的迅速再生,改善细胞间胶质的生成。

2. 海藻类提取物

海藻类提取物含丰富矿盐(碘、钙、磷、铁、钠、钾、镁、氯、硫、铜、锌、锰)和维生素($A、B_1、B_2、B_3、B_5、B_{12}、C、E、K、B_c$ 叶酸和胆碱)、氨基酸(丙氨酸、精氨酸、甘氨酸、赖氨酸、天冬氨酸、缬氨酸、亮氨酸和异亮氨酸等)、糖类(岩藻糖、甘露糖、木糖、半乳糖和葡萄糖)、藻酸、藻酸盐、角叉酸、琼蛋白、蛋白质和黏质等。添加于护肤制品中可刺激细胞活力,使皮肤滋润,对皮肤有保湿、润滑和防皱的作用,主要用于润肤霜和面膜。另在护发制品中有明显的保湿效果,还可增加头发的色泽和柔软性,减少头发静电荷,改善头发分叉,增加头发的调理性。

3. 植物提取物

天然药物用于皮肤创伤、疾病的治疗和美容化妆已有了较长的历史。中国传统的中草药及民间药浸剂及许多天然产物如植物、蔬菜、水果等的提取物均具有一定的特殊美容药效作用,现今已被广泛用于化妆品行业中。

植物提取物一般化学成分很复杂,而且不同部位提取的成分也有差别。一般植物含有下列多种类型的化学成分:生物碱、苷类、有机酸、树脂(包括树脂酸、树脂醇、树脂烃类)、挥发油、糖类(包括淀粉、菊淀粉、树胶和黏液质、多糖等)、氨基酸、蛋白质和酶、鞣质、植物色素(包括叶绿素、胡萝卜素、黄酮类、甜菜红碱类和醌类等)、油脂和蜡以及无机成分(微量元素)。其中起主要药效的物质如生物碱、苷类、挥发油等称之为有效成分;而本身没有特殊疗效,但能增强或缓和有效成分作用的物质则称为辅助成分,如皂苷就有加溶和促进有效成分吸收的作用;另外,本身无效甚至有害的成分,往往会影响溶剂的提取效能、制剂的稳定性、外观以至药效的则称为无效组分;余下的如纤维素、木质素等植物的细胞或其他不溶物则统称为组织物。

在皮肤药品、疗效化妆品和化妆品中植物提取物的主要功能包括:抗刺激、消炎、伤口愈合、抗感染、消毒杀菌、润泽、保护皮肤等。对于不同的植物,不管是单方或复方,其功效往往是不同且多种的,特别是复方提取物的临床疗效是体现在复方配伍的综合作用和整体作用上,其疗效有时比分离纯化的有效成分复配物的疗效要好。由于植物的化学成分复杂,不少植物所含的化学成分是有毒的,也有一些植物的化学成分本身是无毒的，但与其他成分配伍后会产生有毒的物质，在设计这些配方时，必须了解配伍禁忌。

从植物中提取其有效成分，若用不同溶剂将会提取出植物中不同的化学成分。例如，化妆品用水溶性植物提取物最常用的溶剂为水-丙二醇和丙二醇，提取出的物质主要为可溶于水的化学成分；而化妆品用油溶性植物提取物则为植物中油溶性部分，其中包括胡萝卜素醇、植物甾醇、叶绿素、生育酚、脂肪醇、萜烯醇、碳氢化合物、少量的蜡类和树脂。

另外，家庭美容和一些专业美容院常用的天然水果和蔬菜汁及其干粉就常含有许多活性成分，如酶类、蛋白质、维生素、游离酸、转化糖、多糖、脂质及其活性物质。这些果蔬汁或干粉常被配入面膜、膏体、乳液、凝胶或收缩水中，以清洁皮肤、滋养肌肤，具有增白和美容的作用。

近年来，由于保护动物权益运动的影响，从植物中提取出并经水解的植物蛋白已部分用于取代动物蛋白。一般水解植物蛋白为透明琥珀色，低气味，相对分子质量约为 1 000，具有较好的成膜性能，对皮肤、头发的亲和力较好，用后感觉良好。

以下为一些常用植物成分的作用及在化妆品中的应用。

（1）鞣质

① 鞣酸(tannic acid)：又称单宁、鞣质，为多元酚类衍生物的总称。淡黄色无定形粉末，微有气味，能溶于水、醇、丙酮和甘油，有涩味，为强的还原剂，在空气中可吸氧，能与蛋白质、淀粉、明胶、生物碱结合生成不溶于水的大分子沉淀物。鞣质具有收敛性，使皮肤发硬，在黏膜表面起保护作用，制止过多的分泌；作为氧自由基清除剂，可有效抑制细胞膜的脂质过氧化作用。体外有抑制酪氨酸酶活性的作用。为治疗火伤、烫伤的良好药物，可解除局部疼痛，阻止过量出血，微有防止细胞侵蚀的作用。还可用作发用染料助剂。

② 没食子酸(gallic acid)：鞣质水解的产物之一。针状结晶，易溶于乙醇和沸水，在冷水中的溶解度较小。其在化妆品中可作酸性剂，具有一定的抗菌作用，有凝血作用，可抑制酪氨酸酶的活性，在波长较宽的范围内能强烈吸收紫外线。在化妆品中用作防晒剂和皮肤增白剂。它还可用于发用染料的助色剂，或与铜、银、铁等金属离子制成金属盐发用染料。

含有鞣质有效成分的植物有山楂(*Crataegus*)、百里香(*Thymus*)、香桃木(*Myrthus communis*)、蒲公英(*Taraxacum*)、芸草(*Ruta graveolens*)、蜜蜂花(*Melissa* L.)、金鸡纳(*Cinchona* L.)、红松(*Juniperus communis* L.)、麝香草(*Thymus vulgaris* L.)、椴树(*Tiliaceae*)和欧蓍草(*Achillea millefolium* L.)等。

（2）精香油：精香油在常温下可挥发，具有强烈的气味，具有生物活性，如具有驱风作用和局部刺激作用，对肌肉有显著的松弛作用，有轻微的兴奋作用，有高效的渗透性，能促进营养成分进入肌肤，起到激活细胞，增强皮肤真皮网状层的弹性，使皮肤细胞排列紧密，达到抚平面部皱纹的作用。多数精油还有微弱的或缓和的消毒作用，有些则具有显著的杀菌和抑菌的功效，多数具较佳的香味，可用作矫味药或化妆品香料。

含精香油的植物有小茴香(*Foeniculum vulgare* Mill.)、蜜蜂花(*Melissa axillaris Bakh.f.*)、重瓣玫瑰(*Rosa rugosa* var.)、麝香草(*Thymus vulgaris* L.)、月桂(*Laurus nobilis* L.)、啤酒花(*Humulus lupulus* L.)、黑杨(*Populus nigra* L.)、甜橙(*Citrus sinensis* L.)、母菊(*Matricaria chamomile* L.)、薰衣草(*Lavandula angustifolia* Mill.)、南欧丹参(*Salvia sclarca* L.)、迷迭香等。

(3)葡糖苷、皂苷和生物碱:葡糖苷、皂苷是一类较繁杂的化合物,其作用与性质差别也较大,是植物中重要的有效成分。生物碱是一类含氮有机化合物,有似碱性质,具较显著的生理作用,为药用植物的一类重要成分。

① 丝瓜皂苷(lucyoside):丝瓜皂苷是从丝瓜茎、叶和络中提取出的总皂苷。为黄褐色粉末,易溶于水、甲醇和乙醇。丝瓜具有清热凉血、活络去疹的作用,体外试验表明丝瓜皂苷可明显促进细胞增殖、提高细胞活性和愈合伤口、调理皮肤、减少角质层剥落,具较广谱的抗菌性、去除头屑、促进头发的生长等作用,丝瓜皂苷还可作为防晒和增白化妆品的助剂。

②甘草酸(glycyrrhizic acid):甘草的根部和根茎提取的有效成分主要含有 18-α-甘草酸(即甘草甜素),此外还含有 18-β-甘草亭酸、4,7-二羟基双氢黄酮(即甘草素)等。甘草酸有较强的抗炎和抗菌作用,能抑制毛细血管的通透性。甘草提取物对日晒红斑、面部溢脂性皮炎有疗效,配制成搽剂,作为冬季防护品,具有显著的防治冻疮、冻裂的效果,如在唇膏中加入可防止脆性嘴唇的破裂。对虫子咬伤和刺痛也有疗效。18-β-甘草亭酸有抗炎和抗过敏作用,可用于治疗过敏性或职业性皮炎等,在脱毛、剃须及使用含乙醇除臭和运动后引起的刺激和炎症有舒缓作用。甘草酸具有广泛的配伍性,常与其他活性成分共用,用于防晒、增白、调理、防止皮肤粗糙、炎症、止痒和生发护发等,与七叶组成复方,可作高效止汗剂。

③人参皂苷(ginsenoside):人参的主要成分。可溶于甲醇、乙醇和热丙酮。人参皂苷易被真皮吸收,能扩张末梢血管,增加血流量,可提高机体的免疫力,可显著增加细胞活性,可促进纤维类细胞的增殖,使皮肤再生,可激活人体内的氧化还原酶如 SOD 的活性而呈抗氧化作用,具有延缓皮肤衰老的作用。还可用于治疗和防止粉刺的产生,作为生发护发的增强剂。

④尿囊素(allantoin):属嘌呤类生物碱。尿囊素具有镇静作用,促进细胞生长,与吡咯烷酮羧酸钠配伍可制成促进伤口愈合的制剂;具有软化角蛋白的作用,因而用于保护头发护发用品中;具有抗氧化、漂白、杀菌作用,可防止出汗;对湿症、冻伤裂纹、日晒以及皮肤粗糙也有一定的预防作用。

⑤咖啡因(caffeine):属嘌呤类生物碱。为白色粉末或晶体,溶于水、乙醇、丙酮等。咖啡因具有兴奋中枢神经的作用,可促进皮肤对其他活性成分的渗透和吸收。具有乌发作用。与雌激素配伍可对粉刺具有抑制和治疗作用。具有促进脂肪分解的作用,与脂解性激素配伍可制得减肥霜。

含葡糖苷、皂苷和生物碱的植物有椴树(*Tiliaceae*)、欧芹(*Petroselinum sativum Hoffm.*)、麝香草(*Thymus vulgaris* L.)、山楂(*Crataegus*)、黄龙胆(*Centians lutes*)、金鸡纳(*Cinchobna* L.)、三色堇草(*Viola tricolor* L.)、鼠尾草(*Selvia officinalis* L. ）、皂树皮（*Quillaia saponaria Molina Bark*）、欧荨麻（*Urtica dioica* L. ）等。

（4）黄酮类或芪植物雌性激素物质：这类物质具有多种生物学活性，具有抑菌和抗菌、抗过敏、解毒、增白、女性激素样作用、降血脂等作用，防止血管破裂和止血作用，对紫外线和可见光呈宽范围的强吸收，具有较强的抗氧化作用，适用于防止类脂、不饱和脂肪酸的氧化，具有抗衰作用。可用于防晒、增白、抗衰等化妆品中。

含黄酮类或芪植物雌性激素物质的植物：蒜类（*Allium sativum* L. ）、油棕（*Elaeis guineensis Jacq*）、鼠尾草（*Salvia officinalis* L. ）、玉米（*Zea mayd* L. ）、吊兰（*Chlorophytum comosum Bake*）、紫草（*Lithospermum erythrorhizon sieb et zucc*）、洋蔷薇花（*Rosa centifolia* L. ）、蒲公英（*Taraxacum mongolicum Hand*）、槐树（*Sophora japonica*）。含类胡萝卜素的植物有贯叶金丝桃（*Hypericum perforatum* L. ）、胡萝卜（*Carrot*）、银杏叶、田七叶等。

① 羟基乙酸：羟基乙酸是果酸中分子量最小的成分，对皮肤具有极强的渗透力，可软化皮肤的角质层，使角质层细胞间的黏着力降低，从而使老化细胞从皮肤上剥离出来，薄化角质层，同时促使表皮细胞的生长，可以给予干性皮肤特别的滋润作用。在润滑皮肤、增加皮肤的弹性、改善皮肤质地方面，羟基乙酸效果最明显。所以果酸成为化妆品中换肤的产品之一。但当羟基乙酸浓度过大时，会对皮肤造成深层的侵害和刺激。正常的皮肤化妆品中羟基乙酸的含量通常为 4％的果酸溶液，敏感部位则为 2％的果酸溶液。

② 芦荟（*Aloe vera*）是一种药用植物，据现代科学分析证实芦荟的主要成分是芦荟苷和芦荟大黄素，另外还包含维生素 K、D、C、B_1、B_6、B_{12}、P、β-胡萝卜素等多种维生素，19 种氨基酸，可溶性糖以及由半乳糖、甘露糖、葡萄糖和阿拉伯糖组成的黏多糖（相当于透明质酸）、胆碱、胆碱水杨酸、皂角苷配基等，还含有如过氧化氢酶、淀粉酶、纤维素酶和蒜氨酸酶等酶类，微量元素如钙、镁、钾、钠、铝、铁、锌等。由于芦荟原汁是高分子多糖体，含有丰富的蒽醌甙（能吸收引起皮肤红斑的 250～290 nm 的 UV 辐射）、多糖蛋白质、游离氨基酸、维生素、活性酶和 10 多种微量元素，所以芦荟原汁可以预防皮肤上的色素形成及沉着，防止日光晒伤，使皮肤增白、保湿、促进皮肤细胞再生、止痛消痒，收敛皮肤等。对刀伤止血、消炎、抗炎、改善角质化的皮肤、分解脂肪而减肥等都有卓越的功效。用于润肤霜、防晒霜、收敛性化妆水。

③人参提取液（panax ginseng）：含有多种人参皂苷、脂肪酸、植物甾醇、胆碱糖类、维生素 B_1、B_2、烟酸、泛酸、植物激素，主要成分为人参皂苷（ginsenoside）（有 12 种），它的苷元分别为人参萜二醇、人参萜三醇和齐墩果酸。其中人参萜三醇（类三萜烯皂苷）是主要的活性部分。人参具有许多显著的生物活性和药理作用，能兴奋大脑皮层、血管运动中枢和呼吸中枢，使皮肤毛细血管扩张，并能促进人体的新陈代谢，可降低血糖，促进成纤维类细胞的增殖，使皮肤组织再生并增加其免疫作用，使皮肤柔软光滑，抵抗日光照射，具有强的清除体内活性氧自由基及激活人体内的氧化还原酶活性而起抗氧自由基的作用，如可增加 SOD 的活性，因而可延缓皮肤衰老。在化妆品中作为营养添加剂，用于润肤霜或面膜、护发用品，可防治皮肤粗

糙、小皱纹、粉刺和头屑等,与外加酶 SOD 的合用效果更佳。

另外,果酸是一种天然水果中富含的有机酸,因其分子量小且极易被皮肤吸收,又可使皮肤角质细胞粘连减弱,含过多堆积的角质细胞脱落下来,以改善皮肤质地,使之滋润光滑。大蒜提取物已被广泛地用来制造各种化妆品如洗涤剂止汗剂等,具有杀菌、生发、和预防皮肤衰老的作用。紫草提取物在化妆品中用于治疗皮肤粗糙、粉刺、皮肤炎症和去屑(一般用量为质量分数的 1%～3% 的提取物),也用作着色剂,在收缩水和止汗剂中也使用。

(七) 脱 毛 剂

脱毛剂(depilatories)分为物理脱毛剂和化学脱毛剂。物理脱毛剂又包括蜡状制品拔毛剂(depilatories)和磨毛剂(abrasive)。化学脱毛剂又分为无机脱毛剂如碱金属、碱土金属硫化物和有机脱毛剂如硫代乙醇酸类。现市场上出售的脱毛剂主要是化学脱毛剂(chemical depilatories)。

拔毛剂主要以松香、蜂蜡为基质,添加一些白矿油、棉籽油和凡士林等调节其性能,也可添加小量樟脑使之具有冷却感、添加局部麻醉剂可降低疼痛感、添加杀菌剂可防止或减少可能的感染的配伍而成。其作用是通过制剂溶解涂敷后凝固黏致的蜡质以物理力将毛脱去。

化学脱毛剂是一种能使毛变软,毛强度降低,在 2～6 min 内即可将毛抹去或冲洗掉的脱毛剂。化学脱毛剂是利用化学药品使毛发膨胀柔软,然后从皮肤上擦去或洗去。由于毛干的成分与皮肤相似,化学脱毛剂难免会对皮肤有损伤,所以脱毛剂被列为特殊用途化妆品。

毛发的结构稳定性是多肽之间各种作用力(盐键、氢键、二硫键、范德瓦尔斯力、共价多肽或酯键)所决定,毛发结构稳定性主要由二硫键(—S—S—)来保证的,二硫键的数目越大,纤维的刚性越强。化学脱毛剂的脱毛机制主要是对二硫键和多肽进行足够的破坏,使毛发的渗透压力增加、膨胀和变得柔软以致破坏。通常化学碱类可与肽键和/或二硫键作用而发生水解,水解程度与碱的浓度、时间、温度有关。再就是还原剂能还原或断开二硫键,如硫化物、硫醇和巯基乙酸盐等均作还原剂成为化学脱毛剂的成分。

硫化物脱毛剂是最早使用的脱毛剂。包括钠、钾、钡、锶等金属的碱性硫化物和硫氢化物。一般碱性较强的硫化物是较常用的脱毛剂,其具有脱毛较快的特点,但实际上现常用硫化物脱毛剂是以硫化锶为主要成分的脱毛剂,因钾盐和钠盐的刺激性较锶盐为大,钡盐有一定的毒性,硫化钡已禁用。硫化物脱毛剂虽具有脱毛快的特点,但由于其碱性强:pH 值较高(约 11.0～12.0),刺激性较大,且由于硫化物易产生硫化氢,有毒性,有一定的臭味,所以现一般采用由新西兰的开莱耳-泊门发现的与硫化物具有同样效果的硫代乙醇酸盐($HSCH_2COOM$)作脱毛剂,这种脱毛剂作用缓慢,但刺激性小,安全。基于这个原因,硫化物开始被巯基乙酸盐所代替。巯基乙酸及其盐类是现今主要的脱毛剂,这类脱毛剂使用的脱毛活性物有巯基乙酸钙、锂、钠、镁、锶等盐、巯基丙酸及其盐、巯基乳酸及其盐。巯基乙酸及其盐在使用浓度范围是无毒的和稳定的,且无臭无刺激。为了促进脱毛的效果,有时加尿素、胍之类的有机氨脱毛辅助剂,使毛发蛋白质溶胀变性,做到短时间内脱毛。一般用量范围质量分数为 2.5%～4%,pH 值选取 12.5。

（八）其 他

一些特殊行业中使用的化妆品的添加剂,如防御油溶性刺激物及沥青、松节油、漆等刺激物的添加物为醋酸铝、聚乙二醇、白明胶、淀粉、滑石粉、花生油、阿拉伯胶、西黄蓍胶等。又如能防御酸、碱、盐等水溶性刺激物的添加剂为羊毛脂、硅油（硅酮）（预防刺激、防酸、防碱、防紫外线辐射）、蜂蜡、硬脂酸镁（锌或锂）、氧化锌、硼酸等。

第四章

化妆品各论

第一节　护肤类化妆品

护肤类化妆品的作用是清洁皮肤,补充皮肤的水分与营养,延缓皮肤的衰老,预防某些皮肤病的发生,达到保护和美容皮肤的目的。

一、洁肤化妆品

清洁皮肤,不仅要除去附着在皮肤上的尘埃、污物、细菌以及美容化妆品残留物等外部污垢,还要除去过剩的皮脂分泌物、汗腺排泄物和老化角质层等内部污垢,使皮肤腺体和毛孔保持畅通,发挥正常和健康的生理作用。

清洁皮肤与通常的洗涤衣物不同,既要有效除去污垢,又要不损伤维持皮肤光泽、润滑的皮脂薄层,因此清洁用品脱脂力不能太强。

洁肤化妆品应具备的性能:

(1) 外观悦目,无不良气味,结构细致,稳定性好,使用方便。

(2) 使用时能软化皮肤,容易涂布均匀,无拖滞的感觉。

(3) 能迅速除去皮肤表面和毛孔的污垢。

(4) 用后皮肤不感紧绷、干燥或油腻,并最好能在皮肤上留有很薄的膜。

洁肤化妆品主要有香皂、清洁霜、洗面奶、磨面膏、沐浴液等。香皂在这里不提。

（一）清 洁 霜

清洁霜是由油分和水分经乳化制成的乳化体。其去污作用与肥皂有所不同。肥皂的洗净力是利用表面活性剂使表面张力下降的效能,而清洁霜的去污力是利用原料中的油分和水分的溶剂作用,把面部的污垢溶于清洁霜内。水分溶解水溶性污垢,油分则溶解油溶性污垢,同时都分散于清洁霜内,用纸巾或化妆棉将溶解的污垢随清洁霜一起擦去,使用方便。还在皮肤上留下一层薄膜,起保护、滋润皮肤作用,对干燥型皮肤有很好的保护作用。同时,清洁霜的 pH 值比肥皂低,呈中性或弱酸性,在皮脂的 pH 值范围内进行去污洗涤,对皮肤柔和无刺激。

清洁霜有油包水型(W/O)和水包油型(O/W)。油包水型清洁霜有油腻感,适用于干性皮肤。水包油型清洁霜有滑爽和舒适感,适用于油性皮肤。

1. 主要成分与作用

(1) 油分:作清洁剂或溶剂。如油、脂、蜡。

(2) 水分:作溶剂,调节洗净作用和使用感。如水、保湿剂等。

(3) 表面活性剂:起乳化作用。如蜂蜡硼砂皂、硬脂酸三乙醇胺皂等。

2. 配方实例

(1) W/O 型清洁霜

[配方]　质量分数/%

A	蜂蜡	8.0		防腐剂	适量
	硬脂酸	4.0	B	硼砂	2.0
	白油	25.0		三乙醇胺	0.5
	白凡士林	8.0		精制水	24.5
	石蜡	28.0	C	香精	适量

[制法]　将 A 油相原料和 B 水相原料分别加热至85℃。在搅拌下将油相加入水相中混合乳化,均质化,再慢慢冷却,加入香精即可。

(2) O/W 型清洁霜

[配方]　质量分数/%

硬脂酸	15.0	甘油	5.0
羊毛脂	4.0	去离子水	49.1
矿物油	25.0	香精、防腐剂	适量
三乙醇胺	1.9		

（二）洗 面 奶

洗面奶又叫清洁蜜或清洁奶液。洗面奶的清洁原理大致与清洁霜相同,而且洗面奶中部分游离的表面活性剂对清洁、滋润皮肤起很好的作用,含油量比清洁霜少。因此,洗面奶以其色泽纯正,香气淡雅,油腻性小,具有较好的流动性、延展性和渗透性,洁肤护肤功效显著,而深受消费者青睐,尤其是青年人。洗面奶是目前销售量最大的洁肤化妆品。

1. 主要成分与作用

洗面奶是由油脂、保湿剂、乳化剂等乳化而制成。

油脂作润肤和溶剂用。洗面奶的含油量相对较少,一般均在 20% 以下。

乳化剂由皂类或阴离子和非离子型乳化剂组成,使洗面奶温和而无刺激。

洗面奶轻工行业标准的 pH 值为 4.5～8.5。一般的洗面奶为中性或弱酸性。

2. 配方实例

(1) O/W 型洗面奶

[配方]　质量分数/%

A	白油	25.0	B　三乙醇胺	2.5
	硬脂酸	5.0	去离子水	65.4
	蜂蜡	2.0	香精、防腐剂	适量
	聚丙烯酸树脂	0.1		

[制法]　将 A 油相原料、B 水相原料分别加热至 80℃。在搅拌下将水相加入油相中,继续搅拌使之乳化、冷却,并于 45℃加入香精,搅拌均匀,静置即可。

(2) O/W 型洗面奶

[配方]　质量分数/%

聚氧丙烯(10)十六醇醚	2.0	硬脂酸	1.0
油醇	2.5	三乙醇胺	0.7
油醇醚-10	3.0	丙二醇	2.0
羊毛脂	2.0	聚丙烯酸树脂	0.1
白油	20.0	去离子水	66.7

（三）磨 面 膏

磨面膏是在清洁霜的基础上,结合按摩营养霜的要求,除含有保护皮肤的营养成分外,还添加了直径为 0.1～1.0 毫米的磨面剂。

磨面膏不但能清除皮肤表面的污垢和堵塞毛孔里的污垢,且能将未脱落的陈腐角层组织细胞有效地除掉。由于磨面剂颗粒的按摩摩擦,还能促进皮肤表面血液循环与新陈代谢,达到消除皱纹和预防粉刺的目的,改善皮肤组织,使皮肤变得柔软、光滑、白嫩。通过磨面,营养成分更易被皮肤吸收。因此,长期使用磨面膏达到的清洁、保护、美容皮肤的功效,是任何洁肤剂无法比拟的。但要注意过度摩擦会对皮肤造成伤害。

1. 主要成分与作用

磨面膏除具有清洁霜的成分外,还主要含有磨面剂。磨面剂的作用是清洁皮肤和促进皮肤代谢。常用的磨面剂有天然型的种子皮壳粉末,如杏仁壳粉、橄榄核粉等;合成型的聚乙烯、石英精细颗粒等。磨面剂的颗粒形状对磨面效果至关重要,必须在高倍显微镜下呈圆形或椭圆形,不能有棱角,以免在摩擦时损伤皮肤。

新型磨面膏也有不加入磨面剂的,如去死皮膏、无砂型磨面膏等。

2. 配方实例

(1) 磨面膏

[**配方**]　质量分数/%

A	聚氧乙烯二十烷基		B	十二醇硫酸三乙	
	醚硫酸盐	15.0		醇胺盐	35.0
	月桂酰二乙醇胺	5.0		丙二醇	5.0
	羊毛脂衍生物	2.0		精制水	加至 100.0
	单棕榈酸甘油酯	1.0	C	杏仁壳粉和	
				橄榄核粉	15.0

[**制法**]　将 A 组与 B 组分别加热至 80℃。在搅拌下将 A 组加入 B 组至乳化完全。于 75℃时缓缓加入粉料,搅拌均匀至室温即可。

(2) 磨面凝胶

[**配方**]　质量分数/%

N-硬脂酸-L-谷氨酸单钠盐	10.0	防腐剂	0.2
杏仁壳粉	1.0	去离子水	加至 100.0

(四) 沐 浴 液

沐浴液是在沐浴或淋浴时除去身体污垢并赋予香气的化妆品。沐浴液又叫泡沫型浴液,使用时能形成满盆泡沫,使浴者的皮肤表面与大量泡沫接触摩擦,会有轻松愉快的感觉;浴液的诱人颜色和散发的阵阵香气又使人心情舒畅;浴后皮肤滑爽感强、留香持久,很受小孩与老人喜爱。若添加杀菌剂、止痒剂及中草药等药效成分,还可防治皮肤病。

1. 主要成分与作用

沐浴液的主要成分有泡沫型表面活性剂,起发泡、清洁作用。还有泡沫稳定剂、增稠剂、香精、色素等。这些成分应安全无毒,对皮肤、眼睛无刺激性,浴后易冲洗。

2. 配方实例

(1) 沐浴液

[**配方**]　质量分数/%

A	甘油	5.0	B	脂肪醇聚氧乙烯醚硫	
	氯化钠	2.0		酸钠(AES)(75%)	7.0

A	乙二胺四乙酸	B	月桂基二乙醇酰胺
	二钠（EDTA） 0.1		（Ninol） 4.0
	防腐剂、枸橼酸 适量		椰子油酸钾 15.0
	精制水 66.9	C	色素、香精 适量

［制法］ 将精制水加热至 60℃，在搅拌下依次加入 A 组，完全溶解后将 AES 缓慢溶于精制水中。充分搅拌将其全溶后再加入其他部分，冷至 40℃时加入色素和香精，拌匀，静置即可。

（2）沐浴液

［配方］ 质量分数/%

月桂醇硫酸钠	30.0	香精	3.0
水	67.0		

二、化 妆 水

化妆水又称收缩水、养肤水、皮肤清新液或活肤液，具有清洁、保湿、调理皮肤的功能。根据功能不同分为洁肤用化妆水、收敛性化妆水、柔软和营养性化妆水等。

化妆水由于使用感好和多功能性，成为很多人每天不可缺少的护肤品，早晚都使用。

1. 主要成分与作用

除精制水外，还有下列主要成分。

（1）保湿剂

起保湿、改善使用感作用，如多元醇、聚乙二醇、可溶性胶原蛋白等。

（2）收敛杀菌剂

具有收敛、杀菌、清凉、紧肤的作用。有阳离子型收敛剂和阴离子型收敛剂两类。阳离子型收敛剂如明矾、硫酸铝、氯化铝、硫酸锌等，其中以铝盐的收敛作用最强。阴离子收敛剂如丹宁酸、枸橼酸、硼酸、乳酸等，一般常用的为枸橼酸。

（3）柔软滋润剂

起滋润、软化皮肤作用。如羊毛脂、水溶性硅油、高级脂肪醇等。

2. 配方实例

（1）收敛性化妆水

［配方］ 质量分数/%

甘油	10.0	乙醇	13.5
硼酸	4.0	聚氧乙烯失水山梨	
对羟基苯磺酸锌	1.0	醇单月桂酸酯	3.0
去离子水	68.0	香精	0.5

［制法］ 将甘油、硼酸、对羟基苯磺酸锌与去离子水混合加热溶解。加入乙醇

混合均匀。将香精溶解于聚氧乙烯失水山梨醇单月桂酸酯,在搅拌下加入乙醇溶液中,搅拌至溶液澄清,静置后滤去沉淀物即可。

（2）洁肤用化妆水

[配方] 质量分数/%

丙二醇	8.0	乙醇	20.0
聚乙二醇(1500)	5.0	氢氧化钾	0.05
聚氧乙烯油醇醚		去离子水	65.85
（15EO）	1.0	香精、防腐剂、	
羟乙基纤维素	0.1	着色剂	适量

三、护肤化妆品

护肤化妆品具有滋润、保护、营养、美化皮肤的作用,它包括各种霜、膏、蜜类。

皮肤表面分泌的皮脂与汗液形成皮脂膜乳化体,该膜不但使皮肤柔软、光滑、弹性,还由于它的微酸性而防止细菌与有害物质的侵入。人体皮脂的化学组成见表4-1。

表 4-1 人体皮脂的化学组成

组 成	含量范围/%	平均值/%
三酰甘油	19.5～49.4	41.0
二酰甘油	2.3～ 4.3	2.2
蜡 酯	22.6～29.5	25.0
脂肪酸	7.9～39.0	16.4
角鲨烯	10.1～13.9	12.0
胆固醇酯	1.5～ 2.6	2.1
胆固醇	1.2～ 2.3	1.4

皮脂膜会随着年纪的增大、季节的变化、环境的污染和过多接触碱性物质等因素而被破坏,使皮肤变得粗糙、皲裂和出现各种皮肤病,必须用护肤化妆品对这层天然保护膜进行弥补或修复。

优良的护肤品是乳化体,它的成分最好与皮脂相接近,才能防御外界的刺激和细菌的感染,提供必需的营养成分,减少水分损失,又能维持皮肤的正常生理功能。因此,护肤化妆品主要是由脂、蜡、油和水、乳化剂组成的乳化体。按其乳化性质可分为 W/O 型和 O/W 型两种;按其形态不同又分为膏霜和蜜液两种。呈半固体状态不能流动的称为膏霜,如雪花膏、营养润肤霜、冷霜、护手霜等;呈液体状态能流动的称为蜜液,又称乳液,如润肤蜜、营养润肤奶液等。

（一）雪花膏

雪花膏搽在皮肤上会立即消失，与雪在皮肤上融化相似，故而得名。它具有历史悠久、品种多样、应用广泛、销售量大的特点。

雪花膏一般以硬脂酸为原料，小部分硬脂酸经碱类（氢氧化钾、氢氧化钠、三乙醇胺等）中和生成肥皂，即硬脂酸盐作乳化剂。它属于阴离子型乳化剂为基础的O/W型乳化体。这是一种非油腻性的护肤用品，涂在皮肤上水分蒸发后留下一层由硬脂酸、硬脂酸皂和保湿剂组成的薄膜，使皮肤与外界干燥空气隔离，能抑制表皮水分的蒸发，保护皮肤不至开裂或粗糙，也可防治皮肤因干燥而引起的瘙痒。

1. 主要成分与作用

雪花膏的主要成分是硬脂酸、碱类、多元醇。

（1）硬脂酸：是雪花膏的主体。一般采用三压硬脂酸，含有硬脂酸45%，棕榈酸55%左右，油酸0～2%，控制碘值在2以下。碘值高，油酸含量高，颜色泛黄，容易酸败。所以硬脂酸的质量对雪花膏的制作十分重要。

（2）碱类：常用碱类有氢氧化钾、氢氧化钠、三乙醇胺、硼砂等，与硬脂酸作用生成肥皂，起乳化作用。氢氧化钠制成的膏体坚实，水分易离析；三乙醇胺制成的膏体则很柔软，但三乙醇胺有特殊气味，和某些香料混合使用时易变色；氢氧化钾制成的膏体介于两者之间，且质地纯洁，因而多被采用。

（3）多元醇：起保湿、柔软、滋润皮肤作用。有甘油、丙二醇、山梨醇、聚乙二醇等。其中以加入甘油的雪花膏稠度最高，加入丙二醇的雪花膏稠度最低，而加入85%山梨醇的雪花膏稠度稍高，可根据实际需要选择不同的醇类。甘油因其便宜而常被使用。

雪花膏轻工行业标准的pH值为4.0～8.5。

2. 配方实例

（1）雪花膏

[配方] 质量分数/%

硬脂酸	10.0	氢氧化钾	0.2
甘油单硬脂酸酯	2.0	香精	1.0
硬脂酸丁酯	8.0	防腐剂	适量
十八醇	4.0	蒸馏水	64.8
丙二醇	10.0		

[制法] 将丙二醇和氢氧化钾加到蒸馏水中，加热至70℃，制成水相。将其余成分混合，加热至70℃，制成油相。将油相缓缓加于水相，边搅拌边降温至50℃左右加香精，再充分搅拌冷却至30℃即可。

（2）珍珠雪花膏

[配方]　质量分数/%

A	硬脂酸	4.0	单硬脂酸甘油酯 7.0
	白油	10.0	防腐剂 适量
	十六醇	3.0	B 甘油 15.0
	羊毛醇	3.0	精制水 53.0
	聚氧乙烯羊毛醇醚	3.0	C 珍珠粉 适量
	吐温-60	2.0	香精 适量

（二）冷　霜

冷霜也称香脂或护肤脂。冷霜和雪花膏是两种比较古老的润肤膏霜,传统的雪花膏是硬脂酸-碱乳化体系的 O/W 型膏霜,而冷霜则是蜂蜡-硼砂乳化体系的 W/O 型膏霜。

冷霜的名称是由于最初的产品涂在皮肤上有水分离出来,水分蒸发带去了热量,使皮肤有清凉感而得名。现在改进了配方,乳化体稳定性大大提高,且膏体光亮细腻,使用后在皮肤上能留下一层油性薄膜,起滋润作用,尤其适宜于冬天使用。冷霜还可当粉底霜使用,搽粉前涂少量冷霜,可增加香粉的黏着力。

1. 主要成分与作用

（1）蜂蜡:蜂蜡的游离脂肪酸和硼砂中和成钠皂,是很好的乳化剂。要制造好的冷霜,蜂蜡的酸值 17～24、皂化值 88～96、碘值 12。

（2）硼砂:其用量根据蜂蜡酸值而定。好的乳化体应是蜂蜡中 50% 的游离脂肪酸被中和。若中和不足会使乳化体粗糙且不稳定;中和过多会有针状硼酸或硼砂析出。

（3）白油:起润肤作用。

冷霜轻工行业标准的 pH 值为 5.0～8.5。

2. 配方实例

（1）冷霜

[配方]　质量分数/%

A	白油	49.1	甘油 0.9
	蜂蜡	2.2	硼砂 0.9
	羊毛脂	5.2	水 34.3
	硬脂酸	5.6	C 防腐剂 0.9
B	三乙醇胺	0.9	香料 适量

[制法]　将 A 组分混合并加热至 75℃（油相）,把 B 组分混合溶解,加热至同样的温度（水相）。在搅拌下将水相加进油相中,冷却至 50℃,加入 C 组分,搅拌冷却即可。

（2）冷霜

[配方]　质量分数/%

蜂蜡	15.0	精制水	34.0
鲸蜡	12.0	硼砂	1.0
白油	38.0	防腐剂、香料	适量

（三）润 肤 霜

润肤霜一般指非皂化的膏状体系。

润肤霜主要是补充皮肤中存在的油脂、脂肪酸、胆固醇的不足，即补充皮肤中的脂类物质。脂类物质形成的膜能减少或阻止水分的流失，使皮肤柔滑，富有弹性。在润肤霜中还可以加入各种营养成分，使润肤霜不仅能补充油分，保持皮肤水分平衡，还能调理和营养皮肤。如加入人参提取液以延缓衰老；加入维生素 A、维生素 D、维生素 E、水解蛋白、珍珠粉等使皮肤滋润、细腻。

1. 主要成分与作用

主要成分为润肤物质。有水溶性和油溶性两种。水溶性润肤物质有甘油、丙二醇、山梨醇、乙二醇、聚氧乙烯缩水山梨醇醚等，主要起保湿作用。油溶性润肤物质有蜡酯（羊毛脂、鲸蜡、蜂蜡）、类固醇、胆甾醇和其他羊毛脂醇、三酰甘油（各种动植物油脂）、磷脂（卵磷脂和脑磷脂）、烷烃类油和蜡（矿油、凡士林和石蜡）、硅酮油（聚硅氧烷和甲基聚硅氧烷）等。

最好的滋润物应该与天然皮肤的组分十分接近。

2. 配方实例

（1）润肤霜

[配方]　质量分数/%

A	白油	13.0	甘油	2.0
	十六醇	7.5	平平加	2.0
	羊毛脂	0.5	尼泊金甲酯	适量
	甘油单硬脂酸酯	2.5	蒸馏水	67.5
B	丙二醇	5.0	C　香精	适量

[制法]　将 A 组混合加热至 70℃，将 B 组混合，加热至 70℃。在搅拌下，将 A 组缓缓地加于 B 组中，进行乳化，待温度降至 40℃加香精，搅拌均匀即可。

（2）营养润肤霜

[配方]　质量分数/%

A	矿物油	25.0	氢化羊毛脂	0.5
	米糠油	2.0	尼泊金丙酯	0.1
	水貂油	1.25	维生素 A 棕榈酸盐	0.02

白蜂蜡	10.0		维生素E	0.02
白凡士林	5.0	B	硼砂	0.6
角鲨烷	2.0		甘油	2.0
棕榈油异丙酯	6.0		尼泊金甲酯	0.01
甘油单硬脂酸酯	2.5		蒸馏水	38.75
白油和羊毛醇	1.5	C	香精	0.25
十六醇	2.5			

（四）润肤蜜

润肤蜜又称润肤乳液,其性质介于化妆水与膏霜之间,含油量一般小于 30%,属 O/W 型。易与皮肤亲和,使用感良好,很受油性皮肤的年轻人喜爱。

由于乳液具有流动性,制作比固态膏霜较难。优良的乳液应主要具备下列的条件：

① 乳液在室温时应保持流动性,乳化稳定,无水分析出。

② 颗粒小,分布均匀。

③ 能使一般干燥的皮肤变得柔软、光滑,而且有润湿作用。

④ 在皮肤上无黏腻的感觉,不影响汗液排出。

⑤ 香气怡人,色泽洁白,对人体皮肤无刺激或过敏。

润肤蜜轻工行业标准的 pH 值为 4.5～8.5。一般控制在 4.5～6.5 之间,与皮肤的 pH 值相近,更利于皮肤的吸收和保护皮肤。

1. 主要成分和作用

主要成分有油脂、保湿剂、乳化剂等。与润肤霜大致相同,只是油相与水相的比例不同。

2. 配方实例

（1）润肤蜜

[**配方**] 质量分数/%

A	矿物油	8.0	B	硬脂酰氧化胺	10.0
	羊毛脂	2.0		盐酸季铵盐	4.0
	棕榈酸异丙酯	4.0		蒸馏水	69.3
	甘油单硬脂酸酯	2.0	C	香精	0.2
	鲸蜡醇	0.25		防腐剂	适量
	十八醇	0.25			

[**制法**] 将 A 组混合,加热至 70℃。将 B 组各组分分别加热至 75℃,调节硬脂酰氧化胺和水的 pH 值至 5.5～6.0,混合后加入盐酸季铵盐。在快速搅拌下,将 B 组加于 A 组,待冷却至 35℃时加入 C 组即可。

（2）营养润肤蜜

[配方]　质量分数/%

A	白油	10.0		脂肪醇聚氧乙烯醚	0.7
	蜂蜡	3.0		丙二醇	5.0
	十八醇	4.0		蜂蜜	3.0
	单硬脂酸甘油酯	3.0		精制水	74.0
	防腐剂	适量	C	香精	适量
B	硼砂	0.3			

四、防皱抗衰老化妆品

生、老、病、死是生命过程的自然规律，即使到了科学飞速发展的今天，人们也无法抗拒。

青春是人一生最俊美亮丽时期，皮肤柔滑、光泽、丰满、富有弹性、白里透红。到了 25 岁以后，新陈代谢开始减慢，水分和皮下脂肪减少，弹性纤维逐渐变粗，皮肤变皱、光泽消退。40 岁以后，体内激素平衡失调，角蛋白降低，弹性纤维断裂，皮肤松弛、粗糙、皱纹增多，逐渐进入老化期。

皮肤老化是整个机体衰老的突出表现。皮肤老化除了因年龄、遗传等客观因素影响外，还受日光、环境、健康等多种因素影响。过分日晒或曝晒，不但加速皮肤老化，还易产生色素斑；长期生活在污染严重的环境和过多接触对皮肤有害的化学物质都会使皮肤受损、加速老化；营养不良、精神不振、疾病缠身，皮肤更易过早老化。

虽然皮肤老化是不可逆的生理现象，但却可以延缓或减慢老化的进程。身体健康、精神愉快、防止伤害、科学使用化妆品就是留住青春的有效措施。

过去，由于对衰老的原因不很明了和受科学技术的限制，传统防皱抗衰老化妆品的效果不很显著。现在，由于自由基衰老学说已普遍被人们接受并日益重视，抗自由基的活性成分添加到化妆品中，大大提高了化妆品的抗老化效果。同时，随着生物技术的迅猛发展，不断地从各种天然原料中提取和分离出具有很高生物活性的添加剂，开发出多种高功能的防皱抗衰老化妆品，使此类化妆品的销量大增。

1. 主要成分与作用

主要成分是具有防皱抗衰老的各种添加剂。

（1）超氧化物歧化酶（SOD）：SOD 广泛存在于生物体内，尤其是在人和动物的血液和组织器官中含量很高。它是一种抗氧化酶，具有特异的抗衰老和保护皮肤作用。

① 抗衰老作用：随着年龄的增长，体内氧自由基增多或清除氧自由基的能力下降，会发生一系列加速皮肤老化的反应：生物大分子交联聚合产生色素斑和皱纹增多；透明质酸解聚导致保水能力下降，皮肤粗糙、皲裂；弹性纤维降解使皮肤失去弹性。SOD 的功能就是催化氧自由基的歧化反应，使过多的氧自由基得到及时清

除而防止衰老。因此 SOD 又称为"抗衰老酶"。氧自由基的歧化反应如下：

$$2 \cdot O_2^- + 2H^+ \xrightarrow{SOD} O_2 + H_2O_2$$

② 抗粉刺作用：由于 SOD 清除了过多的氧自由基，维持了激素平衡，减少了皮脂的分泌和沉积，从而抑制了粉刺的形成。歧化反应生成的 H_2O_2 有一定杀菌消炎作用，也会减轻粉刺的症状。

③ 防晒作用：由于 SOD 对波长为 270～320nm 的中波紫外线有部分吸收作用，所以 SOD 也具有一定的防晒作用。

SOD 的稳定性差，容易失活，有时对人体会引起过敏反应。但采用低分子透明质酸或 12～30 个碳原子数的脂肪酸来修饰 SOD，就能大大增强其稳定性，对抗皱、去色斑、抗辐射和增白等功能有显著提高。

（2）维生素 E(V_E)：维生素 E 又称生育酚，是脂溶性抗氧化剂。其酚羟基能与氧自由基作用而使氧自由基被清除。维生素 E 还对波长为 290～320nm 的中波紫外线有吸收作用，具有很强的防晒功能。

（3）维生素 C(V_C)：维生素 C 又称抗坏血酸，是水溶性抗氧化剂。主要是清除水相中的氧自由基，尤其是血浆中的水溶性氧自由基。由于其氧化还原电位低，因此其抗氧化能力强。同时它又能阻止黑色素的产生，对皮肤美白、防色素斑都有良好的作用。

（4）α-羟基酸（AHA）：α-羟基酸又称果酸。是从苹果、柠檬、甘蔗等水果中提取，主要含乳酸、羟基乙酸和枸橼酸等。果酸能有效地渗入皮肤，加快死皮细胞脱落。促进表皮细胞更新，消退色素斑，使皮肤光滑、细嫩、富有弹性。它容易进入毛孔而达到深层清洁皮肤的作用，对油性皮肤的保护和痤疮的治疗都有良好的功能。

（5）透明质酸（HA）：HA 是一种酸性黏多糖，属透明生物高分子物质，是皮肤表皮及真皮组织的一种主要成分。在皮肤中它与蛋白质结合，以复合物的形式存在于细胞间隙，具有优良的渗透性、保湿性、润滑性、透气性等作用。另外，它在皮肤上形成水化弹性薄膜，使肌肤具有一定的坚韧性和弹性。HA 对人体无任何刺激。因此，HA 是极佳的天然保湿因子，对滋润皮肤、延缓皮肤老化十分有效。但它的价格昂贵，多用于高级化妆品。

（6）表皮生长因子（EGF）：EGF 是一种活性多肽物质，是存在于动物体内具有多功能的细胞促进因子。由于 EGF 能加快新陈代谢，加强细胞合成和分泌胶质物质，增强细胞的营养吸收，促进皮肤和黏膜创面的愈合，从而防止皮肤衰老和产生皱纹；还会使受伤皮肤易于修复，抑制粉刺生长；促进新细胞生成，使皮肤黑色素减少而利于美白和清除色斑。

（7）丝肽：丝肽是一种天然蛋白纤维，由蚕丝制得。丝肽含有丰富的氨基酸，有很多亲水性基团，是一种优良的天然保湿因子。其保湿性比相同浓度的甘油高 20 倍。分子量为 300～800 的小分子丝肽有较强的渗透力，对皮肤有很好的保湿和营养作用，使皮肤光泽、润滑。丝肽还能吸收紫外线，抑制黑色素形成，使皮肤美白。丝肽对头发也有优良的亲和性，因此，丝肽是目前用于护肤类和发用类化妆品的一种高级生物营养添加剂。

(8) 脂质体:脂质体是一种由磷脂双分子膜组成的中空球形微囊。磷脂是双亲分子,偶极离子端为亲水的"头",两条脂肪长链端为亲脂的"尾"。结构的特殊性使磷脂浸入水后,经水合膨胀会形成由 1 个或多个双分子膜组成的微囊,在微囊球中间可加载亲水成分,而在双分子膜中间可加载脂溶性成分。这样,脂质体作为天然活性物质和保湿剂的载体,能促进这些成分的渗透,增强皮肤的吸收,有效地滋润营养皮肤,防止皮肤老化。脂质体化妆品的使用感很好,无刺激性,是世界化妆品发展的潮流。

(9) 胶原蛋白:胶原蛋白是构成动物的基本蛋白质,在皮肤的真皮组织中含量最高。它与弹性纤维一起保持着皮肤的张力和弹力。胶原蛋白不溶于水,但经部分水解可得到水溶性胶原蛋白,易被皮肤吸收,分解皮肤老化的弹性纤维,促进皮下血液循环和营养供应,恢复皮肤的代谢功能,使皮肤重新出现弹性、柔顺和光泽。

(10) 霍霍巴油:霍霍巴油提取自一种长青沙漠植物,主要由直链脂肪烯酸单烷酯类与多种脂肪酸的混合物组成。霍霍巴油与人体皮肤的油脂结构相似,具有很好的亲合性,能在皮肤上形成一层很薄和不油腻的类脂层,使皮肤极润滑,且大大降低水分损失,也是优良的保湿物质。霍霍巴油对皮肤还有很强的渗透力,有效地增加皮肤的弹性。霍霍巴油性质温和,对眼睛、皮肤无刺激性,长期贮放不易酸败。因此霍霍巴油是性能优异的抗衰老化妆品添加剂。

2. 配方实例

(1) 防皱霜

[**配方**]   质量分数/%

A	硅酸镁铝	1.5	B	聚苯乙烯磺酸钠	12.0
	纤维素胶	1.0	C	骨胶原	3.0
	蒸馏水	82.5		尼泊金甲酯或丁酯	适量

[**制法**]   将 A 组混合,缓慢搅拌均匀,依次加入 B 组和 C 组,混合均匀即可。

(2) 美白防皱霜

[**配方**]   质量分数/%

维生素 A 棕榈酸酯	1.0	甘油	10.0
维生素 E 乙酸酯	0.5	对羟基苯甲酸甲酯	0.2
羟基乙酸	2.1	氯代烯丙基氯化六	
十六烷酯蜡	8.4	亚甲基四胺	0.1
十六烷醇	4.0	月桂醇硫酸钠	2.5
十八烷醇	10.0	去离子水	余量

五、护肤类化妆品的发展趋势

护肤类化妆品是化妆品工业的主流,开发高保湿、延缓衰老、防皱美白化妆品始终是人们追求的目标。

传统的护肤机理在于保湿,即认为皮脂腺经常分泌皮脂并覆盖在皮肤表面形成皮脂膜,抑制水分蒸发,皮肤角质细胞内的水溶性吸湿成分即天然保湿因子NMT 的存在,使水分不易蒸发。因此,传统护肤化妆品是赋予皮肤以闭塞性油膜和水分,其主要成分就是各种合成酯、天然动植物油脂、蜡以及各种保湿剂。这些成分在保湿的同时,会增加皮肤的负担和刺激皮肤,其保湿效果也几乎到了极限。

现代的护肤机理是以分子生物学为基础,认为影响皮肤健康美的决定物质是蛋白质、特殊的酶和起调节作用的细胞因子,并对皮肤细胞的新陈代谢、细胞基质组成、细胞间的信息传递和调节、促进细胞再生等皮肤生理生化有了全面了解,从分子水平逐步揭示皮肤受损和衰老的过程。因此,现代护肤化妆品是通过生物技术,用模拟或仿生方法,创造一个保持皮肤健康状态的最佳环境,更有效地达到保湿、防皱和美白效果。

(一) 生化护肤品

随着现代生物技术的高速发展,第三代化妆品——生化化妆品于 20 世纪 90年代初应运而生,其重心是生化护肤品。以前的化妆品只是粗糙地将自然提取物或合成物提供给皮肤,而第三代护肤品则对皮肤的功能和产品成分的性质作用进行深透的研究:从黑色素的"整治"到"自由基"的控制,从皮脂膜的"维持"到细胞核DNA 的"修复",从原来各种混合"成分"变成分子级甚至原子级的"因子",从以油、蜡、酯、乳化剂为基质的"乳化体"到以"凝胶"为基液的化妆品等,使化妆品的科技含量迅速提高。因此,生化护肤品是用生物工程来提炼精制与人体皮肤结构功能相类似的物质添加到护肤品中,使护肤品具有以下作用:

(1) 对过氧化脂质的生成有抑制作用;

(2) 有像 SOD 那样清除过多自由基作用;

(3) 有促进胶原蛋白和透明质酸合成的作用;

(4) 对紫外线损伤有预防和修复作用。

生化护肤产品有早已为人们熟知的 SOD(超氧化物歧化酶)护肤品,还有 EGF(表皮细胞生长因子)护肤品、HA(透明质酸)护肤品、NMF(天然保湿因子)护肤品、POT(生物抗衰老因子)护肤品、DNA(脱氧核糖核酸)护肤品等。

生化护肤品以其独特科学的护肤功能,深受消费者的厚爱。

(二) 仿生护肤品

仿生护肤品就是模仿人体某种生命活动机能或构造,制造出与人体生命活动相仿的护肤品,标志着第四代化妆品的来临。

第一个仿生护肤品是 1998 年在日本研制成功,这是一种模仿人体组织液的生物制品,除了与人体组织液相似的单纯构成外,没有任何添加剂,但却具有多层次的综合性护肤效果。经试验，护肤作用非常明显和迅速，毫无不良反应；对过敏性肌肤，不但没有刺激，还能很好地加以改善。仿生护肤品摈弃了以往的靠皮肤被动地吸收各种成分，而是主动地让皮肤细胞自己苏醒，自我地恢复正常的平衡运动，从而一经推出，就给化妆品行业带来极大的震撼，也将领导 21 世纪化妆品的新潮流。

（三）天然护肤品

回归自然、保护环境、使用绿色产品，这是 21 世纪地球人的最强音。化妆品的发展，最初也是从天然物开始，随着工业革命的出现，进入到合成物时期，当人们享受工业文明带来追求美的梦想得到普遍实现的同时，也饱尝了种种苦果后，再次转向天然物。这两次转变，并非是简单的重复。现代的天然化妆品是应用先进的分离纯化技术，如超临界萃取分离、分子筛分离、超低温冷冻干燥等，通过对天然物的合理选择，活性成分的分离、纯化和结构修饰，以及与化妆品其他成分科学调配，制造出品种多样、功能全面的稳定性好、安全性大、效果显著的护肤品。

芦荟、果酸系列护肤品已名声大振，人参、灵芝、花粉、青瓜、海藻等护肤品也不甘落后，人们对它们已不陌生。鲜为人知的螺旋藻也是护肤佳品。螺旋藻是一种珍贵而古老的原核生物，自 20 世纪 60 年代初被发现后，由于其营养丰富，易于消化吸收，具有多种保健功能又无任何不良反应，马上引起各专家的高度重视。螺旋藻经提取、脱色、除腥后得到的营养液添加到化妆品中，其美容效果令人赞叹。螺旋藻丰富的蛋白质、γ-亚麻酸及其他不饱和脂肪酸可保护皮肤的自我调节功能，保持水分，软化血管，促进血液循环，防止皮肤老化；螺旋藻含有能强烈刺激人体细胞增长、其分子量接近于胰岛素的多肽生长因子，使皮肤美白细嫩；螺旋藻能增加人体皮肤 SOD 的合成，具有防衰和祛斑作用；螺旋藻含有的 DNA，有一定防晒功能，还可促进皮肤的再生和修复，消除皮肤上的皱纹。法国最早将螺旋藻应用到化妆品中，开发出面膜、护发和护肤霜等高档美容产品，很受欢迎。我国于上世纪末已开始研制螺旋藻化妆品，估计不久的将来会给我们带来美的福音。

BHA 柔酸活肤菁华是新一代天然护肤品的佼佼者，与 20 世纪 90 年代初兴起、至今不衰的 AHA 果酸化妆品相比，它具脂溶性，较水溶性的果酸易与油脂丰富的肌肤表层相结合，使肌肤更显年轻光泽；其脂溶性也使它对皮肤无刺激，温和又有效地深入毛孔，改善肤质，而水溶性的果酸化妆品长期使用，有时会引起刺激不适感，含量高时更容易出现；只需要果酸 1/5 的浓度，便能改善皮肤的光滑度和光泽度。因此，它一出现就给化妆品市场一股强劲的冲击力。

最新型的天然护肤品更具神奇的护肤作用。如从绿叶中获取活性叶绿素及活性聚湿因子，可使肌肤保持最佳状态，白嫩娇丽，仿如初生；又如配合了生长旺盛的植物嫩根和嫩芽成分，将新芽的水灵和白兰瓜嫩根的生命力通过生化技术融入护肤品中，使疲劳的肌肤得以恢复，更有活力；利用含有多种独特的海藻素天然滋润成分和超细粉末，可从根本上加强皮肤结缔组织，改善皮肤粗糙，减少皱纹，还能防止肌肤晒伤和晒黑；由含有海洋植物、海藻精华、维生素制成的"海洋矿晶"、"脂质体"能完整被皮肤吸收,不含油脂、香料,质地温和,过敏原低,帮助皮肤保湿并使肌肤达到其自然平衡状态,还有特效抗衰老作用。

中草药化妆品是兼有天然性、营养性、疗效性多种功能的安全化妆品,我国是中草药的宝库,研制和开发中草药化妆品有得天独厚的优越条件。市场上这类产品已有不少,如含有人参、灵芝、绞股蓝、茅香、芫菁、沙棘等护肤品。北京的"大宝"牌系列化妆品将中草药同中国传统医药文化与现代科技手段有机结合,产品销路很好,还出口到欧洲、日本、东南亚等30多个国家和地区,包括"化妆品王国"法国也有其专卖店。

天然化妆品迎合着世界潮流,逐渐风靡各国化妆品市场。

第二节 发用类化妆品

头发的作用不仅保护头皮,还保护整个头部。一头乌黑亮丽的秀发,给人带来赏心悦目的美好感觉。虽然头发的生长和外观与每个人的身体条件、年龄等有关,但若护理、美发得当,也能留住头发的青春。

发用类化妆品主要用于清洁、保护、营养和美化头发。它与护肤类化妆品一样,是人们日常生活的必需用品,市场大,品种繁多。包括有洗发用品、整发用品、剃须用品、染发用品、烫发用品、生发用品、脱毛用品等。本节只讨论洗发用品、护发用品、整发用品、剃须用品,其余用品在"特殊用途化妆品"一节中讨论。

一、洗发用品

洗发用品是用来洗净头发与头皮上的灰尘、脏物和人体分泌的油脂、汗垢、脱落的细胞等,以促进头发正常的新陈代谢。

洗发用品统称为香波,是英文"Shampoo"的译音,原意是洗发。它是一种以表面活性剂制成的液体状、固体状或粉状的制品。理想的香波应具有去污力适中,容易清洗,刺激性小,去屑止痒,头发柔爽,梳理性好,pH 值应是中性或微酸性等的特点。

1. 主要成分与作用

(1)表面活性剂

为香波提供良好的去污力和丰富的泡沫,使其具有很好的清洗作用,所以表面活性剂又称发泡剂。最常用的是脂肪醇硫酸盐,这是一种阴离子表面活性剂。脂肪醇醚硫酸盐也日益广泛应用。烷基苯磺酸盐有极好的发泡能力,但脱脂力强,使头发过于干燥,难以梳理,一般多与脂肪醇硫酸盐、烷基醇酰胺同时使用。

(2)辅助表面活性剂

它能增强表面活性剂的去污力和泡沫稳定性,又称泡沫稳定剂。如脂肪酸单甘油酯硫酸盐、烷基醇酰胺、环氧乙烷缩合物、季铵化合物等。

（3）添加剂

如增稠剂、稀释剂、防腐剂、调理剂、滋润剂等，它们赋予洗发剂各种不同的功能。除外还可添加具有一定疗效的药物，如人参提取液、首乌提取液、田七提取液等营养液及水杨酸、间苯二酚等抗菌药物，以达到养发治病效果。

洗发香波轻工行业标准的 pH 值：洗发膏≤9.8，洗发液 4.0～8.0。

2. 配方实例

（1）透明液体香波

[配方]　质量分数/％

脂肪醇聚醚硫酸钠	20.0	香料、色素	适量
脂肪醇酰胺	4.0	去离子水	余量
氯化钠	1.0～2.0	枸橼酸	调至 pH 为 7.0

[制法]　将水加热至 70℃，加入脂肪醇聚醚硫酸钠、脂肪醇酰胺搅拌溶解，成均匀溶液后于 45℃时加枸橼酸调 pH 值，加氯化钠调黏度，最后加香即可。

（2）柔性蛋白香波

[配方]　质量分数/％

月桂醇硫酸钠	25.0	柠檬汁	5.0
水解蛋白	30.0	枸橼酸调 pH＝5.0～5.5	适量
水解动物蛋白	5.0	去离子水	34.5
季铵盐	0.2	香料	0.3

二、护发用品

头发与皮肤相似，其角质表面有一层薄油膜，保护头发免受外界环境的影响，保持水分平衡和赋予光泽。若此层天然油膜被破坏，头发便会干枯、发脆、易断、易脱。现代人为追求时髦，染发、烫发次数增多，发胶、摩丝使用频繁，加之环境污染日趋严重，头发更易受损伤。护发用品的作用就是补充头发所需的油分和水分，赋予头发光泽、柔软、自然。

常用的护发用品有发油、发蜡、发乳、发胶、护发素、焗油等。

（一）发　油

发油是用低黏度的矿物油和动物油配制而成的一种流动性很好的护发液体。其主要作用是补充头发的油分不足，修饰头发使之有光泽。

1. 主要成分与作用

（1）动植物油脂：动植物油脂和人体的脂肪较为接近，能被部分吸收。但动植物油脂会酸败和变味而影响产品的质量。所以要加些抗氧化剂防止酸败。同时用动植物油脂制成的发油在使用时有黏滞感,因此现在以矿物油为主。

(2)矿物油:虽然矿物油不被人体吸收,但由于矿物油不易酸败和变味,还具有低黏度和良好的渗透性,能在头发上形成一层薄的保护膜,对头发的修饰和光泽都可达到较满意的效果。常用的矿物油为精炼的白油,但要选用异构烷烃含量高的白油。因异构烷烃在头皮表面形成的薄膜透气性、润滑性均良好,而正构烷烃形成的膜不透气,影响头皮的呼吸。由于香精在白油中溶解度低,应加少量的植物油和非离子表面活性剂,以提高香精的溶解度,使发油透明。

发油中加一些脂肪酸酯类、羊毛脂衍生物等物质,可提高发油的质量,因为这些物质能与植物油脂、矿物油互溶,改善性质,防止酸败。此外,它们还能渗进头皮,滋润头发。

2. 配方实例

(1)发油

[配方] 质量分数/%

白油	80.0	香精、色料、抗氧剂	适量
橄榄油	15.0	乙酰化羊毛脂	5.0

[制法] 将各种原料加热混合成均匀油状物即可。

(2)发油

[配方] 质量分数/%

18#白油	70.0	杏仁油	10.0
精制貂油	10.0	香精、抗氧剂	适量
蓖麻油	10.0		

(二)发 蜡

发蜡是一种半固体的油、脂、蜡混合物。用于修整扭结不顺的头发,使头发保持一定形状、服贴油亮,起到很好的修饰作用。

1. 主要成分与作用

发蜡的主要成分为矿物油、植物油、石蜡和凡士林等。

矿物油和石蜡的混合物是最基本的配方。但石蜡会引起分油和收缩现象,加入凡士林可克服这些缺点。如用地蜡、鲸蜡代替石蜡也能防止分油现象。适量的植物油或白油,能降低发蜡的黏度和增加滑爽度,使头发易于清洗。

2. 配方实例

(1)发蜡

[配方] 质量分数/%

白凡士林	50.0	聚乙二醇(400)单硬脂酸酯	5.0
乙酰化羊毛脂	10.0	白油	30.0
羊毛脂酸异丙酯	5.0	香精	适量

[制法] 将原料混合后加热至透明,在搅拌下冷却成蜡状物即可。

（2）发蜡

[配方] 质量分数/%

凡士林	45.0	石蜡	17.0
液体石蜡	38.0	香精、颜料、防腐剂	适量

（三）发 乳

发乳是一种光亮、洁白的乳化体。其主要作用在于补充头发的油分和水分,使头发光亮、柔顺、滑爽、成型。

用油或蜡制成的发油和发蜡虽能补充头发的油分,增加头发的光泽,但还必须补充水分,才能使头发趋于自然。发乳,尤其是 O/W 型发乳,外相是水分,易被头发吸收,内相油分在头发上形成油膜,封闭了发干吸收的水分,真正达到补油补水作用。

此外,发乳有很好的流动性,使用时易于均匀分布。由于含有乳化剂,减少油腻,便于清洗。而且发乳一般是以水为主,比以油类为主的发油、发蜡更经济。

1. 主要成分与作用

发乳的主要成分是油类、水分和乳化剂。

（1）油类:油类物质对头发的滋润和光泽起重要作用。低黏度和中黏度的矿物油是油类的主体。羊毛脂及其衍生物和植物油用于改进油腻的感觉。凡士林和各种蜡类可加大稠度,提高乳化体稳定性和增进修饰头发的效果。

（2）乳化剂:乳化剂的作用是要形成细腻而稳定的乳化体和保持油、水两相适当的黏度。常用的乳化剂是三乙醇胺皂,多元醇的单脂酸酯、聚氧乙烯衍生物等乳化剂也会采用。

由于发乳是乳化液,水的存在易使油脂酸败,所以必须加入有效的抗氧化剂和防腐剂。

发乳轻工行业标准的 pH 值为 4.0～8.5。

2. 配方实例

发乳

[配方] 质量分数/%

油相部分	W/O	O/W
白油	37.5	33.3
白凡士林	7.5	

羊毛脂衍生物	3.0	0.25
失水山梨醇倍半油酸酯	3.0	
蜂蜡	2.0	3.0
硬脂酸		0.5
十六醇		1.3
水相部分	W/O	O/W
硼砂	0.5	
三乙醇胺		1.85
精制水	46.5	59.8
防腐剂、香精	适量	适量

[制法]　将油相、水相原料分别加热至 75℃左右,然后将两相混合搅拌乳化即可。

(四) 护 发 素

护发素以其外观可分为透明型和乳液型。乳液型因消费者偏爱而最常见。它不仅有发乳的护发作用,而且能抗静电,使头发易于梳理成型,使用感很好。

1. 主要成分与作用

(1) 阳离子表面活性剂:此活性剂能吸附于头发表面,形成单分子吸附膜,使头发光泽、柔软、抗静电、易梳理。常用有氯化或溴化烷基三甲基铵等季铵盐类。

(2) 辅助剂:包括增脂剂、保湿剂、乳化剂等,以提高护发素的护发作用和使用性能。

护发素轻工行业标准的 pH 值为 2.5~7.0。

2. 配方实例

(1) 护发素

[配方]　质量分数/%

十六烷基三甲基溴化铵	4.0	十八醇	3.0
硬脂酸单甘油酯	1.0	羊毛脂 EO_{75}	1.0
香精、柠檬黄色素	适量	精制水	余量

[制法]　将羊毛脂 EO_{75} 加入水中加热溶解至 70℃,其他组分(除香精、色素)混合加热熔化至 70℃。在搅拌下将水相慢慢加入油相,搅拌冷却至 45℃,加香和色素,搅拌均匀即可。

(2) 护发素

[配方]　质量分数/%

氯化十八烷基三甲基铵	2.0	甘油	5.0
聚乙烯醇	1.0	十六醇	3.0

聚氧乙烯(20)失水山 梨醇单硬脂酸酯	1.0	防腐剂、香精	适量
		去离子水	余量
硅油	1.0		

（五）焗 油

焗油是指通过蒸汽将油分和各种营养成分渗透到发根,以达到更佳的护发、养发效果,对干、枯、脆的头发修复作用更为明显,很受消费者喜爱。市场上也有免蒸焗油膏,只要用热毛巾热敷 10～15min 即可。

1. 主要成分与作用

焗油大多数是 O/W 乳液,其成分与护发素相似。

2. 配方实例

（1）焗油
[配方]　质量分数/%

A	苯甲酸月桂醇酯	4.0	B	蚕丝水解物	1.0
	改性硅油	4.0		阳离子瓜尔胶	0.5
	羊毛脂衍生物	2.0		精制水	83.0
	貂油	3.0		吡咯烷酮羧酸钠	适量
	硬脂酸聚氧乙烯(2)醚	0.5	C	防腐剂、香精	适量
	皮肤助渗剂	2.0			

[制法]　将 A 组与 B 组分别加热至 85～90℃。在搅拌下将 B 组加入 A 组中混合乳化,搅拌冷至 55～60℃加入防腐剂和香精,搅拌均匀,静置即可。

（2）焗油
[配方]　质量分数/%

氯化油酸脂基三甲基铵	3.0	羟乙基纤维素	0.5
单乙醇胺	3.0	椰油基二甲基季铵	
聚氧乙烯(50)羊毛脂	1.5	化羟乙基纤维素	0.5
聚氧乙烯(75)羊毛脂	0.5	防腐剂	1.0
聚氧乙烯(20)油醇醚	0.5	去离子水	89.5

三、整发用品

整发用品主要作用是梳整头发,固定发型,达到修饰和美发的效果。而发油、发蜡、发乳等护发用品也有一定固发作用,但它们含油量大,使头发油腻,易粘污、难清洗,已很少使用。整发用品的品种有发胶、摩丝等,它们是无油的头发定型剂。

（一）发　胶

发胶是属于喷雾型化妆品。

1. 主要成分与作用

（1）薄膜形成剂：成膜剂为高聚物，主要有聚乙烯吡咯烷酮及它与乙酸乙烯酯的共聚物、聚丙烯酸树脂烷基醇胺等，它们的作用是使形成的薄膜具有良好的性能，如黏附性、透明性、耐水性、强韧性、柔软性等。可维持头发卷曲 3～7 天。

（2）喷射剂：常用氟利昂。

2. 配方实例

（1）喷雾发胶

[配方]　质量分数/%

聚乙烯吡咯烷酮	2.5	无水乙醇	32.0
二甲基硅氧烷/乙二醇		氟利昂11	48.8
共聚物（液体）	0.4	氟利昂12	16.2
壬基酚聚氧乙烯醚	0.1		

[制法]　将聚乙烯吡咯烷酮加入乙醇中，搅拌至完全溶解（如不溶则需加热），然后加入二甲基硅氧烷/乙二醇共聚物，最后用氟利昂 11 和 12 加压灌装。

（2）喷雾发胶

[配方]　质量分数/%

原液：

聚丙烯酸树脂烷基醇溶液（50％）	7.0	乙醇	92.6
十六醇	0.1	香精	适量
硅油	0.3		

填充配方：

原液	35.0	氟利昂12	39.0
氟利昂11	26.0		

（二）摩　丝

摩丝是 Mouse 的译音，源于法国，意思为"泡沫"，又称为泡沫定型剂，是出现于 20 世纪 80 年代的产品。

摩丝是气溶胶型化妆品，使用时喷出易消散、涂敷又富弹性的泡沫，具有调理和定型作用。

1. 主要成分与作用

(1) 定型剂:定型剂是高聚物,与发胶相似,常用聚乙烯吡咯烷酮及它与乙酸乙烯酯的共聚物。差异在于溶剂,摩丝用水或水和乙醇,而发胶用乙醇。

(2) 发泡剂:发泡剂是非离子型表面活性剂,既可发泡又起乳化作用。

(3) 喷射剂:丙烷、丁烷、异丁烷等。

摩丝轻工行业标准的 pH 值为 3.5～8.0。

2. 配方实例

(1) 摩丝

[配方] 质量分数/%

A	硅油/聚氧乙烯共聚物	7.0		防腐剂	适量
	油酸癸酯	5.0	B	聚乙烯吡咯烷酮	2.0
	聚氧乙烯羊毛脂	0.6		甘油	5.0
	油醇聚氧乙烯(20)醚	0.25		精制水	80.0
	乳酸单乙醇胺	0.15	C	香精	适量

填充配方:

原液	85.0	丙烷/异丁烷	15.0

[制法] 将 A 组与 B 组分别加热至 70～80℃。搅拌下将 B 组慢慢加入 A 组中混合乳化,搅拌冷至 40℃时加香精,搅拌均匀,静置,按填充配方灌装。

(2) 摩丝

[配方] 质量分数/%

N-叔丁基丙烯酰胺/丙烯酸乙酯/丙烯酸共聚物	3.0	去离子水	60.3
壬基酚聚乙二醇醚	0.5	水解蛋白	0.2
无水乙醇	25.0	硅油	0.2
香精	0.2	甘油	0.3
氟氯烃	10.0	氨基甲基丙醇	0.3
		防腐剂	适量

四、剃须用品

剃须用品是男士专用化妆品。有剃须前用品和剃须后用品。

(一) 剃须前用品

其作用是使须毛柔软便于剃去,减少皮肤受损,防止细菌感染。产品有泡沫剃须膏和无泡沫剃须膏。

1. 泡沫剃须膏

（1）主要成分与作用：用皂类作起泡剂。常用的皂类是硬脂酸钾皂，因皂体稀软，须用钠皂调节稠度。还有对胡须起润湿、柔软作用的表面活性剂和收敛剂、杀菌剂等。

（2）配方实例

泡沫剃须膏

[配方] 质量分数/%

	I	Ⅱ
硬脂酸	4.0	32.0
肉豆蔻酸	3.0	
椰子油		5.7
羊毛醇聚氧乙烯醚	5.0	
氢氧化钾		6.2
氢氧化钠		1.3
三乙醇胺	3.5	
甘油		15.0
丙二醇	5.0	
羊毛脂		0.5
白油	1.0	
防腐剂	0.3	
薄荷脑	0.2	0.2
香精	0.8	0.5
去离子水	77.2	38.6

[制法] 分别加热溶解、熔化水相和油相至80～85℃。将水相在搅拌加热下加入油相至沸腾，使皂化完全，搅拌冷至40℃加入薄荷脑、香精，搅拌至室温，静置即可。

2. 无泡剃须膏

使用时不须用刷子，所以又称为无刷剃须膏。其配方与前面提过的O/W型膏霜配方基本相同，只是滋润物和保湿剂的含量多一些。

（二）剃须后用品

1. 主要成分与作用

有清凉促进剂、柔软皮肤剂、杀菌剂等，其作用是使剃须后脸部感到清凉、舒适，还能起收敛、杀菌作用。

2. 配方实例

须后水

[配方]　质量分数/%

乙醇	50.0	薄荷脑	0.1
硼酸	2.0	去离子水	44.9
山梨醇	2.5		

[制法]　将除水以外的所有成分溶于乙醇。在不断搅拌下加入水至成均匀液体即可。

五、发用类化妆品的发展趋势

发用类化妆品中,消费量最大是洗发香波。随着人们卫生意识增强和环境污染加剧,洗发的次数也在增加。为了有一头亮丽、浓密的秀发,对洗发香波的要求也越来越高。因此,洗发香波与护肤化妆品一样,朝着天然性、营养性、功能性、方便性、安全性、稳定性方向发展。

天然香波随着环保浪潮的汹涌而异军突起,品种繁多,功能突出。天然香波分为全天然型和复配天然型两类。全天然型香波是指所用原料全部来自天然,如重庆奥妮皂角洗发浸膏。复配天然型是指在制作香波的化学原料基础上再复配一些天然洗发成分、天然表面活性剂、天然防腐剂等。如首乌黑发洗发露、茶皂素洗发液、100年植物洗发露等,这些都是我国开发并很有市场的天然香波。国际上,利用熊果苷、甲壳素等天然物洗发、护发也很受欢迎。将熊果苷与两性离子表面活性剂配合制成的洗发香波,对头发与皮肤都无任何刺激;在发乳、焗油、摩丝等护发产品中添加熊果苷,能抑制护发剂中的色素或香精对头发和皮肤的刺激性或过敏性;在染发剂中加入熊果苷,会加强染发剂的渗透性,从而提高染发效果。甲壳素及其衍生物是从虾、蟹壳体中提取出的天然高分子氨基多糖,具有良好的成膜性、透气性、安全性、保湿性、调理性和生物兼容性,还具有很好的生物降解性,有利于环保,因而广泛添加到肤用、发用和美容化妆品中。我国已研制成功并投入市场。

染发剂在追求个性、突出自我的今天,显得尤为畅销。五彩缤纷、简单快捷的即喷即染的染发剂,市场份额迅速提高。随着全球人口老龄化,染发大军也日益扩增。

利用现代生物技术,开发天然产物,研制出高效安全的染发、烫发化妆品,始终是美发化妆品的发展趋势。

第三节　美容类化妆品

美容类化妆品主要起到修饰美化作用,用来化妆修饰皮肤、眼、眉、唇、甲等。通过美容化妆,既可发挥人们容貌的天然美,又能弥补缺陷、遮掩瑕疵、赋予色彩,使人们容颜更加秀丽俊俏,有时还兼有护肤作用。美容类化妆品包括唇膏、胭脂、眉笔、指甲油、面膜、香粉和香水等。

一、唇 膏

唇膏又称口红,用于保护和美化嘴唇,使其具有光泽红润的色彩和美丽的外观而妩媚动人。唇膏是美容化妆的核心。

唇膏主要具备的性能:

(1) 无毒和无刺激性;

(2) 色泽鲜艳均匀不易变;

(3) 气味自然清新,使用感好。

1. 主要成分及作用

唇膏的主要成分是色素、脂蜡基和滋润性物质。

(1) 色素

色素是唇膏的最主要成分,由于在进食时会进入体内,一定要注意其安全性。通常分为两类,一类是可溶性染料,另一类是不溶性颜料。

① 可溶性染料:溴酸红是唇膏常用的可溶性染料,是溴化荧光红类染料的总称,有二溴荧光红、四溴荧光红和四溴四氯荧光红等多种。其中由四溴荧光红(曙红酸)制成的唇膏会变色。这种唇膏的颜色为桔黄色,涂抹口唇后很快恢复成深浅不同的红色,其变色原理是:该色素的 pH=3.0～4.0,当处于 pH=5.0 的介质时会变色,而嘴唇的 pH 值正好在 5.0 左右,所以当涂得薄时会变成浅红色,涂得厚时则变成玫瑰红色。溴酸红染料不溶于水,但可借助溶剂如蓖麻油溶于脂蜡基质中。与嘴唇的附着力较持久。

② 不溶性颜料:不溶性颜料是极细的粉粒,与脂蜡基充分混磨后制成的唇膏具有鲜艳的色彩。不溶性颜料包括天然有机颜料(胭脂红、紫色素等)、合成有机颜料(色淀颜料)、无机颜料(氧化钛、氧化铁等)。

(2) 脂蜡基

脂蜡基是唇膏的基质,起溶解染料、增加唇膏的润滑黏性和光泽的作用。常用的脂蜡基有蓖麻油、羊毛脂及其衍生物、甘油酯和蜡。

2. 配方实例

(1) 口红

[配方] 质量分数/%

	普通型	变色型
蜂蜡	12.0	10.5
虫蜡	10.0	5.0
蓖麻油	45.0	35.5
可可脂	5.0	3.0

质量分数/％

	普通型	变色型
豆蔻酸异丙酯	3.0	20.5
十六醇	4.0	
石蜡	8.0	
硬脂酸单甘油酯	5.0	
卡那巴蜡		3.5
小烛树蜡		7.5
硬脂酸丁酯		8.5
色素	5.0	
曙红酸		2.0
二氧化钛		2.0
香精、抗氧剂	适量	适量

[制法]　先将溴酸红染料溶解于蓖麻油中,配合颜料二氧化钛混合于熔化的油脂蜡中,经研磨即可。

（2）润唇膏

[配方]　质量分数/％

凡士林	20.5	卡那巴蜡	4.5
矿油	28.0	小烛树蜡	8.0
羊毛酸异丙酯	12.0	石蜡	18.0
油醇	4.0	地蜡	4.0
硅酮共聚物	1.0		

二、胭　脂

　　胭脂是用来涂敷于面颊使面色呈现红润、健康、青春和美丽的常用美容化妆品。目前胭脂已有液体、膏体和固体等多种形态,但最受欢迎的还是固体粉饼状胭脂。

1. 主要成分和作用

　　胭脂主要由粉料、颜料、胶合剂和香料等混合后经压制而成,与香粉大致相同。

（1）粉料

是胭脂的主体。常用滑石粉、硬脂酸锌、钛白粉、高岭土、淀粉等。

（2）颜料

有无机颜料如氧化铁、群青、β-胡萝卜素等和有机颜料如红色 202[#]、226[#]、黄色 401[#]、紫草宁等。

（3）胶合剂

增加胭脂的强度和润滑性。胶合剂主要有水溶性胶合剂如黄蓍树胶、阿拉伯胶、羧甲基纤维素、聚乙烯吡咯烷酮等,脂肪性胶合剂如白油、脂肪酸酯、羊毛脂及其衍生物等,乳化型胶合剂如单硬脂酸甘油酯、硬脂酸、三乙醇胺和液体石蜡、水配成乳化体。水溶性胶合剂因要将水分除去,制作较麻烦,故常用脂肪性胶合剂与乳化型胶合剂。

2. 配方实例

(1) 胭脂

[配方] 质量分数/%

A	滑石粉	56.0	B 白油	1.7
	高岭土	10.5	凡士林	2.2
	碳酸镁	6.0	羊毛酯	1.1
	硬脂酸锌	8.0	香精、防腐剂	适量
	颜料	14.5		

[制法] 将 A 组粉料混合、磨细,再与 B 组混合后压制成饼块即可。

(2) 珠光型胭脂

[配方] 质量分数/%

滑石粉	51.5	氧化锌	5.0
高岭土	3.0	凡士林	1.5
钛白粉	5.0	珠光粉	20.0
硬脂酸锌	5.0	颜料	2.8
硫酸钡	4.0	香精、抗氧化剂	适量

三、眉 笔

眉笔又称眉墨。眉笔是用来描眉的,使眉毛显得更有魅力更加动人。眉笔有两种形式:一种和铅笔相似,使用时,用刀把笔头削尖;另一种是将笔芯装在金属或塑料细管内,使用时将笔芯推出。笔芯要软硬适度、色彩自然、易画敷、不断裂。眉笔有墨、棕两种主要色泽。

1. 主要成分及作用

眉笔是用蜡、脂、油和颜料配制而成。

2. 配方实例

(1) 眉笔(铅笔式)

[配方] 质量分数/%

石蜡	30.0	羊毛脂	9.0
蜂蜡	20.0	鲸蜡醇	6.0
巴西棕榈蜡	5.0	炭黑	10.0
凡士林	20.0		

[**制法**]　将蜡、脂成分混合,加热熔化后,加颜料,搅拌均匀后至室温,再经压条机压成笔芯。

（2）眉笔（推管式）

[**配方**]　质量分数/%

石蜡(熔点 60℃)	33.0	蜂蜡	18.0
川蜡	12.0	18#白油	3.0
凡士林	10.0	颜料	14.0
羊毛脂	10.0		

四、眼　影

眼影用来搽眼皮和眼角,使眼睛周围形成阴影来突出眼部立体感和神秘感,更赋吸引力。产品有眼影粉、眼影膏和眼影液等。其色彩有蓝、绿、紫、灰、棕等。

1. 主要成分与作用

眼影粉主要有粉料、无机颜料和胶黏剂。眼影膏,则以油、脂和蜡取代粉料。

2. 配方实例

（1）珠光眼影粉

[**配方**]　质量分数/%

高岭土	47.5	珠光颜料	20.0
钛白粉	5.0	黄色氧化铁	6.0
蜂蜡	2.0	红色氧化铁	8.0
硬脂酸十六酯	5.0	黑色氧化铁	6.0
甘油单硬脂酸酯	0.5	香精、防腐剂	适量

[**制法**]　将粉料磨细。将蜡、酯、香精、防腐剂混合后,加热熔化,再加入粉体中混合均匀,磨细,过筛,压制成型。

（2）眼影膏

[**配方**]　质量分数/%

凡士林	15.0	三乙醇胺	2.0
硬脂酸	8.0	高岭土	2.5
羊毛脂	5.0	滑石粉	10.0
棕榈酸异丙酯	5.0	无机颜料	8.0
丁二醇	2.0	去离子水	42.5

五、眼　线　膏

眼线膏又称睑墨,用于睫毛边缘处描画眼部,使眼睛轮廓清晰,更显神采奕奕。

眼线膏有固体眼线膏和液体眼线膏。固体眼线膏有铅笔型和粉块型,液体眼线膏有油型和水型。眼线膏应具有对眼睛、眼部皮肤无毒、无刺激,不影响视力,抗水、抗油等特点。

1. 主要成分与作用

固体眼线膏主要成分有无机颜料和油、脂、蜡。液体眼线膏则是无机颜料与成膜剂,若是乳化型的还要加入乳化剂。

2. 配方实例

(1) 眼线笔

[配方] 质量分数/%

蜂蜡	15.0	角鲨烷	27.0
巴西棕榈油	10.0	硬脂酸	5.0
木蜡	10.0	颜料	23.0
微晶蜡	10.0		

[制法] 与眉笔相似。

(2) 眼线液

[配方] 质量分数/%

苯乙烯/丁二烯共聚乳液	25.0	黑色氧化铁	10.0
高粘度硅酸铝镁	2.5	防腐剂	0.3
烷基酚聚氧乙烯醚硫酸盐	2.0	去离子水	58.2
丙二醇	2.0		

六、睫 毛 膏

睫毛膏的作用是使眼睫毛增长起翘、加色,使其更具吸引力。也有固体和液体两种。睫毛膏应具有使用安全、易涂刷、不易流下结块等特点。

1. 主要成分及作用

睫毛膏的主要成分是硬脂酸、三乙醇胺、蜡、颜料。硬脂酸与三乙醇胺生成的肥皂能降低产品的碱性和刺激性。

2. 配方实例

(1) 睫毛膏

[配方] 质量分数/%

A	硬脂酸	4.0	B	三乙醇胺	2.0
	硬脂酸单甘油酯	8.0		丙二醇	2.0
	聚乙二醇(400)硬脂酸酯	3.0		阿拉伯树胶	5.0

A	十六醇	3.0	B	精制水	53.0
	蜂蜡	8.0	C	黑氧化铁	10.0
	卡那巴蜡	2.0		香精、防腐剂	适量

[制法]　将 A 组与 B 组分别加热至 80℃。在搅拌下将 A 组加入 B 组至乳化完全。于 75℃时缓缓加入颜料,搅拌均匀冷至 50℃,加入防腐剂至室温再加香料即可。

（2）睫毛油

[配方]　质量分数/%

A	硬脂酸三乙醇胺	2.5	B	聚醋酸乙烯酯乳液	30.0
	角鲨烷	5.0		丙二醇	4.0
	凡士林	1.0		炭黑	3.0
	精制地蜡	3.0		防腐剂	适量
	蜂蜡	3.0		去离子水	48.5

七、指 甲 油

指甲油是涂于指甲上能形成光亮、色艳的牢固薄膜,起保护与美化指甲作用的化妆品。要求必须易涂、干燥成膜快,光亮度好,薄膜牢固、耐磨、不破碎,对指甲无损害、无毒性。

1. 主要成分与作用

（1）成膜剂

成膜剂是指甲油的基本原料,有硝酸纤维素、醋酸纤维素、乙基纤维素、甲基丙烯酸酯类聚合物等。其中硝酸纤维素形成的膜在硬度、黏着力、耐磨擦都比其他的好。但硝酸纤维素易燃易爆,使用要注意安全。

（2）树脂

能增加薄膜的亮度和黏着力。常见树脂有醇酸树脂、聚乙酸乙烯酯和对甲苯磺酰胺甲醛树脂等合成树脂。其中对甲苯磺酰胺甲醛树脂的性能较为理想。

（3）增塑剂

增塑剂是用来使涂膜增加柔性和减少收缩与开裂,有磷酸三甲酚酯、邻苯二甲酸二辛酯、樟脑、蓖麻油等,其中以邻苯二甲酸的酯类用得较多。几种增塑剂的混合使用比单一使用更好。

（4）溶剂

溶剂是指对成膜剂、树脂、增塑剂都能溶解的挥发性物质。其挥发速度对膜的干燥硬化与流动性影响甚大。挥发太快会影响指甲油的流动性,成膜不均匀,太慢又会使流动性太大,成膜较薄,干燥时间太长。单一溶剂难以满足这些要求,只有使用混合溶剂。

不同的成膜剂有不同的溶剂。对硝酸纤维素,它的溶剂分为三类:真溶剂、助溶剂和稀释剂。

真溶剂有酯类、酮类和二醇醚类，能单独溶解硝酸纤维。

助溶剂一般是醇类。对硝酸纤维并不溶解，但当和真溶剂合用时，却能大大提高溶解性，还能改善指甲油的流动性。

稀释剂有脂肪烃和芳香烃。它也不溶解硝酸纤维，但与真溶剂合用能增加树脂的溶解性和调节产品的黏度。

（5）色素

指甲油的色素是不溶性颜料，如立索红和一些色淀。有时会用钛白粉来增加遮盖力和不透明性。透明指甲油一般采用盐基染料。

2. 配方实例

指甲油

[**配方**] 质量分数/%

		不透明型	珠光型
A	硝酸纤维素	12.0	
	醋酸纤维		14.9
	醇酸树脂	10.0	7.1
	邻苯二甲酸二丁酯	5.0	4.8
	樟脑	1.5	2.4
	水辉石十八烷基润滑脂	1.0	1.2
	乙酸丁酯	29.9	34.1
	甲苯	24.1	30.0
	异丙醇	4.0	
	乙酸乙酯	11.0	
	丙烯酸共聚体	0.5	
B	珠光颜料		5.0
	二氧化钛		0.1
	氧化铁	0.2	0.2
	色淀颜料		0.2
	色淀染料	0.8	
	香料、抗氧剂	适量	适量

[**制法**] 将 A 组涂膜成分混合均匀，将 B 组加入 A 组均化即可。

八、面 膜

面膜是一种广为流行的常用的美容化妆品，涂敷于面部形成薄膜，具有清洁、营养、美容、治疗的综合作用。通过面膜使皮肤与外界空气隔绝，皮肤温度上升，毛孔扩张，促进皮肤血液循环和吸收功能，面膜中各种有效成分就能更好地渗入皮肤而起到护肤、养肤的作用；面膜的覆盖可防止水分蒸发，使皮肤变得柔软润泽；面膜干燥时的收缩能使皮肤绷紧、毛孔缩小、消除皱纹；面膜剥离时把面部的污垢、皮屑全部带走，使皮肤洁白、清爽、舒适。面膜独特的护肤、美肤功能，深受美容者的钟爱。美容院的脸部护理必有涂敷面膜程序，个人美容也离不开它。

面膜主要有软膜、硬膜和蜡膜。软膜常见为胶状面膜，硬膜为膏状面膜。

1. 主要成分与作用

面膜的主要成分有成膜剂、表面活性剂和各种营养、药物成分。

软膜的成膜剂是水溶性的高聚物，有甲基纤维素、聚乙烯吡咯烷酮、聚乙烯醇等。为防止面膜破裂，也需要加入增塑剂，如甘油、聚氧乙烯脂肪醇醚、失水山梨醇脂肪酸酯等。硬膜的成膜剂是石膏。

表面活性剂起乳化、分散等作用，并使面膜与皮肤紧密贴合。

2. 配方实例

(1) 胶状面膜

[配方] 质量分数/%

羧甲基纤维素	5.0	乙醇	10.0
聚乙烯醇	15.0	香料、防腐剂、抗氧剂	适量
丙二醇	3.0	精制水	余量

[制法] 将丙二醇溶解于精制水中，将羧甲基纤维素和聚乙烯醇用一部分乙醇润湿后加入上液中，于70℃下加热溶解。余下的原料溶于余下的乙醇中。两液混合均匀，冷却即可。

(2) 膏状面膜

[配方] 质量分数/%

聚醋酸乙烯酯乳液	15.0	氧化锌	8.0
聚乙烯醇	10.0	高岭土	7.0
甘油	5.0	精制水	47.0
橄榄油	3.0	香料、防腐剂	适量
乙醇	5.0		

上述面膜通常为商业产品，还有自己制作的面膜。自制面膜因其原料丰富、制作简便、适应性广、针对性强、经济有效而很受广大爱美者欢迎。现介绍一些常见的自制面膜。

3. 自制面膜

(1) 鸡蛋面膜

鸡蛋1个、牛奶1匙，调匀后涂于脸部。起滋润、营养皮肤作用。

(2) 蛋黄蜂蜜面膜

蛋黄1个、蜂蜜1匙、橄榄油1匙，调匀后敷脸。适用于皮肤干燥、松弛和有皱纹者。

（3）牛奶面膜

用鲜奶、酸奶或奶粉调成的奶液抹在脸上。使皮肤白净、细腻、柔滑。

以上面膜适用于干性皮肤。

（4）蛋白柠檬面膜

鸡蛋的蛋白1个，柠檬汁1匙。调匀后擦于脸部，可除粉刺黑头，皮肤清爽、柔滑。

（5）黄瓜面膜

将黄瓜捣烂成糊状敷于脸。或将黄瓜切成薄片贴于脸部。可滋润、柔软皮肤。

（6）香蕉面膜

将香蕉去皮捣烂成糊状敷于脸部。适用于过敏性皮肤。

（7）西瓜面膜

将除去内瓤和外皮的瓜皮切成薄片贴于脸部，治疗晒伤的皮肤，若用冰冻的瓜皮更有效。

（8）胡萝卜面膜

将胡萝卜磨碎取汁涂脸或煮软磨成泥，趁热涂脸，可消除皱纹。

以上面膜适宜于油性皮肤。

对正常皮肤，这些自制面膜都适用。自制面膜一般每次涂敷20分钟左右，每周1～2次。若长期坚持，定会收到很好的美容效果。

九、香 粉 类

香粉是一种涂敷在人身上，加有香料和颜料，成浅色或白色的粉状化妆品。它能遮盖皮肤缺陷、调整肤色和使皮肤滑爽舒适。为此，香粉类化妆品应具有以下特性：

1. 滑爽性

香粉具有滑爽易流动的性能，才能涂敷均匀，使皮肤光滑。这是香粉最重要的特性。滑石粉是首选原料，其用量高达50%以上。

2. 遮盖性

香粉必须能遮盖皮肤的本色，尤其遮盖皮肤缺陷，使皮肤更洁白、光泽。遮盖性好的粉质原料有二氧化钛、氧化锌和碳酸镁。

3. 黏附性

香粉最忌在涂敷后脱落，因此必须有很好的黏附性，使香粉有效地黏附在皮肤上。硬脂酸镁、锌和铝盐在皮肤上有良好的黏附性。

4. 吸收性

吸收性是指对香精、皮脂和汗水的吸收。香粉常用的吸收剂有沉淀碳酸钙、碳酸镁、胶态高岭土、淀粉或硅藻土等。

香粉类化妆品根据形状或用途不同又分为普通香粉(习惯叫香粉)、粉饼、爽身粉、痱子粉等。

(一) 香　粉

香粉是脸部的化妆品,涂敷时使用粉扑,一般作定妆用。

1. 主要成分和作用

(1) 滑石粉:是香粉中最重要的原料,细度要求为98%以上通过200号筛,滑石粉使皮肤滑爽。

(2) 二氧化钛、氧化锌:具有很好的遮盖力,尤其是二氧化钛,又叫钛白粉,其遮盖力较氧化锌大得多。

(3) 碳酸镁、碳酸钙、高岭土:是香粉的吸收剂,其中碳酸镁的吸收性要比碳酸钙大 3～4 倍。

(4) 硬脂酸金属皂:常用硬脂酸的锌皂和镁皂,可增强香粉的黏附性。

(5) 色素:香粉用的色素必须是不溶性的颜料,因可溶性的颜料会被汗液等溶解,使色泽不匀。无机颜料色彩较为暗沉,如加入一些有机色淀,色彩会变得鲜亮。

(6) 脂肪物:香粉的 pH＝8.0～9.0,且粉质较干燥,为了提高黏附性和改善使用感,有时会在香粉中加入硬脂酸、白油、蜂蜡、羊毛脂等脂肪物。通过乳化使脂肪物均匀分布在粉粒表面,这种香粉又称为加脂香粉。

香粉轻工行业标准的 pH 值为 4.5～9.5,一般的产品 pH 值为 8.0～9.0。

2. 配方实例

(1) 香粉

[配方]　质量分数/%

	轻遮盖力	中遮盖力	重遮盖力
滑石粉	45.0	50.0	70.0
钛白粉	5.0	5.0	5.0
氧化锌	10.0	10.0	
碳酸镁	15.0	10.0	5.0
轻质碳酸钙	8.0	5.0	
高岭土	8.0	16.0	5.0
硬脂酸锌	8.0		5.0
硬脂酸镁		4.0	

绢云母			10.0
香精、颜料	适量	适量	适量

[制法] 将滑石粉和颜料搅拌充分混合,再加入其他成分混合调色,最后喷入香精混合均匀即可。

（2）香粉

[配方] 质量分数/%

	轻质型	普通型	重质型
滑石粉	62.0	37.0	15.0
高岭土	20.0	40.0	60.0
沉淀碳酸钙	5.0	5.0	10.0
二氧化钛	—	—	3.0
氧化锌	5.0	8.0	5.0
硬脂酸锌	5.0	7.0	4.0
颜料	1.0~4.0	1.0~4.0	1.0~4.0
碳酸镁	0.5~1.0	0.1~1.0	0.2~1.0

（二）粉　饼

粉饼的作用与香粉相同,粉饼更具有避免飞扬、携带方便的特点,尤其适用于出差或旅游用。

1. 主要成分与作用

除具有香粉的主要成分外,还需加入下列成分:

（1）水溶性胶黏剂:使粉料有足够的胶合性。有黄蓍胶粉、阿拉伯树胶,羧甲基纤维素类等。

（2）油脂类胶黏剂:有羊毛脂、白油等。采用水溶性胶合剂压制成的粉饼,遇水会产生水迹,而油脂类胶合剂,则具有抗水性。作粉底用的粉饼,应含有较多的油脂类胶黏剂,以防止汗水的影响。粉饼也可用加脂香粉压制成型。

2. 配方实例

粉饼

[配方] 质量分数/%

滑石粉	50.0	碳酸镁	5.0
高岭土	15.0	沉淀碳酸钙	10.0
氧化锌	15.0	色料、香精	适量
硬脂酸锌	5.0		

胶黏剂:

羧甲基纤维素	1.0	防腐剂	适量

| 海藻酸钠 | 0.5 | 精制水 | 余量 |
| 乙醇 | 2.5 | | |

[制法]　每 100 份粉质另加 5 份胶黏剂混合均匀,压制成型即可。

（三）爽 身 粉

主要用于浴后在全身敷抹,起到滑爽肌肤、吸收汗液作用的卫生用品。

1. 主要成分与作用

爽身粉原料与香粉基本相同,只是对滑爽性要求高而对遮盖力则要求低。而且还含有一些香粉中没有的成分,如有轻微杀菌消毒作用和降低爽身粉 pH 值的硼酸,否则会因爽身粉含碳酸镁或钙过多,导致 pH 值过高,影响使用感。香精也选用偏清凉型的,如薄荷脑或薄荷油等。

2. 配方实例

爽身粉

[配方]　质量分数/%

滑石粉(325 目)	82.0	硬脂酸锌	3.0
碳酸钙	10.0	硼酸(150 目)	3.0
氧化锌	2.0	香料	适量

[制法]　将碳酸钙和香精混合均匀,过筛后加入其余粉料,拌匀过筛即可。

十、香 水 类

香水类化妆品是具有气味芬芳、令人心情舒畅和美化环境作用的透明液体化妆品。香水化妆品根据其香精含量不同又分成香水、古龙水、花露水三种等级。

1. 主要成分及作用

（1）香精

由几种或几十种香料调配而成,能散发出悦人的持久芬芳气味。香料来源于植物、动物和人工合成的化学品。香精的香型主要有两种类型:

（1）花香型:有单香型和多香型。单香型是用一种花香配制的,如茉莉花香、玫瑰花香。多香型是用几种花香配制的。

（2）幻想型:是调香师以美妙的想像创造出来的。如东方、素心兰、夏奈尔、梦巴黎等香型。幻想型的香水尤受世界各国消费者喜爱。

香水的香精用量一般为 15%～25%。由于香水的香气幽雅芳馥,因此香精用量最多且品质高贵。通常采用天然的香花净油如茉莉净油、玫瑰净油与天然的动物香料如麝香、灵猫香、海狸香、龙涎香等配制而成。香水常是女士化妆品。

古龙水的香精用量为 3%～8%,通常以柑橘香料为主,配有香柠檬油、柠檬油、熏衣草油、橙花油等香精。香气清新、舒适,是男士专用化妆品。

花露水的香精用量一般在 2%～5%。用于沐浴后祛除汗臭和在公共场所消除秽气的夏令卫生用品。它还具有消毒杀菌、止痒消肿功效,涂抹后有清爽舒适感,适用于男女老少。早期它的香精是用花露油为主体而得此名,现常以清香的熏衣草油为主体。

(2) 乙醇

香水、古龙水和花露水所用的乙醇浓度也不同,香水中香精含量较高,乙醇浓度就需要高一些,一般采用浓度为 95% 的乙醇来配制,存在 5% 的水能使香气透发。古龙水和花露水中香精含量较低,因此乙醇的浓度可淡一些。古龙水的乙醇浓度为 75%～85%,花露水则为 70%～75%。花露水的乙醇浓度与医用乙醇浓度相同,因而杀菌能力最强。

乙醇对香水的质量影响很大,不同来源的乙醇会带有各种不同的气味,干扰香水的香气。以用葡萄发酵制得的乙醇质量最好,用山芋、土豆等发酵制得的乙醇含有较多的杂醇油而气味不佳。

未经处理的乙醇含有不少有机杂质,如醛、杂醇、还原糖等,影响其品质和气味,需经精制。方法如下:

(1) 乙醇中加入 1% 氢氧化钠煮沸回流数小时后,再经一次或多次分馏,收集其气味最纯正的部分来制备香水。

(2) 乙醇中加入 0.01%～0.05% 高锰酸钾,充分搅拌,放置一夜,如有褐色的二氧化锰沉淀,过滤除去。过滤后,加微量碳酸钙蒸馏,取用中间 80% 的馏分。

(3) 在乙醇中加 1% 活性炭,常常搅拌,一周后,过滤待用。

(4) 在乙醇中加少量香料,低温放置 1～3 个月陈化,以消除异味和沉淀物。因为含有醇、酸、醛、酮、酯、内酯等复杂成分的香料在陈化过程中慢慢与乙醇发生化学反应,产生的醇香物质使香气从粗糙转变为成熟,产生的沉淀物质被过滤。以此配制的香水化妆品透明清晰、香气芳馥迷人。

2. 配方实例

(1) 紫罗兰香水

[配方]　质量分数/%

紫罗兰花净油	14.0	龙涎香酊剂(3%)	3.0
金合欢净油	0.5	麝香酊剂(3%)	2.0
檀香油	0.2	麝香酮	0.1
灵猫香净油	0.1	乙醇	80.0
玫瑰净油	0.1		

(2) 古龙水

[配方]　质量分数/%

柠檬油	2.0	苯甲酸丁酯	0.2

迷迭香油	0.5	乙酸乙酯	0.1
苦橙花油	0.2	甘油	1.0
甜橙油	0.2	乙醇	75.0
薰衣草油	0.2	去离子水	20.6

（3）花露水

[配方]　质量分数/％

橙花油	2.0	苯甲酸	0.2
柠檬油	1.0	乙醇	75.0
玫瑰香叶油	0.1	去离子水	21.7

十一、美容类化妆品的发展趋势

现代美容化妆品的制作,不断地融合层出不穷的新技术:微胶囊技术、凝彩技术、脂质体技术、液晶技术、生物技术和纳米技术等,使美容化妆品更安全地向各类不同人群以多功能全方位渗透,赋予更梦幻、迷人的色彩,使人更具魅力。

（一）彩妆化妆品

主要用于修饰和美化脸部和指甲的化妆品。

彩妆化妆品的发展,应迎合两类现代人的心态。一类是回归自然型,通过化妆,突出自然、青春、健康;另一类是张扬个性型,通过化妆,突出前卫、新奇、神秘、另类等。黑色唇膏的流行正是另类的体现,反叛传统的红唇,改涂黑唇、黑紫唇等,掀起了一股叛逆的时髦美。吻不褪色的唇膏新产品使热恋情侣更情意绵绵。利用凝彩技术,将色彩与水分完全融为一体,充分发挥其卓越的持久色彩和保湿功能,既有效滋润双唇,又使色彩生动持久,达到完美的唇妆。法国推出的新产品液体粉底露,内含让人精力充沛的纯橘子水溶性精油及钾、镁、锌矿物质和维生素C,给肌肤强效的保健营养。纯橘水被储存在微胶囊中,微球的网络外皮由植物多糖组成,对纯橘水起保护作用,在使用时这些微球胶囊释放其活性成分来激活肌肤细胞。产品含有的液体硅油使用感很好,而其鲜亮闪光的色彩,令肌肤更添青春健康光彩。新产品撒哈拉彩妆系列,古铜色琥珀质的粉底使肌肤非常前卫,似沙粒般的柔薄粉霜又为肌肤增添新奇、性感的色彩,三色眼影增加了神秘感,炫美唇膏使双唇中似含着一颗金灿明珠,甲油表现了自然健康的效果。

（二）眼部保健化妆品

水灵、闪亮或神秘的大眼睛,会增添无穷的魅力。但眼部周围的皮肤又是最娇嫩、最易受到伤害的,因而世界各大化妆品公司都致力于开发眼部保健化妆品,产品有眼部强化膏、眼部供氧霜、眼部振奋霜等。如日本资生堂生产的SBN系列眼膜新产品,是贴膜状的眼部护理产品。其中蕴含的地黄提取液,可有效促进血液循环;氨基酸诱导体可使老化的角质脱落,令眼睑的灰暗或黑眼圈变得不明显;人参提取液能赋活肌肤;生物透明质酸的高保湿作用使眼部肌肤弹性增加。此外,添加了如马鬃毛提取物、丝提取物和 B 族维生素等营养成分的睫毛油膏新产品,为睫毛"进补",使其长得更长、更亮、更动人。

(三) 香水化妆品

随着时代的发展,技术的更新,人们对香水的品味也不断发生变化:20 世纪 60 年代广泛使用人工合成香料新乙醛;70 年代爽朗的绿香调香氛很受欢迎;80 年代以豪华妖艳的东方香味为主,来显示女性的自信;从 80 年代末起,恢复清淡、自然的香味,一方面是人们更热爱自然,另一方面是提炼香氛的技术有了显著的提高。过去提炼技术较为粗糙,只能制出较浓烈的、盛开花朵的香味,而现在连含苞待放的小花或各种细微香分子都可以提炼出来。如气质连用的色谱技术(GC/MS)就给香水业带来了巨大的变化。利用 GC/MS 设备甚至可以仿制出昂贵而独特的香水,使香水的配方不再是神秘。

CK 男女共享香水是 20 世纪 90 年代美国畅销香水。以前香水几乎是女性专用化妆品,现在是男女共享,无疑是开创了香水使用的新潮流,普遍受到全美男女人士的欢迎。

香水与服装都是现代人钟情的、互相依存的商品,随着各种品牌服装扬名天下,香水经营者也想借服装的名气走红市场。因此,香水与服装的联姻是香水业的发展趋势,已有不少成功之例。如早已闻名于世的皮尔·卡丹时装,其服装师皮尔·卡丹于 20 世纪 90 年代初推出了极具个性色彩的皮尔·卡丹香水美容品,销售量也不俗。

香水品质的发展趋势是必须拥有独特的香味,体现人的个性和与自然的和谐。如女性香水要强调女人味、而男性香水则显阳刚味,衣物的香味应是充满大森林神秘的清香,而秀发必须散发出迷人的诱香等。

第四节 特殊用途化妆品

按 1989 年国家颁布的《中国化妆品卫生监督条例》中规定,特殊用途化妆品是指用于育发、染发、烫发、脱毛、美乳、健美、除臭、祛斑、防晒的化妆品。其特殊性在于此类化妆品含有一些可能有毒的特殊成分,使这类化妆品引起人体不良反应的概率比其他化妆品高。为了确保使用安全性,特殊用途化妆品生产必须经国务院卫生行政部门批准,取得批准文号才可生产;产品投放市场前必须经过严格的特殊测试和卫生安全性评价。

一、育发化妆品

育发化妆品又称生发化妆品,具有减少脱发和断发、促进头发生长功能的乙醇液体化妆品。

健康人头发的生长与脱落保持一定平衡。若每天脱落多于 50 根就要引起重视。头发脱落的原因主要有以下几个方面。

(1) 遗传性脱发

由遗传引起的脱发占整个脱发的 20% 左右,尤其是男性更为明显。

(2) 脂溢性脱发

脂溢性脱发是由皮脂分泌过多和雄性激素分泌过度所致,也以男性为多。

(3) 损伤性脱发

损伤性脱发主要是化学损伤。如染发剂、烫发剂与品质低劣的洗发、护发用品都会引起脱发。

(4) 病理性脱发

病理性脱发包括由疾病和药物引起的脱发。如营养不良、糖尿病、肝硬化、癌症等疾病和避孕药、抗癌药等,过量服用滋补强壮药品也会引起脱发。

1. 主要成分与作用

(1) 生发剂

生发剂即生发药物。它们具有深入发根,扩张血管,促进循环、刺激头皮、供给营养、促进头皮生长的作用。生发药物有合成药和中草药。合成药常见为嘧啶类化合物、奎宁及其盐类、尿囊素、重氮苯酚、氮酮、维生素、氨基酸等;中草药为首乌、白芨、当归提取物、胎盘提取物、生姜酊、辣椒酊、人参、黄芪等。远销欧、美、日等 40 多个国家地区的中国生发剂品牌章光 101 毛发再生精,其主要成分就是由多种中草药组成。

(2) 抗炎杀菌剂

抗炎杀菌剂的作用是止痒止屑,如水杨酸、间苯二酚、新洁尔灭等。

(3) 乙醇

乙醇是育发化妆品的基质,它是生发药物的溶剂,也起收敛、杀菌作用。

2. 配方实例

(1) 生发水

[配方] 质量分数/%

A			B		
羊毛脂	0.5		辣椒酊	1.0	
水杨酸	0.2		L-薄荷脑	0.3	
甘草提取液	0.1		盐酸奎宁	0.1	
丙二醇	1.7		烟酸苄酯	0.1	

| A | 精制水 | 16.0 | B | 乙醇 | 80.0 |
| | 香精、色素 | 适量 | | | |

[**制法**]　将 A 组和 B 组各自混合均匀。将 A 组在搅拌下加入 B 组溶混均匀，静置，过滤即可。

（2）生发水

[**配方**]　质量分数/%

嘧啶类生发剂	1.0	氢氧化钠水溶液	2.0
重氮氧化物	1.0	乙醇	92.7
丙二醇	3.0	香精	0.3

二、染发化妆品

由于人们对生活不断追求新、奇、美，头发也变得多姿多彩，染发不仅染成黑色，近年还染成红褐色、棕色、金黄色等时髦颜色。

1. 染发的化学原理

头发是由角朊蛋白质组成，角朊蛋白质含有十多种氨基酸。氨基酸中的羧基与氨基能和碱性或酸性染料中的极性基团以离子键或氢键结合，使头发染上了颜色。其染色牢度与染料分子、染料结构和发质有关。

（1）染料分子

染料分子小，容易渗透到头发内部而不易洗脱。

（2）染料结构

含有疏水性基团的染料比含有亲水性基团的染料耐洗脱，即脂溶性染料比水溶性染料染得牢。

（3）发质

不经处理的头发，染料分子渗入较难。而经烫发、脱色等化学处理过的受损头发，渗入速度则大大加快。染发剂的碱性正好使头发柔软、膨胀，有利于染料渗入发髓而不易被洗脱。

2. 染发剂的分类

染发剂可根据染发效果分为暂时性、半永久性和永久性三类。

暂时性染发剂是暂时黏附在头发表面作为临时性修饰，色泽只能维持 7～10 天，一经洗涤就会褪色，主要供演员化妆用。但现在也受酷族青年的欢迎，市场占有率越来越大。

半永久性染发剂能渗入至头发角质层而直接染发。色泽维持 3～4 周。

永久性染发剂是最常用、最重要的一种染发剂，其染料不仅遮盖头发表面，还能渗入至发髓。在头发内部形成染料，因而不易褪色，色泽可维持 1～3 个月。即使用护发化妆品也不变色。

3. 主要成分与作用

染发剂的主要成分是染料,不同性能的染发剂所用的染料也不同。

(1) 暂时性染发剂的染料有来自天然植物的指甲花、焦桔酚、红花和合成颜料,安全性大。

(2) 半永久性染发剂有酸性黑、酸性金黄、碱性棕、碱性玫瑰红、醋酸铝、铜盐等。这些染发剂分子量小,与头发角质层有亲和力。

(3) 永久性染发剂中的染料分为氧化型、天然植物和金属盐类三类,其中氧化型染料用得最多。氧化型染料又称为染料中间体,有对苯二胺类、氨基酚类物质,它们不能发色,必须配以适量的酚类、胺类、醚类等偶合剂制成染发基质。这种染发基质也不能单独使用,而是与过氧化氢、过硼酸钠等氧化剂混合使用。当混合物涂到头发后,会渗入发髓,在头发内发生氧化缩合反应,生成大分子黑色物并被锁闭在头发内,不易被洗脱。其反应式如下:

$$\text{NH}_2\text{-C}_6\text{H}_4\text{-NH}_2 \xrightarrow{\text{氧化}} \text{NH=C}_6\text{H}_4\text{=NH} \xrightarrow{\text{缩合}} \text{O=C}_6\text{H}_3\text{=N-C}_6\text{H}_3(\text{NH}_2)_2 \xrightarrow{\text{缩合}} \text{大分子黑色物}$$

因此,永久性染发剂主要由染料中间体、偶合剂、氧化剂组成。产品采用二剂型包装,一剂是含有染料的基质或载体,另一剂是氧化显色剂。使用时,将两剂等量混合,涂敷于头发上,过 30～40min 后用水冲洗干净,便可染上各种悦目的颜色。永久性染发剂又称为二剂型氧化染发剂。

头发的色泽与使用的染料中间体、染浴的 pH 值等因素有关。如对苯二胺可将头发染成棕至黑色,邻苯二胺、邻氨基酚染成金黄色,对甲苯二胺染成红棕色等。我国人种属黄种人,多以白发变黑发为美。当用由对苯二胺和过氧化氢混合而成的染浴染发时,染浴的 pH 值会因加入碱量不同而有变化,产生的颜色也不同。若 pH＝4.5 时头发呈棕色,pH＝8.0 时呈紫色,pH＝9.0 时呈橙色。

永久性染发剂轻工行业标准为染色剂 pH 值 8.0～11.0,显色剂 pH 值 2.0～5.0。

染发使用的碱剂不但影响染发的颜色,还能使头发变得柔软和膨胀,加速对染料的吸收。

市售的二剂型氧化染发剂有粉状、液状、霜膏状等剂型,其中霜膏剂型为最佳剂型也最常用。除有上述主要成分外,还要加入乳化剂。

4. 配方实例

(1) 氧化型染发剂

[配方]　质量分数/%

	第一剂			第二剂	
A	对苯二胺	4.0	A	过氧化氢	12.0
	2,4-二氨基苯甲醚	1.0	B	白油	12.0
	间苯二酚	0.2		聚乙二醇	10.0
B	丙二醇	4.0	C	卡波-940	0.2
	异丙醇	4.0		平平加-9	4.0
C	油酸	20.0		甘油	2.0
	聚乙二醇	15.0		硅油	1.5
D	氨水	5.0		泛醇	0.2
	亚硫酸钠	0.5		精制水	58.1
	阳离子纤维素	0.5		非那西汀、防腐剂	适量
	精制水	45.8			
	EDTA、防腐剂	适量			

[制法]　第一剂:将 C 组、D 组分别加热至 75℃,搅拌下将 D 组加入 C 组混合乳化。将 A 组溶于 B 组,于 50～55℃时加入以上乳化液中调成膏状。冷至室温用氨水调节 pH＝8.0～10.0 即可。

第二剂:将卡波-940 溶于水,依次加入 C 组其他原料。将 B 组、C 组分别加热至75℃,搅拌下将 C 组加入 B 组混合乳化,结膏后停止搅拌。冷至室温加入 A 组,用磷酸调节 pH＝2.0～5.0 即可。

染发时将两剂型混合后马上使用。

(2) 氧化型染发剂

[配方]　质量分数/%

第一剂		第二剂	
对苯二胺	0.2	亚氯酸钠	4.0
5-氨基-2-甲酚	0.4	精制水	96.0
乙醇	8.0		
精制水	91.4		

两剂等量混合后,中性条件下用于灰色头发 20min,头发染成浅红棕色。

三、烫发化妆品

烫发有电烫、冷烫,现在已基本是冷烫。冷烫是由英国纤维化学家斯匹克曼(Spekman)于 1936 年发明的。

头发的角朊蛋白中主要成分是胱氨酸,胱氨酸中含二硫键。冷烫的化学原理就是用还原剂把胱氨酸的二硫键打开,生成半胱氨酸,此时头发变得柔软,易卷曲成各种不同发型,但不稳定,必须再用氧化剂把打开的二硫键接上,使发型固定下来,保持长久。其反应式如下:

$$\underset{\text{胱氨酸}}{\underset{|}{HOOCCHCH_2}\underset{NH_2}{}\text{—S—S—}\underset{NH_2}{\underset{|}{CH_2\text{—}CHCOOH}}} \xrightleftharpoons[\text{NaBO}_3(\text{氧化})]{\text{CH}_2(\text{SH})\text{COONH}_4(\text{还原})} \underset{\text{半胱氨酸}}{2\underset{SH\ NH_2}{\underset{|\ \ \ |}{CH_2CHCOOH}}}$$

1. 主要成分与作用

根据烫发原理,冷烫剂也是属于二剂型冷烫剂。第一剂为卷曲剂(还原剂),第二剂为定型剂(氧化剂)。

(1)卷曲剂

卷曲剂以硫代乙醇酸盐应用最广,高档的有半胱氨酸甲酯。由于头发在碱性条件下可获得更好的软化效果,所以必须加入碱性物质,通常用氨水调节 pH 值在 8.5～9.5 之间。为了使卷曲剂更好地渗入头发,还需要加入润湿剂,即加入具有良好润湿性能的表面活性剂。此外,溶液中少量金属离子与还原剂反应会影响卷发效果,因此需加入金属络合剂,如 EDTA 等。

(2)定型剂

定型剂是氧化物的水溶液,常用溴酸钠、过碘酸钠等。为提高定型液向头发内渗透的能力,需要加入润湿剂。为保护头发免受损伤,还应加入调理剂,调理剂也可出现在卷曲剂中。

冷烫液轻工行业标准为卷曲剂 pH 值＜9.8、定型剂 pH 值 2.0～4.0。

2. 配方实例

(1)二剂型冷烫液

[配方] 质量分数/%

卷曲剂

巯基乙酸铵	12.0	硼砂	0.1
羊毛脂聚氧乙烯醚	1.0	甘油	5.0
失水山梨醇油酸酯-80	0.2	精制水	81.6
十八烷基三甲基氯化铵	0.1	EDTA、香精	适量

定型剂

过硼酸钠	56.0	碳酸钠	1.2
磷酸二氢钠	42.8	乌洛托品	适量

[制法] 将卷曲剂各原料溶解于水后,用氨水调节 pH＝9.3。将定型剂各原料混合均匀、磨细,制成定型粉剂。使用时配成 2%～3% 的水溶液,又称定型液。

在卷头发时,涂上适量的卷曲液,保持约 30min,然后用定型液涂抹发卷,保持约 10min,拆除卷发器,用温水洗净,便可吹成各种随心所欲的发型。

（2）二剂型冷烫液

[**配方**] 质量分数/％

卷曲剂

油醇聚氧乙烯(30)醚	2.0	液体石蜡	1.0
巯基乙醇酸铵(50％)水溶液	10.0	EDTA	适量
氨水(28％)	1.5	精制水	80.5
丙二醇	5.0		

定型剂

溴酸钠	6.0	蒸馏水	94.0
防腐剂	适量		

四、祛斑化妆品

祛斑化妆品是用来减轻或祛除皮肤雀斑、黄褐斑或老年斑等色素沉着斑的化妆品。

位于表皮基底层的黑色素细胞具有影响皮肤颜色、吸收紫外线以保护人体的功能。但若体内代谢出现障碍或日晒过量,黑色素会聚集,沉积在皮肤表面而形成色素斑。黑色素形成的机理如下:

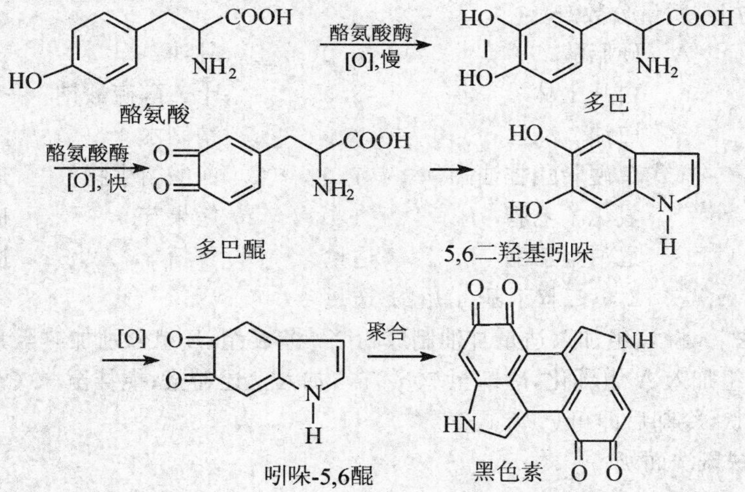

位于黑色素细胞中的酪氨酸在酪氨酸酶的催化下,被氧化聚合为黑色素。紫外线会使酪氨酸酶活性提高,黑色素增多,色素斑更易产生。因此避免日晒是防治色素斑的明智之举。

雀斑在色素斑中最常见,是一种单纯性黑褐色小斑点,多发于双侧面颊和两眼下方,不痛不痒也不影响健康,但对美容影响较大。此斑与遗传有关,儿童期就出现,至青春期达高峰,到老年期又减轻,以女性和肤色浅者多见,夏季尤为明显。

黄褐斑又叫蝴蝶斑、肝斑,是对称分布于鼻的两侧或口唇周围,呈褐色的蝴蝶形斑片。多见于孕妇和肝功能异常者,南方人比北方人多,夏季比冬季多。

要有效地防治色素斑,祛斑化妆品必须有抑制酪氨酸酶的活性、清除活性氧和阻断黑色素形成的功能。

1. 主要成分及作用

(1)黑色素阻滞剂

其作用是抑制黑色素的形成。主要有氢醌及其衍生物、曲酸及其衍生物、熊果苷、L-半胱氨酸,中草药中的当归、柴胡、防风、夏枯草、芦荟等。

氢醌(对苯二酚)属抗氧化剂,对抑制黑色素形成有一定效果,但因药物性能很不稳定,又有一定刺激性,国内已被禁止使用,国外还在使用。

曲酸及其衍生物对酪氨酸转变为多巴的过程具有较强的抑制作用,尤其对黄褐斑的治疗效果甚佳。

(2)黑色素褪除剂

其作用是使生成的黑色素褪除,如维生素 C 和汞制剂。但汞有毒,一定要慎用。

2. 配方实例

(1)祛斑霜

[**配方**]　质量分数/%

A	硬脂酸	10.0	B	甘油	8.5
	白凡士林	8.5		十二醇硫酸钠	1.0
	白油	8.5		精制水	55.5
	单硬脂酸甘油酯	7.0	C	曲酸衍生物	适量
	氢化羊毛脂	1.0		熊果苷	适量
	尼泊金乙酯	适量	D	香精	适量
	2,6-二叔丁基-4-甲酚 适量				

[**制法**]　将 C 组加入适量甘油制成粉浆。将 A 组、B 组分别加热至 90℃。在搅拌下将 B 组加入 A 组乳化,冷却至 70～75℃加入上述粉浆,搅拌至 50℃加入香精,搅拌至膏状,冷却后即可。

(2)祛斑洗面奶

[**配方**]　质量分数/%

十八醇	3.0	甘油	3.0
白油	2.0	曲酸衍生物	0.5
单硬脂酸甘油酯	2.0	香精	0.2
豆蔻酸异丙酯	1.5	去离子水	86.9
珠光剂	0.9	防腐剂	适量

五、抗粉刺化妆品

粉刺,又称青春痘、痤疮,是青年男女最常见的一种损容性皮肤病。由于青春期内分泌旺盛,皮脂分泌过多,若不及时清除,会阻塞毛囊,引起感染而诱发粉刺。

虽然粉刺可随年纪增长而自行消退,但由于影响美容也必须防治。注意清洁皮肤,切忌挤破粉刺,多吃蔬果等清淡食品、少吃辛辣油腻食品、防止便秘、使用抗粉刺化妆品等都可以减少粉刺的形成和加快粉刺的自行消退。

1. 主要成分与作用

主要成分是杀菌剂。具有杀菌、防止继发感染的作用。以前常用硫磺、间苯二酚等,虽能杀菌,但不能使黑头粉刺松弛,效果不理想。近年来多用维生素甲酸,维生素甲酸对皮肤有强烈的药理作用,使正常的角化作用受到抑制,并增强细胞的活力。但必须使用低浓度($<0.2\%$),否则会损伤皮肤。

2. 配方实例

(1) 粉刺露

[配方]　质量分数/%

白油	10.0	甘油	5.0
十六醇	10.0	维生素甲酸	0.05
单硬脂酸甘油酯	1.5	香精、防腐剂	适量
聚氧乙烯(15)单硬脂酸甘油酯	2.0	去离子水	71.45

[制法]　将油相与水相分别加热到 85℃。混合搅拌乳化至 65℃时,加入维生素甲酸,使其均匀分散。冷至 45℃时加入香精,搅拌至 40℃时停止,冷至室温即可。

(2) 粉刺露

[配方]　质量分数/%

胶体状硫磺	0.3	卤代烃	0.1
羧乙烯基聚合物	0.2	二异丙醇胺	0.2
甘草酸二钾	0.2	乙醇	10.2
精制水	余量		

六、抑汗祛臭化妆品

抑汗祛臭化妆品是用来祛除或减轻汗分泌物臭味的化妆品。一般人的汗臭可用香水、花露水来消除,而发生在某些人腋窝等部位的特殊难闻的臭味则难以除去,用抑汗祛臭化妆品会收到一定效果。

由遍布全身的小汗腺分泌出来的汗是无色透明、弱酸性的液体。而仅分布在腋窝、脐窝、肛门、外阴等处的大汗腺分泌出来的汗则是弱碱性的乳状液,其所含的物质被细菌分解产生低级脂肪酸和氨等臭味物质,俗称狐臭。

狐臭与种族、性别、年龄和气候有关。黑种人、白种人较黄种人多,女性比男性多,夏季比冬季多,青春期、月经期与妊娠期也明显增多。狐臭还有家族史。

用于抑汗祛臭的化妆品应有抑制汗液的过量排出和消除臭味的两种功能,才能有效地祛除或减轻狐臭。

1. 主要成分与作用

(1) 抑汗剂

具有较强的收敛作用,抑制汗液的过度排出。具有收敛作用的物质有两类:一类是金属盐类,如氯化铝、硫酸钾铝、氯化锌、羟基苯磺酸锌、尿囊素氯羟基铝、尿囊素二羟基铝等;另一类是有机酸类,如单宁酸、枸橼酸、乳酸等。

(2) 杀菌剂

用于抑制或杀灭使大汗腺分泌的汗液变臭的细菌。常用的有硼酸、六氯酚(六氯二羟基二苯甲烷或叫六氯二苯酚基甲烷)、季铵盐类表面活性剂、氯己定等。这些杀菌剂在卫生标准中都有用量限制。

(3) 祛臭剂

祛臭剂用于分解汗臭物质以达到除臭目的,常用的有氧化锌和一些碱性锌盐等。中草药如丁香、广木香、藿香、荆芥等具有香气的物质也有很好的祛臭作用。

2. 配方实例

(1) 气溶型祛臭液

[**配方**]　质量分数/%

原液

对羟基苯磺酸锌	2.0	1,3-丁二醇	3.0
除臭杀菌剂	0.1	无水乙醇	92.9
肉豆蔻酸异丙酯	2.0	香精	适量

填充配方

| 原液 | 50.0 | 丙烷和正丁烷 | 50.0 |

[**制法**]　在搅拌下将原液组分溶解于无水乙醇后过滤。将该液按比例装入气溶胶容器内,再充填喷射剂即可。

(2) 祛臭霜

[**配方**]　质量分数/%

六氯二羟基二苯甲烷	0.5	氢氧化钾	1.0
硬脂酸	5.0	甘油	10.0
甘油单硬脂酸酯	10.0	香精	0.8
肉豆蔻酸异丙酯	2.5	蒸馏水	68.7
鲸蜡醇	1.5		

七、脱毛化妆品

脱毛化妆品是用来减少、脱除体毛的化妆品。体毛过多也影响人的整体美,尤其是时髦青年的"露"装,更忌体毛的外露。因此脱毛化妆品正日益走俏。

去除体毛最常用的方法有物理方法和化学方法。物理方法有用剃刀剃除和黏性物质拔除过多体毛两种。由于比较麻烦和疼痛感强、易受感染,已逐渐被化学脱毛法取代。化学方法是采用化学药品使毛发膨胀柔软而除去的方法。这里主要介绍化学脱毛法所使用的脱毛化妆品。

1. 主要成分与作用

主要成分为脱毛剂。必须具备脱毛时间短、效果好、不损伤皮肤和衣服等特点。脱毛剂的脱毛原理在于破坏毛发角质蛋白胱氨酸的二硫键,产生巯基,脱毛剂的游离碱再和巯基结合,使毛发得以完全切断而脱落,其反应如下:

$$RCH_2S—S—CH_2R' \xrightarrow[\text{H}_2\text{O}]{\text{碱性硫化物}} RCH_2SH+[R'CH_2SOH]$$

$$[R'CH_2SOH] \longrightarrow R'CHO+H_2S$$

常见的脱毛剂是钠、钾、钡、锶等金属的碱性硫化物,这些碱性脱毛剂能打开毛发的二硫键,增加毛发的渗透压力,使毛发膨胀和变为柔软以至败坏易脱除。但由于它们有臭味和较易引起皮炎等缺点现已少用,取而代之的是巯基乙酸钙、镁、钠、锶等盐类,这些有机脱毛剂具有脱毛速度快、对皮肤刺激性小、几乎无臭的优点。生姜粉、姜油酮、金盏花属提取物等这些天然脱毛剂也日益被人们关注。

脱毛剂必须加入碱性物质,以利于提高脱毛效果。脱毛剂的 pH 值一般在 10.0~12.5 之间较为适合。pH 值高于 12.5 易损害皮肤,而 pH 值低于 10.0 脱毛速度又太慢。常用的碱类物质是氢氧化钙,还可加入尿素、碳酸胍之类的有机胺,使毛发角蛋白溶胀变性而易于脱落。

2. 配方实例

(1) 脱毛霜

[配方]　质量分数/%

A	白油	10.0	尿素	0.5
	白凡士林	14.0	月桂醇硫酸钠	0.6
	十八醇	6.0	去离子水	53.9
	聚氧乙烯(15)油醇醚	4.0	C　钛白粉	1.0
	棕榈酸异丙酯	1.0	甘油	4.0
B	巯基乙酸钙	5.0	D　香精	适量

[制法]　将 C 组分混合研磨成糊状。将 A 组分搅拌加热至 90℃。将 B 组分加热均匀至 85℃后,慢慢加入 A 组分进行乳化混合。搅拌至 75℃左右加入 C 组分,继

续搅拌至 50℃时加入香精,再搅拌 10 分钟后停止。冷至室温结膏后,用氨水调节 pH 值为 12.5 即可。

（2）脱毛液

[配方] 质量分数/%

巯基乙酸钙	7.0	香精	1.0
甘油	12.0	去离子水	72.0
乙醇	8.0		

八、美乳化妆品

美乳化妆品是有助于乳房健美的化妆品。乳房是人体整体美的重要体现,也是人体发育良好的重要标志。

乳房发育受内分泌、营养、疾病、遗传等因素影响。内分泌又与脑垂体和卵巢有关,脑垂体分泌促性腺激素,卵巢分泌雌激素和孕激素,两者一起促进乳房发育,若内分泌失调,便影响乳房发育。营养充足、身体健康、心情舒畅,会使胸肌发达,乳房皮下脂肪增多,乳房自然丰满和富有弹性。

美乳化妆品具有增加营养、诱发和催动腺体内分泌作用,以达到美乳目的。

1. 主要成分与作用

美容化妆品的主要成分有营养剂、美乳药物和基质。

（1）营养剂

为乳房发育提供各种营养物质,增加乳房中的脂肪。主要有蛋白质、氨基酸、动植物脂肪、维生素、微量元素等。如胎盘提取液、花粉、丹参、貂油、深海鲸油、霍霍巴油等。

（2）美乳药物

美乳药物能渗入肌肤底层,改善乳房血液循环,增强细胞活力,刺激乳房发育。包括化学药物、天然药物和生化药物。化学药物有雌性激素己烯雌酚、孕酮等和维生素 E 衍生物、果酸等。雌性激素虽有利于乳房发育,但长期使用会使卵巢功能紊乱、乳腺衰弱,导致月经不调、色素沉着等不良影响,在不少国家已被禁用,取而代之的是天然药物和生化药物。天然药物有益母草、女贞子、红花、当归、迷迭香、茶叶精华素等。生化药品有胶原蛋白、弹性蛋白、DNA、骨胶、生机素等,因美乳效果好、无不良反应而被广泛使用。

2. 配方实例

美乳霜

[配方] 质量分数/%

A	白油	18.0		防腐剂、渗透剂	适量
	凡士林	10.0	B	聚乙二醇 400	6.0

A	棕榈酸异丙酯	8.0	B 三乙醇胺	0.4
	石蜡	5.0	聚乙二醇/羟乙烯基聚合物	0.4
	吐温-60	5.0	人参浸膏	0.2
	羊毛脂	2.0	胎盘提取液	1.0
	维生素E	适量	去离子水	44.0

[制法]　将 A 组与 B 组分别加热至 75～80℃。在搅拌下将 B 组加入 A 组进行乳化，搅拌至室温即可。

九、健美化妆品

健美化妆品，过去称之为"减肥化妆品"，是有助于使体形健美的化妆品。

凡超过标准体重（标准体重＝身高厘米数－105）的 20% 时即为肥胖症，是现代生活的常见病。尤其近年来，我国人民生活水平大大提高，人们摄取过多的高脂肪、高蛋白、高热量食品而又缺少运动，体内营养过剩，很易引起肥胖。过量的糖、脂质或蛋白质在代谢中变为甘油三酯，贮存于脂肪细胞的空泡内，引起脂肪细胞体积增大，形成脂肪团，使皮下脂肪层加厚。当然，肥胖还与遗传、睡眠、疾病等因素有关。

减肥化妆品是要抵抗脂肪团的形成。其原理是将减肥化妆品涂敷于需要减肥的部位，借助按摩可使皮肤毛细血管扩张，增加皮肤的吸收和药物的渗透，促进皮下微循环功能，使多余的脂肪得到分解与排泄。近年出现的新型减肥化妆品无需按摩便能快速分解多余的脂肪。

1. 主要成分与作用

减肥化妆品的主要成分是抗脂肪团的药物，有西药和中草药。

减肥西药有烟酸酯类（α-生育酚烟酸酯、苯甲醇烟酸酯、己醇烟酸酯等）、丙醇二酸、胆甾烯酮、L-肉碱、透明质酸酶等。

减肥中草药有海藻、辣椒素、茶叶、田七、人参、丹参、银杏、山楂、芦荟、红花、绞股蓝等植物和精油，如薄荷油、柠檬油、迷迭香油、薰衣草油、桉叶油等。

2. 配方实例

（1）减肥霜

[配方]　质量分数/%

A	丹参提取物	0.2	渗透剂、防腐剂	适量
	银杏提取物	0.2	B 羟乙烯基聚合物	1.2
	α-育亨烯	0.05	月桂基肌氨酸钠	0.5
	大豆磷脂	2.0	10%氢氧化钠	2.0
	氢化羊毛脂	5.0	精制水	75.05
	聚异戊二烯	5.0	C 二甲基硅油	0.5
	鲸油	5.0	香精	0.3

A 吐温-80   3.0

[制法] 将 A 组、B 组分别加热至 85℃。在搅拌下将 B 组加入 A 组混合乳化，搅拌冷至 40℃依次加入 C 组，成膏后即可。

(2) 减肥凝胶

[配方] 质量分数/%

苯甲醇烟酸酯	0.5	甘油	3.0
壬基酚聚氧乙烯醚	5.0	香精	0.3
交联聚丙烯酸	1.0	防腐剂	0.3
乙醇	30.0	精制水	余量
三乙醇胺	0.3		

十、防晒化妆品

防晒化妆品是用于吸收紫外线、减轻因日晒引起皮肤损伤的化妆品。

适量的紫外线照射能消毒杀菌，提供所需的维生素 D，增强抗病能力，促进新陈代谢，对发育与健康都十分有益，尤其对长期生活在房屋森林的都市人，经常晒晒太阳光是很有必要的。但是过量的紫外线则会损害人体免疫系统，加速肌肤老化，使皮肤变黑、粗糙、松弛，导致各种皮肤病，产生黄褐斑、黑斑，甚至癌变，还会对眼睛、头发、嘴唇产生伤害。近年来，由于大气层中臭氧层受到污染物的破坏而日趋稀薄，使到达地球表面的紫外线日益增加，对人体的危害也大大加强。随着人们自我保护意识的增强，假日旅游热的迅速升温，防晒化妆品市场将会飞速发展。

紫外线分为短波(200～280nm)、中波(280～320nm)和长波(320～400nm)。由于臭氧层的吸收，短波紫外线不能到达地面，造成皮肤晒伤的主要是中、长波的紫外线。中波紫外线可使皮肤表皮细胞内的核酸或蛋白质变性，发生急性皮炎，皮肤出现红肿、水疱及脱皮现象即起红斑作用；长波紫外线能加速黑色素细胞由酪氨酸转变为黑色素的过程，使皮肤易被晒黑，还会形成雀斑、老年斑等，但不会晒红。

1. 主要成分及作用

防晒化妆品主要成分为防晒剂。防晒剂有两种类型：

(1) 紫外线吸收剂

其作用是吸收紫外线的能量，然后再以热能或无害的可见光效应释放出来，从而保护人体皮肤免受紫外线的伤害。紫外线吸收剂属化学性防晒剂，一般是由具有羧基共轭的芳香族有机化合物组成，如对氨基苯甲酸衍生物、肉桂酸酯衍生物、水杨酸酯衍生物、邻氨基苯甲酸酯衍生物、二苯甲酮衍生物等。

(2) 紫外线散射剂

其作用是通过散射减少紫外线对皮肤的伤害，紫外线散射剂属物理性防晒剂，大多为无机粉体，如二氧化钛、氧化锌、氧化铁等。

防晒剂的用量是取决于防晒化妆品的防晒能力。防晒化妆品的防晒能力大小用防晒系数(SPF 值)来表示。SPF 值是指人体在涂有防晒产品的皮肤上产生最小红斑所需光能量与未涂防晒产品的皮肤上产生相同红斑所需光能量之比。SPF 值越大,防晒能力越好。但不能盲目使用 SPF 值大的防晒化妆品,因为 SPF 值越大,加入的防晒剂浓度越高,可能引起的皮肤过敏概率越大。一般皮肤可使用 SPF 值为 8～12 范围较为适宜,如敏感皮肤和较长时间暴露在日光中的,可选择 SPF 值高些的防晒产品。为了确保防晒产品的安全,《化妆品卫生规范》中都规定了防晒剂的最大允许使用浓度。

2. 配方实例

(1)防晒霜

[**配方**]　质量分数/%

A	硬脂酸	12.0	B	三乙醇胺	0.4
	白油	6.0		精制水	62.1
	羊毛脂	5.0	C	水杨酸苯酯	1.0
	单硬脂酸甘油酯	3.5		二氧化钛	3.0
	白凡士林	1.0		甘油	6.0
	尼泊金乙酯	适量	D	香精	适量
	2,6-二叔丁基-4-甲酚	适量			

[**制法**]　将 C 组水杨酸苯酯、二氧化钛分别研磨于甘油中呈极细的粉糊。将 A 组和 B 组分别加热至 80～85℃。在搅拌下将 B 组加入 A 组中乳化。搅拌冷却至 70～75℃时加入 C 组,结膏前加入香精,冷至室温即可。

(2)防晒油

[**配方**]　质量分数/%

辛酸或癸酸甘油三酸酯	43.0	硅酮油 DC556	10.0
肉豆蔻酸异丙酯	43.0	4-二甲氨基苯甲酸乙酯	2.0
无水羊毛脂	2.0		

十一、特殊用途化妆品的发展趋势

特殊用途化妆品是通过含有特殊功能的物质以达到护肤、美容、消除体臭等目的的化妆品。这类化妆品介于化妆品与药品之间,其疗效是缓和的、局部的和短暂的,虽与具有显著疗效的药品有很大的区别,但这些特殊物质比普通化妆品对皮肤伤害大,易引起过敏。因此,特殊用途化妆品的发展趋势是用高科技手段,尽量开发安全无毒的天然活性成分和其他高活性成分,研制各种新剂型,更利于皮肤吸收,以期用最小的量达到最大的效果。

由于祛斑与防晒是皮肤美白的两大热点,因此只介绍这两类化妆品的发展趋势。

（一）祛斑化妆品

曲酸是微生物在发酵过程中生成的天然产物。它的结构式可表示为

$$HO-\underset{O}{\overset{O}{\parallel}}-CH_2OH$$

，化学名是 2-羟甲基-5-羟基-4-吡喃酮。曲酸无毒、无刺激性，其溶液有广谱杀菌能力，具有很好的祛斑美白效果。这是由于酪氨酸氧化成多巴、多巴醌和由多巴醌生成 5.6-二羟基吲哚的两个反应，都必须有 Cu^{2+} 的存在才能发生，而曲酸对 Cu^{2+} 有螯合作用，使黑色素形成受到影响。曲酸对光和热敏感、易变色，其衍生物则有所改善。若与 SOD、亚硫酸氢钠复配，可抑制变色。

熊果苷，是从熊果、草莓、沙梨、虎耳草等植物中，利用现代生物技术提取出一种无刺激、无过敏、配伍性强的天然祛斑美白物质。结构上是属对苯二酚衍生的苷类。熊果苷能强烈抑制酪氨酸酶的活性，对黑色素细胞有细胞毒作用，从而抑制黑色素生成，对雀斑有很高的去除率。

维生素 E 是皮肤细胞需要的营养物质，还具有抗氧化防衰老作用。但常态的维生素 E 难以透过表皮被细胞吸收。而当它被纳米化后，就很容易被吸收，产生独特的效果。不仅具有优良的护肤抗衰作用，而且还能祛斑，其祛斑效果比一般含氢醌类的祛斑霜快又好、且安全无毒。我国已有公司完成研制工作，准备推向市场。

DNA 纳米祛斑霜也研究成功，膏体为纳米化微粒，并打破传统乳化技术，进行超微乳化，使功能性物质渗透性大大增强，祛斑效果也大为提高。

随着基因测序技术的发展，越来越多的功能基因将会被揭示。人们可以用特殊的病毒作载体，将酪氨酸酶的抑制基因转移到黑色素沉淀部位和色斑生成部位，用其来下调酪氨酸的表述，减少多巴的合成，从而使黑色素的生成下降。如将此基因工程技术应用到化妆品中，祛斑效果将会十分显著。

（二）防晒化妆品

太阳光的照射对衰老影响很大，尤其是在环境污染日趋严重的今天，紫外线成了皮肤老化的第一杀手，所以未来的化妆品都会含有防晒成分。这就必须提高它的安全性和防晒效果，使防晒化妆品更为普及与实用。防晒化妆品还向多用化、全季候、广谱性发展。由过去的脸用到体用、发用；由夏季用扩展到一年四季皆用；由吸收单波段紫外线延伸到中波、长波广谱全能紫外线吸收用。

从天然物如甘菊、芦荟、沙棘、海洋生物等提取的防晒成分，制成天然防晒化妆品肯定是一种新趋势。生物防晒化妆品也不断出现，如 SOD 防晒蜜、POT 防晒霜等。最近研制的新型防晒剂为纳米级粉料，如纳米二氧化钛粉末、纳米氧化锌粉末。它们粒径超细均匀，比表面积大，添加量小，亲和力强，并经有机、无机包膜形成亲

水、疏水性两大系列产品,再按一定比例加到化妆品中,就能全面抵御中、长波紫外线对人体的伤害,且皮肤感觉特别润滑细腻。纳米粉末无毒、无刺激性、热稳定性好,除了对紫外光有屏蔽作用外,还具有渗透、修复功能,适用于作美容美发护理剂中的活性因子,极大地提高了护理效果。

第五节 口腔卫生用品

口腔卫生用品是用于除去牙齿表面的食物残渣、牙垢,清洁口腔,预防龋齿,祛除口臭,使口腔清爽舒适的日常用品。包括牙膏、牙粉和含漱水等。由于牙膏使用最广、消费量最大,这里只介绍牙膏一种卫生用品。

牙膏产品已由过去单一洁齿到现在洁齿与防龋、脱敏、防结石、消炎止痛等防治牙病相结合,使牙膏工业向着全新的方向发展。

1. 主要成分与作用

（1）粉质摩擦剂

粉质摩擦剂是牙膏的主体,其作用是在刷牙时与牙刷一起通过摩擦清洁牙齿。粉质的硬度、细度和形状有一定要求,过硬或过粗会伤牙齿,过软或过细则达不到洁齿作用,形状以表面较平的颗粒为宜。常用的粉质摩擦剂有钙盐,如碳酸钙、磷酸氢钙、磷酸三钙,还有碳酸镁、氢氧化铝等。

（2）表面活性剂

表面活性剂又称洗涤发泡剂,其作用在于洗涤、发泡、乳化、分散、润湿,使牙膏更易与不洁物融合而快速被冲洗。常用有月桂醇硫酸钠、月桂酰甲胺乙酸钠、乙酸基十二烷基磺酸钠等无毒、无刺激、无味的表面活性剂。

（3）胶合剂

胶合剂使膏体中各种固、液原料均匀胶合在一起,并具有一定稠度,使其从牙膏管中挤出时能成型。常用的有海藻酸钠、羧甲基纤维素钠、硅酸铝镁等。

（4）保湿剂

保湿剂使膏体保持一定的水分、黏度和光滑程度,防止固化而挤不出。在透明牙膏中,此成分可高达75％,而一般牙膏只占20％～30％。常用的牙膏保湿剂有甘油、山梨醇、丙二醇等。

（5）香精和染料

香精赋以香气和清爽舒适的口感。常用香型有水果香型、留兰香型、薄荷香型、茴香香型等。药物牙膏加入适量香精和染料,能遮盖一部分药物的气味和颜色。

（6）防腐剂和甜味剂

防腐剂是防止牙膏其他成分在贮存中发霉。常用的有山梨酸及其钾盐、苯甲酸及其钠盐,对羟基苯甲酸的酯类和溴氯苯酚等。

甜味剂的作用是改善牙膏的口感,最常用的是糖精,也有用环己胺磺酸钠。

（7）特种活性添加剂

为了使牙膏预防各种牙病,更有效地保护牙齿,近年来,在牙膏中添加各种活性物质,深受消费者欢迎。

① 氟化物:牙膏中添加氟化物可降低龋齿发生率28%～48%。常用的氟化物有氟化钠、氟化亚锡、单氟磷酸钠等。

② 药物活性成分:主要是指从中草药中提取的活性成分。如从田七中提取田七皂苷制成的田七牙膏,具有消炎止痛作用;从绿色植物中提取叶绿素制成的叶绿素牙膏,具有洁齿、杀菌、清除口臭和防止出血等作用。

③ 抗菌剂:用于抑制细菌生长和由此而产生的多糖和酸。常见的有冰片、叶绿素衍生物、1,6-双-(N-对氯苯缩二胍)己烷(洗必泰)、反式-4-氨甲基环己烷-1-羧酸(止血环酸)、过氧化氢和过硼酸钠等。

④ 酶制剂:用于去污洁齿,防治牙齿疾病。这与酶的独特生理催化功能有关。如蛋白酶,能有效除去牙齿表面的蛋白质脏物,还有良好的抗菌消炎作用。又如葡聚糖酶,可以分解牙垢上的葡聚糖。常用的酶制剂还有淀粉酶、脂肪酶、溶菌酶等。

⑤ 抗结石剂:牙齿结石的堆积,既影响牙齿的美观,又易引起牙周炎和牙齿松动。在牙膏中加入枸橼酸锌、季铵盐、聚磷酸钠等成分能有效地防止牙结石的形成。

⑥ 脱敏剂:当牙齿珐琅质缺损、牙本质暴露时,遇到冷、热、酸、甜外界刺激或刷牙刺激会感到牙齿酸痛,这是一种多发于中、老年人的牙疼病。脱敏剂具有抑菌、抗酸和镇痛等作用。常用的有氯化锶、丹皮酚、硝酸钾等。

2. 配方实例

(1) 普通牙膏

[配方] 质量分数/%

碳酸钙	48.0	羧甲基纤维素钠	1.0
月桂醇硫酸钠	3.2	甘油	30.0
糖精	0.3	精制水	16.3
香精	1.2		

[制法] 将羧甲基纤维素钠浸润于甘油中,经充分搅拌使之分散均匀,加入精制水和糖精,加热至60～65℃制成胶水。胶水经陈化后加碳酸钙、月桂醇硫酸钠、香精,充分混合成膏体即可。

(2) 药物牙膏

[配方] 质量分数/%

甘油	25.0	糖精	0.3
磷酸氢钙	50.0	水	20.5
羧甲基纤维素钠	1.0	香精	1.0
月桂醇硫酸钠	2.0	防腐剂	适量
4-氨甲基环己烷-1-羧酸	0.2		

第六节 化妆品的发展趋势

早在 4 000 年前,古埃及人和阿拉伯人已经开始了化妆:在面部和身体上涂上各种颜色的土,用木棒将头发卷起再用黏土粘紧,晒干后去掉黏土就使头发蓬松漂亮。原始的天然香料、动植物油脂和经过简单加工如蒸馏等技术制成的香水、香粉、雪花膏都属于古老化妆品,只有统治阶层、达官贵人才能享受经加工制成的奢侈品。随着工业革命的滚滚浪潮,尤其是石油工业的蓬勃发展,不仅为化妆品提供了廉价和众多的原料,还为化妆品的生产提供了科学、先进、快速、经济的技术,使化妆美容从上流社会进入到广大群众,开启了美容业的新纪元。化妆品从古代走进现代,成为了普及型的现代化妆品。进入 20 世纪 90 年代中后期至 21 世纪后,由于高新科学技术的迅猛发展,化妆品的生产已经超越了日用化工范畴,它以精细化工为背景,以制药工艺为基础,融合了医学、生物工程学、生命科学、微电子技术等,化妆品产业正在逐步发展成一个多学科的高技术产业,从而进入了高科技化妆品的崭新时代。

高科技化妆品注重安全性、功能性、天然性、环保性,以抗衰老、美白、增发为主题。主要有以下的几个趋势。

1. 天然化妆品

天然化妆品包括使用天然原料,追求淡雅、清新和自然的香型,无香精,无防腐体系。真正纯天然化妆品的原料要求十分苛刻,不含有任何污染物与有害成分。如植物原料,在其生长过程中不能喷洒有损自然生态和人体健康的化肥、杀虫剂,即必须是采用天然方法栽培的植物;动物原料也要保证其饲料不被污染。若羊吃了含有毒农药如 DDT 后,我们取其羊毛脂、绵羊油、羊胎素做化妆品原料后,其残留物会转移到人的皮肤上。近年欧洲的疯牛病、口蹄疫,给化妆品也带来了冲击。

2. 生物化妆品

生物化妆品是指通过生化技术从天然生物体内提取的生物活性物质或以高新技术生产的活性物质为主要原料,经过特殊工艺而制成的化妆品,具有低剂量、高活性、见效快、效果稳定持久等特点。如前面提过的熊果苷、海藻、芦荟、果酸、胶原蛋白、弹性蛋白、表皮生长因子、天然保湿因子等,还有"免疫活性剂"、"高效抗氧化剂"、"细胞激活因子"等。

DNA 重组技术的基因工程研究使生物技术跃上更高的台阶,DNA 化妆品也成为 21 世纪的热点。重组蛋白比天然衍生物具有更纯、更安全、活性更高的优点。纯化了的重组蛋白或小的 DNA 片段是一个优良的载体,能快速渗透到表皮的深层和真皮层,保证了活性成分的小剂量和高效能;应用基因工程可以很容易地对结构蛋白加以修饰,使其更好地发挥功能作用,如将其修饰成小分子蛋白,使皮肤细胞紧密连接。

近期才报道的纳米活细胞仿生微球由天然营养物质组成,其直径在 20～100nm 之间,可进入表层皮肤,完全再造了皮肤表层细胞的生命环境,使其携带的活性物质缓慢持久地释放,从而大大提高了化妆品的功效性和安全性。

3. 化妆品品种细分化

未来化妆品的分类会越来越细,类别也越来越多。由于技术的先进性,可根据人的皮肤颜色不同、肤质不同、年龄不同而对化妆品的敏感度、折光度、吸收性和目的性不同来精密设计。因而同一个品牌的化妆品也会有各年龄段、性别各异的不同型号。现在市场上的老年化妆品、男用化妆品、儿童化妆品、运动化妆品正方兴未艾。随着医疗事业的发展,世界人口老龄化加剧,留住黑发、减少皱纹,是这一消费群体在美容上的最大愿望,因而具有极大的消费潜力。在共同享受现代文明的热潮中,世界时装舞台上男模特频频亮相,同样,在美容舞台上,男士也粉墨登场,男用香水、男用护肤品等颇受青睐,美容不再是女士的专利。儿童是家庭的中心,他们的健康倍受关注。对儿童必用的洁肤化妆品、洗发香波等,更注重安全性和新颖性。由于儿童户外活动多,其日晒量比成年人也大得多,所以开发儿童防晒化妆品,市场会很广阔。随着全民健身运动的大力开展、世界竞技运动的激烈竞争,越来越多的人走向运动场,给运动化妆品带来了生机,其特性是防汗、防臭、保湿和消炎等。

4. 美容个人化

虽然各式各样新颖的时装充斥各大商场,但很多人仍喜欢到裁缝店去量身定做合身的、有个性的、舒适随意的服装,追求更自然、更有品味的个性美。同样,品种繁多、功能各异的化妆品也不能满足有着千差万别的个体美容的需要,于是,量身订造化妆品的风潮已开始席卷全球,使美容护肤走向个人化。

PRESCRIPTION PLUS 已设专柜开始了个人护肤的服务,有专业美容顾问为顾客诊断皮肤,根据顾客的需要,调配出最切合实际的护肤配方。化妆品专卖店3C,也开设了此项服务。现场调配出顾客指定的化妆色调,也可把自己惯用的色调或已断市的化妆品样货拿到 3C,便会为顾客依样调配。SK II 还用先进的电脑技术使美容个人化更科学、更完美。首先拍下顾客的数码照片,将照片存入电脑档案,顾客可以坐在电脑前随意地为电脑上的自己化妆扮靓,美容顾问会为顾客提供专业意见,使顾客选择最合心意的色彩和容妆。

根据自己的特点装扮自己,人们会活得更加精致,更会善待自己,更具有无穷的魅力。

随着中国宏观经济发展走上快车道,中国美容业也进入了快速增长阶段。加入WTO,更迫使中国美容业在国际大环境中提高竞争力,生产出更多、更优质、更经济的美容化妆品。

第五章

安全使用化妆品

化妆品是每一个人每天都用在皮肤上的产品,其安全性显得尤为重要。不仅要求短时间使用对皮肤无不良反应,还要确保长期使用不损伤皮肤、不危害健康。为此,国家对化妆品,尤其是对特殊用途化妆品都有一整套法规制约。而且,随着设备的更新、技术的先进、生产的科学,使化妆品的纯度得以保障、刺激性较高的表面活性剂和香料因乳化技术发展而用量减少。只要使用者正确使用化妆品,除一部分皮肤过敏者外,一般都比较安全。但由于我国化妆品工业发展迅猛,而市场管理却较为滞后,使化妆品良莠不齐;美容行业违法经营,坑害顾客时有发生;不少使用者爱美心切,盲目美容,从而导致皮肤受损甚至毁容,后患无穷。为了使化妆品真正达到美化容颜、提高生活质量的目的,一定要学会安全、科学地使用化妆品。

第一节　化妆品的卫生法规

为了确保化妆品的卫生质量和使用安全,保障人民身体健康,我国政府发布了一系列化妆品的卫生法规。

一、化妆品卫生标准系列

卫生部于 1987 年 5 月 28 日发布的化妆品卫生标准系列,于 1987 年 10 月 1 日起实施。它包括:

《化妆品卫生标准》GB7916-87;

《化妆品卫生化学标准检验方法》GB7917.1～7917.4-87;

《化妆品微生物标准检验方法》GB7918.1～7918.5-87;

《化妆品安全性评价程序和方法》GB7919-87。

这些国家标准的制定,使原来处于混乱状况的新兴化妆品工业的生产和经营变得有法可依,开始沿着法制化的轨道向前发展。

此外,根据化妆品在使用过程中出现的种种问题,国家技术监督局和卫生部又联合发布了一些标准,并于 1998 年 12 月 1 日起实施。

《化妆品皮肤诊断标准及处理原则(总则)》GB17149.1-1997;

《化妆品接触性皮炎诊断标准及处理原则》GB17149.2-1997;

《化妆品痤疮诊断标准及处理原则》GB17149.3-1997;

《化妆品毛发损害诊断标准及处理原则》GB17149.4-1997;

《化妆品甲损诊断标准及处理原则》GB17149.5-1997;

《化妆品光感性皮炎诊断标准及处理原则》GB17149.6-1997;

《化妆品皮肤色素异常诊断标准及处理原则》GB17149.7-1997。

二、化妆品卫生监督条例

1989 年 9 月 26 日经国务院批准,由卫生部发布的《化妆品卫生监督条例》,于 1990 年 1 月 1 日起实施。

为了使《条例》执行起来更有章可循,卫生部又先后制定并发布了一系列规章和规范性文件。包括有:

(1)《〈化妆品卫生监督条例〉实施细则》,于 1991 年 3 月 27 日由卫生部发布。此细则对化妆品的生产、卫生质量与监督、特殊用途化妆品与进口化妆品的审批、处罚等作了更详细和明确的规定。

(2)《化妆品卫生监督检验实验室资格认证办法》,于 1992 年 1 月 21 日由卫生部发布。此认证办法对化妆品原料和产品检测的准确性与可靠性提供了有力的保障。

(3)《关于审批特殊用途化妆品的有关规定的通知》,于 1992 年 7 月 6 日发布。规定同一产品不得同时申请或具有药品及特殊用途化妆品批准文号。

(4)对使用几种化妆品原料的规定。

① 1992 年 7 月 23 日,卫生部发出《关于祛斑类产品停止使用氢醌的通知》。

② 1994 年 7 月 20 日,卫生部通知指出,防腐剂"吡啶硫铜锌"在化妆品中最大允许浓度为 0.5%。

③ 1996 年 11 月 28 日,卫生部通知指出,对皮肤有一定刺激性的果酸(α-羟基酸,AHA),在化妆品的限制浓度暂定为 6%(质量分数)。

三、消费品使用说明化妆品通用标签

国家技术监督局于 1995 年 7 月 7 日发布了《消费品使用说明化妆品通用标签》,自 1996 年 12 月 1 日起实施。

四、化妆品生产企业卫生规范

卫生部于 1996 年 1 月 31 日发布了《化妆品生产企业卫生规范》。

五、化妆品卫生规范

为了适应化妆品工业飞速发展的需要,并使我国化妆品卫生标准与国际更为一致,卫生部对原标准进行了修订,新的化妆品卫生标准系列于 1999 年 11 月 25 日发布,名为《化妆品卫生规范》,1999 年 12 月 1 日起实施。该规范的基本内容如下:

(一) 化妆品的卫生要求

(1) 化妆品不得对施用部位产生明显刺激和损伤。

(2) 化妆品必须使用安全,且无感染性。

(3) 化妆品的微生物学质量应符合下列规定:

① 眼部、口唇等黏膜用化妆品以及婴儿和儿童用化妆品细菌总数不得大于 500CFU/ml 或 g。(CFU:菌落形成单位)

② 其他化妆品细菌总数不得大于 1 000CFU/ml 或 g。

③ 每 g 或每 ml 产品中不得检出粪大肠菌群、绿脓杆菌和金黄色葡萄球菌。

④ 化妆品中真菌和酵母菌不得大于 100CFU/ml 或 g。

(4) 化妆品中有毒物质的控制标准:

汞小于 1mg/kg、砷小于 10mg/kg、铅小于 40mg/kg、甲醇小于 2 000mg/kg。

(5) 化妆品组分中的禁用物质。采用《欧盟化妆品规程》,化妆品组分中禁止使用的化学物质有 421 种,限用物质有 67 种,限用防腐剂有 55 种,限用紫外线吸收剂有 22 种,限用着色剂有 157 种。另外,在化妆品组分中禁止使用的中草药类有 73 种。

(二) 化妆品卫生化学检验和微生物检验

1. 化妆品卫生化学检验

《化妆品卫生规范》规定了化妆品的检验项目和标准检验方法。对所有化妆品都需要检验的项目有汞、铅、砷、甲醇(除发用化妆品),对特殊用途化妆品还必须针对其特殊成分进行检验:氧化型染发中间体(染发化妆品)、斑蝥与氮芥(育发化妆品)、疏基乙酸(烫发和脱毛化妆品)、苯酚与氢醌(祛斑化妆品)、甲醛(祛臭化妆品)、性激素(美乳和健美化妆品)、紫外线吸收剂(防晒化妆品和含有防晒成分的其他化妆品)、果酸(祛斑和果酸护肤化妆品)、pH 值(烫发、脱毛、祛斑和防晒化妆品)、SPF 值(防晒化妆品)。

2．化妆品微生物检验

化妆品在生产、贮运和使用过程中难免受到微生物的污染,使化妆品变质腐败,为确保其安全使用,必须进行微生物检验。化妆品被细菌污染程度以菌落总数来判定。菌落是指细菌在固体培养基上发育而形成的能被肉眼所识别的生长物。菌落总数是指每 g 或每 ml 化妆品中经培养后所生成的细菌集落的总数。但实际上不以菌落总数来表示,而是以每 g 或每 ml 化妆品的菌落形成单位数(colong forming units，CFU)表示。

化妆品微生物检测项目有细菌总数、粪大肠菌群、绿脓杆菌、金黄色葡萄球菌、真菌和酵母菌。

(三) 化妆品的安全性评价

对化妆品原料和化妆品成品的安全性评价是通过毒理学试验及人体斑试和人体试用的标准方法进行,其主要内容如下。

1．化妆品原料试验

(1) 急性经口和经皮毒性试验;
(2) 皮肤和眼睛刺激性试验;
(3) 皮肤变态反应性试验;
(4) 亚慢性经口和经皮毒性试验;
(5) 致突变性试验,包括基因突变和染色体畸变试验;
(6) 致畸试验;
(7) 慢性毒性和致癌试验。

必要时,还要做皮肤光毒性试验、人体斑贴试验、人体试用试验、毒代谢动力学试验或其他试验。

2．化妆品成品试验

(1) 普通化妆品:需做急性皮肤刺激性试验的有发用和甲用化妆品,做急性经口毒性试验的有唇部化妆品,做眼睛刺激性试验的有眼部和清洁类化妆品及面膜,做多次皮肤刺激性试验的有护肤和彩妆化妆品。

(2) 特殊用途化妆品:所有特殊用途化妆品都要做急性经口毒性试验、皮肤变态反应性试验、人体斑贴和人体试用试验(除染发化妆品外),育发、染发和烫发化妆品还要做眼睛刺激性试验,而美乳、健美、除臭、祛斑、防晒和育发化妆品则做多次皮肤刺激性试验,对防晒和育发化妆品还需再做皮肤光毒性试验。

一系列法规的发布和实施,对提高化妆品卫生质量起到积极的推动作用,也标志着我国化妆品工业逐渐走进标准化、法制化、国际化的新时代。

第二节 安全使用化妆品

一、科学选用化妆品

化妆品种类繁多,只要严格按要求选用,则安全使用化妆品就得到保障。

(一)选用合格的化妆品

要选用合格的化妆品,最好选用优质的化妆品。因为质量不合格的化妆品,不但对皮肤和毛发不能起到清洁和保护作用,达不到化妆的目的,有时反而引起不良反应。据资料报道,使用劣质化妆品引起的过敏性皮炎发生率是较高的。合格的化妆品特别是优质的化妆品,厂家要反复进行各种完善的测定和试验,以保证对人体无害,通常也是经过卫生商检部门审定批准的定型产品,因此使用这样的化妆品就比较保险。所以选用化妆品时,除要注意产品商标、厂名、厂址、生产日期、保质期等外,更要注意产品的国家生产许可证号和卫妆准字号的标志:一般化妆品标为"XK",特殊用途化妆品则为"QG",进口化妆品其标志为"CIQ"。因进口化妆品一定要经检疫部门检验合格才能进口,合格的才有"CIQ"标志。

即使是优质化妆品,对使用者个体的影响仍会有差异,尤其对皮肤易过敏者。因此,在选购化妆品前,应做简单的皮肤斑贴试验,即先取化妆品少许直接涂于前臂内侧或背部,24~48h 后观察结果,如局部皮肤出现红肿、水疱、发痒等,则不宜使用。

在选用优质化妆品的同时,还要懂得识别变质的化妆品。变质的化妆品不但从形状、颜色、气味、性能均有改变,而且对皮肤有一定的刺激作用,以致引起皮肤病。由于化妆品里的糖类、蛋白质、脂肪酸、动物油、维生素、氨基酸等成分,是细菌的培养基,很适合细菌的生长繁殖。所以细菌从中吸收氧气、二氧化碳、水、氮,使化妆品的膏体脱氧、脱碳、脱氮、脱水,于是形状发生改变,出现膏体干缩等。化妆品如果被微生物污染,微生物可发酵或产生有机酸,使化妆品产生酸性腐败,出现香味变淡,或有酸辣味、甜腻味,甚至有一种难以形容的怪味、臭味。多数化妆品的颜色清淡纯正,如乳白色、淡黄色、淡红色等。如果化妆品被污染,细菌、真菌繁殖,使化妆品表面出现各种颜色的霉斑或菌落,并且有些微生物能产生色素,使化妆品原来的颜色发生变化。如发现化妆品变得污浊灰暗,甚至出现絮状物或绒毛状物,即说明化妆品已被污染变质。新鲜、纯正的化妆品,涂在脸上感到光滑、舒适;变质的化妆品,擦在脸上感到粗糙、黏腻,有时还会对皮肤产生刺激,出现刺痒、疼痛、干涩、紧缩的现象。新鲜的化妆品使用后能使皮肤色素减少,变得白嫩、细腻;变质的化妆品,使用后反使皮肤色素增多,变得粗糙、灰暗。现在已有专家把使用劣质化妆品列为继环境污染、精神紧张之后引起皮肤衰老的第三种非正常因素。因此,变质的化妆品决不能选用。

（二）不能选用致病化妆品

对某些致病的化妆品不能选用,特别是第二次选用时要注意。如原来用过某种化妆品后,发生过接触性皮炎,甚至导致严重的剥脱性皮炎,则这种化妆品绝对不能再用。还有些化妆品使用后可引起中毒,如一些暂时性染发剂和祛斑化妆品中的银、汞、铅、砷、铋等金属含量甚微,一般不会引起全身中毒。但如果产品不合格甚至是伪劣品,铅、汞等重金属含量过高,若使用则可能发生相应的重金属中毒。如铅对人体的血液和造血系统、神经系统等都有毒性,长期使用含铅量很高的染发剂(或其他含量高的化妆品)可导致血液铅含量升高,用这种化妆品就有中毒的危险。汞是剧毒物,更不能使用。

（三）不要选用引起皮肤不良反应的化妆品

有些化妆品使用后会出现一些比较短暂、轻微的反应,如光敏反应、皮肤炎症、色素变化等。遇到这些情况,应立即停用这些化妆品,可换用另一种或另一牌号的化妆品。

（四）要根据使用目的选用化妆品

选用化妆品必须根据使用目的而定,尤其是特殊用途化妆品。如为了祛斑就应严格选用祛斑类美容化妆品,为了防晒就须选用防晒功能化妆品,才能确保安全。

（五）要根据皮肤种类、皮肤 pH 值和年龄选用化妆品

油性皮肤由于皮脂分泌过量,须选用油分少的爽肤性护肤品和能抑制皮脂分泌、有较强收敛作用的护肤品。如清爽性的洗面奶、偏碱性香皂和蜜类化妆品。干性皮肤应选用含油分、养分高的化妆品,如润肤性的洗面奶、弱酸性香皂和冷霜、营养霜等。中性皮肤一般是炎夏易偏油而冬天易偏干,因此夏天可选用爽肤性化妆品,冬天可选用润肤性化妆品,其选择范围较广。混合性皮肤,可按油性、干性或中性皮肤的选用原则分别选用。敏感性皮肤选用化妆品应特别慎重,宜选用单纯护肤品,以质优、经济的化妆品为好。因高档化妆品所含香料等成分复杂,故过敏机会增多。

青春期皮肤油分多,易长青春痘,宜选用爽肤性护肤品和药性香皂,如硫磺香皂,对防治青春痘有一定作用。中年期皮肤起皱、光泽消退,随着内分泌失调,皮肤松弛、皱纹加深,应选用防皱、补水和使细胞再生类的面霜和营养面膜。老年期更需补水和养分,要选用更优质的防皱、抗衰老的化妆品。

选用化妆品不能只以价格来决定,而是要选择自己用得舒心、合适、效果好的化妆品,即是要选择属于自己的化妆品。具体地说,是根据个人面部皮肤 pH 值的特

点来选择最适合自己的化妆品。健康皮肤表面的 pH 值在 4.5～6.5 之间,呈微酸性。因此,要选择接近皮肤 pH 值的化妆品和酸碱缓冲能力强的化妆品,以减少外界化学因素对皮肤的伤害。进口化妆品的 pH 值不一定适合中国人皮肤的特点,且东方人与西方人的肤色不同,不要盲目崇拜洋货。

由于皮肤会随季节、环境、年龄等因素而变化,因此不要刻板地常用一种化妆品,应根据实际情况加以适当的调整,以适合使用时的皮肤状况。如皮肤在夏天时偏油些,而到冬天会偏干些,就应及时更换化妆品。

总之,选用化妆品的最基本原则就是任何化妆品都不能妨碍皮肤的分泌、排泄及呼吸等生理功能,且尽可能避免因过度油腻或干燥引起皮肤的损害。

二、安全使用化妆品

(一)使用前对化妆品作全面了解

使用前,通过认真阅读说明书,注意其所含的成分、使用方法和注意事项,确知其利弊,做到预防为主、及时处理,以免产生不良后果。

(二)孕妇使用化妆品要谨慎

因为许多化妆品对孕妇和胎儿都可能有不良的影响,使用的化妆品以无香料、低乙醇、无刺激性霜剂或奶液为适宜。为了确保安全,一些化妆品如口红、染发剂、冷烫精等应禁止使用。

(三)根据自身情况进行化妆

在自己身体状况不佳特别是有全身性疾病时不宜化妆,面部、唇部皮肤患皮肤病时不宜化妆,眼病未愈前也不宜化妆。

(四)严格按照化妆品操作程序化妆

每种化妆品如何使用都有一定要求,要严格按照化妆品的操作程序化妆,不能颠倒顺序,随意涂抹。如使用润肤化妆品前必须用洁肤化妆品将脸洗净、涂口红前也要洁净嘴唇和抹润滑膏以易于涂抹和防嘴唇干燥。又如把口红当胭脂涂在脸颊和眼皮上、把描眉的化妆品涂到嘴唇上等不分部位的乱用,都是不允许的,否则不仅难以达到化妆品的美肤目的,还可能导致不良反应或恶果。

（五）使用化妆品化妆时不能越位

每种化妆品都有其使用部位,化妆时要小心仔细。如不要将唇膏弄到口腔,不能让睫毛油进入眼皮内,更不应碰到角膜,用于外阴、肛门的抑汗祛臭液绝不能流入阴道、肛门等。

（六）不能带妆入睡

因为晚上 10 时至凌晨 2 时是皮肤新陈代谢最旺盛时段,化妆品会妨碍皮肤的呼吸和排泄功能,使皮肤不得不加倍地工作,这样反而使皮肤易于衰老。

（七）不要频繁更换化妆品

当使用一种或某牌号的化妆品对自己较适宜时,应坚持使用,不要急于更换别的化妆品。否则会增加化妆品的致敏率。

（八）合理保存化妆品

化妆品保存不当,容易变性变质。在家中存放或随身携带化妆品时应注意以下几点。

（1）防热防冻:存放化妆品的地方,温度应在 35℃以下,如果温度过高则促使化妆品变质;如温度过低,容易发生冻裂现象,解冻后会变粗变硬,对皮肤有刺激作用。

（2）防晒防潮:化妆品应存放在阴凉通风的地方,因为化妆品中会含有性质不很稳定的化学物质和维生素、蛋白质等营养成分或药性成分。这些物质如与阳光中的紫外线发生化学反应,就会降低效果;如受潮则容易发霉,孳生微生物。有的化妆品包装瓶或盒盖是铁制的,受潮后容易生锈,腐蚀瓶内膏霜,使之变质。

（3）防污染:化妆品应放在清洁卫生的地方,轻拿轻放,不用时盖子要拧紧或将袋口封严,不要碰碎,防止被灰尘或其他脏物污染,防止香味散失。不可把取出的化妆品再放回原瓶内,以免带入细菌。

（4）防过期:化妆品的保存期限一般为一年,最长不超过两年,不宜长期存放,以免失效。

三、几种主要化妆品的安全使用

（一）面部化妆品的安全使用

皮肤覆盖我们的全身，但从化妆学来说，至关重要的还是露在外面5％的面部皮肤，因而颜面部是护肤美容的重点。化妆品市场色彩纷呈，琳琅满目，但大多是属于面部化妆品。这里着重介绍它的安全使用。

面部化妆品根据用途不同可分为三类：洁肤化妆品、护肤化妆品、美容化妆品。各类化妆品的安全使用是不同的。

1. 洁肤化妆品的安全使用

清洁皮肤用水必须干净。即不含有刺激皮肤的有机化合物，不含有对身体有害的重金属等毒物，不含有过敏物质，微生物含量不能超标。清洁皮肤最好用软水如雨水、雪水、蒸馏水、开水，而不用硬水，即含有大量钙盐和镁盐的水，如泉水、深井水等。因硬水会刺激皮肤，使皮肤干燥、开裂，而且硬水不利去污。清洁皮肤用温水，一般为35℃左右的温水效果最佳。因为温水较易溶解皮肤的油脂和污垢，达到清洁目的和保水保脂。热水，尤其是温度高的水，会使皮肤松弛、弹性降低、水分蒸发过多、皮脂膜受损、失水的同时也失脂。若经常用热水洗脸，皮肤容易干燥、老化。冷水，则使皮脂硬化、难于溶解而达不到清洁皮肤的作用。

当然，只用温水洗皮肤还不够，必须与洁肤化妆品相结合，才能把水溶性污垢、过多的皮肤油脂和美容化妆品的油性残留物等油溶性污垢彻底洗净。

洁肤化妆品主要有香皂、洗面奶、清洁霜、磨砂膏等。一般香皂去污力强，但碱性也较强，所以洗脸后有绷紧、干燥之感，适用于水溶性污垢较多的皮肤。比较高档的香皂有透明香皂、药物香皂、卸妆香皂等。透明香皂对皮肤无刺激、使用舒适、润肤性好，适用于干性皮肤。药物香皂除具去污除垢、爽身增香的功能外，还有杀菌、消毒、止痒、润肤等多种功效。因配料不同，其护肤和美肤的功效差异很大，所以在选用时应确切了解产品的主要成分、特点及作用，以便在杀菌、防治皮肤疾患的同时保养好皮肤。硫磺香皂很受长青春痘的青年男女喜爱，但注意冬天不宜多用，以免伤害皮肤。卸妆香皂是一种洗净油彩的卸妆佳品，除供演员演出后用外，还供化妆人士入睡前卸妆用。

洗面奶是中性或弱酸性的乳化体，对皮肤刺激性小，能乳化油脂和脏物，洁面效果好，还能留下一层脂膜以滋润皮肤。由于有润肤性和爽肤性两种类型，因此可供不同皮肤类型使用。洗面时，将少量洗面奶分别放在额头、两颊、鼻尖、下巴等五处，用中指和无名指将其抹匀，并自下而上、由内向外以打圈方式轻揉三遍，再用水最好是温水冲洗干净。注意洗面奶不要用得过频，在面上停留时间不要过长。

清洁霜也是乳化体，其油分比洗面奶多，常用于化妆皮肤的清洁和过多油脂皮肤的清洁。用纸巾擦拭后即可清洁皮肤。

磨砂膏是除去死皮细胞,使皮肤保持柔软细腻的洁面化妆品。使用前要先用蒸汽焗面,使表皮软化,再根据年龄大小和皮肤性质选用粗砂或细砂。注意不要多用,油性皮肤每周两次,干性和中性皮肤每周一次即可。磨面时以中指和无名指轻揉,切忌用力搓揉。

值得提醒的是,用洁肤化妆品洗脸,不宜用得过多,洗得过勤。因用得过多,皮肤受刺激会增加,易引发皮炎。如洁肤品碱性强,破坏皮肤的酸碱平衡,更易被细菌入侵而发疹;洗得过勤,使角质层的天然屏障作用大为减弱甚至失去,皮肤的正常功能必受影响,加速皮肤老化。此外,在洗脸后,应及时给皮肤补充水分和油分,即先用化妆水,再用润肤乳液或日霜、晚霜等,使皮肤润泽、柔软。

2. 护肤化妆品的安全使用

皮肤通过角质层细胞、细胞间隙或通过毛囊、皮脂腺吸收护肤化妆品中的润肤物、营养、药物等物质来达到保护皮肤、减少外界刺激、防止有害物的侵蚀、促进血液循环、增强新陈代谢的目的。如果脸上的污垢、过多的皮脂等杂物不及时清除,毛囊、皮脂腺被堵塞,必定影响皮肤的吸收。因此,在使用护肤品前一定要洁面。涂抹护肤品时还要注意顺着皮肤构造,即自上而下用中指、无名指进行打圈式涂抹。若结合穴位按摩,更利于化妆品的吸收,还能通经活络,提高护肤美容效果。护肤品不能涂得过厚,否则堵塞毛孔,不利吸收。

适用于颜面用的护肤化妆品很多,但最基本的有膏类、霜类、蜜类、水类化妆品等。前三类化妆品都属于乳化体化妆品。它们的共同特点是保护皮肤不受外界温度、湿度变化的刺激,使皮肤健康和防止皮肤衰老。

膏类化妆品主要是雪花膏,属"水包油"型乳化体,在脸上可形成一层透明薄膜,保护和滑润皮肤。适合油性皮肤特别是男性选用。

霜类化妆品主要是冷霜或香脂,与雪花膏相反,是一种"油包水"型乳化体,油性较重。在脸上留下油脂薄膜,既使皮肤滋润又保持了水分。适用于干性皮肤者或干冷季节。

蜜类化妆品又称奶液或乳液,为一种略带油性的半流动状态乳剂。其油脂含量介于雪花膏与冷霜之间。在脸上留下一层脂肪物和甘油形成的薄膜,使皮肤清爽舒适。四季皆可使用。

化妆水是一种水类化妆品,它是以水为基质,添加各种活性成分和乙醇。化妆水具有洁肤、润肤、紧肤、调理、杀菌等作用。化妆水的种类较多,要根据皮肤类型来选用。润肤化妆水:清洁皮肤,除去过多的皮脂污垢,使表皮柔软细腻,适用于油性皮肤。收敛性化妆水:收缩毛孔,减少皮脂,防止皮肤粗糙,适用于毛孔大、出油多的皮肤。碱性化妆水:pH 值约为 8.5,保持角质层含水量,维持皮肤湿润状态,使皮肤柔软,适用于干性和中性皮肤。营养化妆水:能补充皮肤水分和营养,具有较强的保湿功能,使皮肤滋润舒展,适用于干性和衰老性皮肤。

3. 美容类化妆品的安全使用

美容类（粉饰类）化妆品的特点是具有较强的修饰性,能改善肤色,掩盖面部缺陷,增强立体感,增添容貌之美。此类化妆品种类也很多,这里只介绍几种常用化妆品的安全使用。

粉类化妆品一般来说比较安全,较少导致不良反应。但过去生产的粉类化妆品常含有铅,所以叫做铅粉。铅这种重金属是有毒物质,长期使用可导致铅中毒,现已禁止用铅作粉剂基质。但是,劣质化妆品很可能含有铅,一定不要选用。同时,由于粉剂会暂时填满、堵塞汗孔和毛囊皮脂腺开口,这对痤疮、酒渣鼻、脂溢性皮炎、毛囊炎、多汗症等疾病是不利的。面部急性皮炎如糜烂、渗水、化脓、感染时忌用。粉剂主要用在化妆的最后工序,因而应选无色、半透明的细粉粉剂。而粉底是直接涂在皮肤上,应根据皮肤类型、肤色和季节来选定。油性皮肤宜选用粉底饼或乳剂型粉底以除脂去腻,干性皮肤宜选用油性粉底或粉底化妆水以滋润保湿,中性皮肤对各种粉底都适用。粉底的颜色通常以接近本人自然肤色为原则。粉底选择还会受季节影响。夏季宜选用黏附力强、不易被汗冲掉的粉底饼或乳剂型粉底,秋冬季节宜选用油性膏状白粉或粉底条。

胭脂的选择与粉底相似,除了与肤色、皮肤类型有关外,还与脸型、服饰、年龄等因素有关。

眼部化妆品是化妆中重要的美容品。如何使眼睛变得美丽传神又不伤害眼部,与安全使用眼部化妆品密不可分。由于眼睛周围皮肤很细嫩,眼皮特别薄,对化妆品极其敏感,所以使用的化妆品必须优质、无毒、无刺激性、无过敏等;眼部周围不宜用收敛剂和油性过大的膏霜,也不要涂各种面膜;当眼睛发炎或有其他眼疾时,切忌使用眼部化妆品;使用眼部化妆品,如出现红、肿、热、痛等症状时,应立即停用,请医生治疗。尤其是眼睑部皮肤,是脸上最薄、最易发生过敏的皮肤,画眼线时要特别注意,避免引起过敏性眼睑炎;眼部化妆时一定要专注、小心,以防化妆品误入眼睛或化妆笔刺伤眼睛等;眼部化妆品必须是个人专用品,以免交叉感染,还要保持洁净。

（二）特殊用途化妆品的安全使用

1. 染发剂的安全使用

用于染发的物质,多数是芳香胺类有机化合物,对人体危害较大。由它引起的染发皮炎,发病率大大高于其他化妆品皮炎,而且炎症会很严重。染发不当也会造成脱发,某些染发剂,特别是氧化染发剂还有致癌危害。据有关研究发现,氧化染发剂 2,4-二氨基苯甲醚能使遗传物质发生突变,最易在人体内积累成癌细胞的温床,一般用此染发剂 10 年的人,其皮肤只需吸收 1% 浓度的这种物质就有生癌的危险。常用的永久性染发剂对苯二胺是一种很强的致敏物质,它能和头发中的蛋白质结合成完全抗原,从而使染发者过敏。不仅如此,它还能与许多结构类似的化学物质交叉过敏。也就是说,染发者一旦发生对苯二胺过敏,以后再用与之类似结构的化学物质也会过敏。其他芳香胺类化合物亦是过敏物质。染发剂中的其他成分,也有不少致敏的,如清洗剂、着色剂中的偶氮染料及碳酸铵皆可致敏。头发漂白剂中含有过氯化物、硫酸铵及氨水,刺激性都强,可引起皮炎,甚至会引起荨麻疹。还有一些其他成分也有腐蚀性或刺激性,同样引起皮疹、色素沉着等。因此,与其他部位皮炎相比,染发剂皮炎的炎症持续时间要长得多,治疗难度也大。总之,染发剂特别是氧化染发剂的不良反应较多,为了安全卫生,必须严格注意其禁用事项,要选用合格优质的染发剂,使用前做斑贴试验,染发后要将头发、头皮彻底清洗干净等。

2. 祛斑化妆品的安全使用

祛斑化妆品是具有疗效型的美容化妆品,介于药品与化妆品之间。虽然其药理活性比真正的皮肤外用药弱得多,而且疗效是局部的和短暂的。但毕竟含有药物成分,若选择或使用不当,容易造成伤害。因此,在市场上销售的具有祛斑和抗粉刺效果的化妆品,都必须经过卫生监督部门的严格审查和必要的安全检测。在选择祛斑化妆品时,应注意以下几个问题:

(1)产品必须具备三种批号:国家生产许可证号,卫生准字号和祛斑特殊用途化妆品批号。

(2)现代祛斑化妆品一般是系列产品,要根据自己的皮肤性质、使用目的去仔细选购,切不可随意。出厂日期近和保质期长的产品安全性大,应首选。

(3)使用前必须做斑贴试验。使用时严格按说明去搽,切忌在短期内大量涂抹。使用过程中,要密切关注自身反应,若有刺痛、红肿、红斑等,必须及时停用、及时治疗,避免再添新斑。

还要强调的是,祛斑化妆品的使用最好是在医师的指导下科学应用,决不可乱涂。

祛斑面膜是一种新型祛斑美容化妆品,在使用时应注意以下几点:

(1)高血压、心脏病患者,全身性重症、面部皮肤炎症(红肿、水疱、糜烂、渗液、化脓)或面部有伤者,均不可使用祛斑面膜。

(2)使用前要清洗面部、颈部。根据需要,选用按摩底霜进行适当按摩。

(3)以医用脱脂棉将眉、眼、口作保护性遮盖,并用毛巾将理顺的头发及双耳包好,以利操作。

(4)将祛斑面膜粉调成糊状,自额、鼻根部开始,迅速向双颊、口、下巴依次均匀涂开,仅留鼻孔在外,厚薄均匀。

(5)经 20 分钟面膜冷却干燥后,脱膜,清洗面部,再涂以护肤用品。

(6)面膜治疗祛斑,每周不能超过一次,过多治疗会使皮肤老化。

3. 防晒化妆品的安全使用

所谓防晒化妆品,就是添加有一定量的防晒剂且防晒指数(SPF 值)在 2 以上的化妆品。选用防晒化妆品时应注意该化妆品是否取得了国家卫生部的批准文号,无批准文号者不要购买和使用。一般护肤化妆品无此项要求,应注意鉴别。还要注意防晒指数,防晒指数高低能反映出防晒化妆品防护紫外线能力的大小。例如SPF2 即代表可减少一半紫外线对皮肤造成的伤害,SPF8 提供 87.5% 的保护,而SPF 15 的保护程度可达 93%。最低防晒化妆品的防晒指数为 SPF 2~6,中等防晒品为 SPF 6~8,高等防晒品为 SPF 8~12,高强防晒品为 SPF 12~20,超高强防晒品为 SPF 20~30。并非选用 SPF 值越高的化妆品越好,因为 SPF 值越高,所使用的化学防晒剂相应越多,引起皮肤刺激的可能性也越大。应根据自己的实际情况选用适合自己 SPF 值的防晒产品。一般皮肤以 SPF 值在 8~12 为佳,对光敏感皮肤,以选择 SPF 值在 12~20 为宜。

防晒化妆品同其他特殊化妆品一样,也可引起不良反应。防晒化妆品中的紫外线吸收剂本身就是刺激物,具有不同程度的危害性,如在受伤的皮肤上使用,危害性会大些。紫外线吸收剂又是致敏物质,会导致皮肤过敏,产生瘙痒、红肿,出现小疙瘩及小疱、黑色素激增等症状。因此,要慎用防晒化妆品,不要乱用、滥用,用前须做斑贴试验,用后要尽快对皮肤进行清洁和护理。另外,还可以采用其他的防晒措施,如打太阳伞、戴太阳帽及太阳眼镜等来抵挡紫外线对皮肤的损害。

第三节　化妆品引起的不良反应

化妆品如果使用不当或使用不合格的产品,就有可能引起皮肤的不良反应甚至引起全身的不良反应。对此,人们应有比较清楚的认识和足够的关注,以便充分利用化妆品的清洁、保护、美化皮肤和毛发的作用,预防其不良反应。

一、引起不良反应的化学成分及其他原因

化妆品中的化学物质在对皮肤进行保护、美化的同时,有时也会因是皮肤的异物而出现各种不良反应:刺激皮肤引起红肿、发痒等;皮肤细胞产生抗体引起过敏;破坏表皮保护膜使水脂平衡失调;侵入体内产生病变。尤其是选用劣质化妆品和使用不当时更易造成伤害。最常见的不良反应是皮炎类反应,其中又以过敏性皮炎为多。过敏源不同时,过敏症状也不同。如脂粉引起的脂粉斑疹、画眼线引起的过敏性眼睑炎、唇膏过敏症、香水皮疹、染发剂过敏和皮炎症、冷烫精皮炎和脱发症等。

1. 化妆品的基质

化妆品基质一般是油脂成分。常用的石蜡、地蜡、凡士林等可刺激皮肤,发生皮炎。硬脂酸会对皮肤产生过敏。羊毛脂类可引起接触性皮炎、过敏性皮炎。

2. 表面活性剂

表面活性剂的较强洗涤作用,会使皮脂也被洗去。屏障被破坏,皮肤自然受损。如常用于牙膏、肥皂、洗发剂、剃须膏、洗面奶等的烷基硫酸酯盐和聚乙烯基硫酸酯

盐,对皮肤脱脂力强,可致皮肤干燥、粗糙。洗发剂的烷基苯磺酸钠脱脂力更强,对头皮和头发均有伤害。表面活性剂的乳化作用使皮肤易吸收化妆品中的各种水溶性和油溶性成分,也吸收化妆品中的有害成分。如某些防腐剂、杀菌剂、色素和表面活性剂本身。经皮肤吸收,会引起刺激、致敏作用,长期使用还可能发生慢性中毒。常见的是用于各种膏霜类化妆品的阴离子表面活性剂三乙醇胺,吸收后会刺激皮肤、黏膜和眼睛。

3. 防腐、杀菌剂

苯酚、甲酚、异丙甲酚等酚类物质,虽然防腐能力强,但刺激性也强:使皮肤发生肿胀、痤疮、疙瘩、荨麻疹;腐蚀皮肤、黏膜,引起毛细血管痉挛、坏疽等强损伤;经皮肤吸收,会中毒致残,严重会致癌。其他防腐杀菌剂如苯甲酸盐、水杨酸盐、水杨酸酯和维甲酸等,对皮肤、黏膜、眼鼻均有刺激作用,有些还会腐蚀发炎。这些物质的刺激腐蚀作用会因人而异,特异性体质者较易发生。

4. 色素

以焦油色素影响大。焦油色素在化妆品中应用广泛,如色彩鲜艳的口红、胭脂、指甲油等。这些物质经皮肤吸收,可引起过敏反应。据报道,大多数焦油染料具有致癌性。有些色素虽然本身无致癌性,但经光线照射后,却可变为致癌原。氧化型染发剂,如苯二胺类、氨基酚类,对皮肤黏膜均有强刺激、发生过敏症,还有很强的致突变性。偶氮染料也可致动物细胞突变。色素颜色愈鲜艳,引起的毒性愈大,还会产生累积性中毒。

5. 香料

香料中以合成香料易引起不良反应。合成香料是由煤、石油产品通过化学合成得到的物质调配而成,很多是含有苯环的挥发性有机化合物,会刺激皮肤和致敏。致敏的概率较大,碰到皮肤可能引起皮肤发红、发痒。还会通过吸闻进入呼吸道,引起呼吸道过敏,诱发过敏性鼻炎和哮喘的发作。香料不仅发生接触性皮炎,也易诱发光毒性皮炎。如香柠檬油,受紫外线辐射后会活化,使一些人产生皮炎,并导致色素沉着。常见的光感性香料除柠檬油外,还有熏衣草油、橙花油、橙叶、柏木等。

对于刺激性皮炎和光毒性皮炎,只要香料浓度在安全范围内可以避免;而对于过敏性皮炎或光敏性皮炎,致敏源浓度再低也会引起,只有不用此香料才可避免。

6. 劣质化妆品中的有害物质

劣质化妆品中所含的苯胺类、亚硝胺类以及变质护肤品中的蛋白质、维生素、蜂乳、油脂等物质,在紫外线辐射下,这些物质会使表皮颗粒层细胞内的 DNA、RNA 合成及细胞分裂受到抑制乃至发生癌变。劣质化妆品中的汞盐和铅盐,也有很大的危害性。

7. 二次污染物

化妆品在贮存、运输和使用过程中可能造成二次污染,其污染物会令继续使用者造成皮肤感染,如化妆品痤疮、皮炎等。这主要是微生物在化妆品中繁殖造成的。

8. 使用方法不当

化妆品使用方法不当也会造成过敏。如化妆品涂抹过多、过厚或抹得不均匀等;同时使用几种化妆品时,使用顺序不当;使用化妆品后不按时卸妆,或卸妆方法不妥等,均可能导致不良反应。

值得注意的是,劣质化妆品的来源不仅是化妆品厂家的产品,不少美容院也私自违法配制各种所谓"快速祛斑"、"特效美白"的神奇化妆品,以此蒙蔽、坑害爱美心切的顾客。如用于祛斑的白降汞($HgNH_2Cl$)、酚、硫磺,用于美白的双氧水(H_2O_2)、三氯乙酸、密陀僧(PbO)等严禁使用或限量使用的有毒、强刺激物质,其含量大大超标,有的甚至超过数万倍,无怪乎使用短短几天或几次就"见效"。其实,色素斑的形成是在皮肤基底层黑色素细胞内,皮肤的颜色也是由黑色素决定。因此色素沉着的形成时间越久,所需美白淡化的时间就越长。一般来说,要看到淡化效果,至少要等待表皮层细胞一个生命巡回周期,即 28 天。在很短时间内就能祛斑美白实际上是脱色或漂白,完全破坏了黑色素细胞的正常功能或完全剥屑而使皮肤受到极大伤害,甚至是无法复原的毁容。当然,有些伤害是慢性的,顾客很难发现,只被表面祛斑美白所迷惑,所以一定要拒绝使用私自配制的劣质化妆品。

二、化妆品引起的皮肤不良反应

化妆品对皮肤的不良反应可分为两类,即皮炎型反应和非皮炎型反应。

(一) 皮炎型反应

这是化妆品不良反应中最常见的一种,皮炎型反应又分为接触性皮炎和光感性皮炎两种。

1. 接触性皮炎

化妆品引起的接触性皮炎,是皮肤或黏膜因接触化妆品后(大多是化学物质),在接触部位发生的炎症反应。

(1) 接触性皮炎的分类

① 原发刺激性接触性皮炎:由于接触物对皮肤具有直接刺激作用,任何人接触后均可发生反应,其严重程度和接触方式有关,与接触物的化学性质、浓度、接触时间长短成正比,可在短时间内发病,如劣质染发剂、剥脱性的祛斑霜等常引起强烈的炎症反应。有的物质刺激性虽不强,但因经常接触也可导致慢性皮炎,如清洁

类、护发类化妆品。由于现在已能制出纯正的科技含量高的化妆品,含刺激性物质大大减少,因而由化妆品引起的这类皮炎已很少见,但劣质化妆品或烫发剂使用不当就有可能导致这类皮炎。

②　变应性(过敏性)接触性皮炎:多数人接触后无不良反应,而仅使少数具有过敏体质者发病。此种过敏性接触性皮炎,是由化妆品引起的最常见皮炎。初次接触时并不起反应,一般需经 4～20 天潜伏期,再接触同类物质后,可于几小时至 1～2 天内在接触部位或邻近部位发生皮炎。

变应性接触性皮炎为典型的 IV 型迟发性变态反应。化妆品含有多种化学物质,其中有不少潜在的抗原物质,但大多数为简单的低分子化学物质,属半抗原,必须与载体蛋白结合才能成为完全抗原。抗原被皮肤内的朗格罕氏细胞或巨噬细胞捕获,并进行某种处理,将其呈递给 T 淋巴细胞,而后携带至局部淋巴结,在淋巴结内增殖、分化,这种被抗原刺激而增殖分化的淋巴细胞称为免疫细胞。免疫细胞分化产生 T 效应细胞和记忆细胞,前者移至血循环及皮肤内,使机体对此抗原致敏。当再次接触该抗原时则与之反应,释放出各种淋巴因子,激发炎症反应,出现细胞浸润、血管扩张、通透性增加。除此之外,由于朗格罕氏细胞损伤释放出溶酶体酶,使与半抗原结合的表皮细胞受到破坏而产生丘疹、水泡等急性皮炎。

(2)　接触性皮炎的临床表现:接触性皮炎的临床表现为一般无特异性,皮损的表现及程度与个体的敏感性、接触物浓度与性质及接触部位等相关。使用者使用化妆品如膏霜类、染发剂、冷烫剂等 10～24 小时后即可发病。轻度反应局部呈现红斑、丘疹,进一步可发生肿胀、小疱;重度反应则发生显著肿胀、大疱及糜烂等。如为烈性原发性刺激物,可致皮肤坏死、溃疡;如为弱的原发性刺激物,有的可致皮肤干燥、皲裂或轻度发红。皮炎发生的部位及范围与接触物一致,境界非常鲜明,当皮炎发生于组织疏松部位如眼睑、口唇等处时,则肿胀明显而无鲜明的边缘。如由于搔抓将接触物带到其他皮肤部位时,可发生远离接触部位的皮损。若患者高度敏感,致敏物可被吸收,皮疹可泛发。

接触性皮炎的自觉症状有痒感、烧灼或胀痛感,通常不伴全身症状,少数严重者可有畏寒、发热、头痛、全身不适等症状。病程通常有自限性。脱离接触(不再用化妆品)后,经治疗数日至 1～2 周可痊愈,如长期反复接触,则局部发生浸润、肥厚、脱屑、苔藓样变等呈亚急性、慢性皮炎。变应性接触性皮炎,反复接触致敏物,使患者敏感状态加重,可发生多价过敏,使病情恶化。有的开始为原发刺激性皮炎,在有损害部位可继发变应性皮炎,此点亦应注意。但也有的患者经反复接触后,敏感性逐渐减低,以致脱敏,再接触时不会发生反应。

化妆品引起的接触性皮炎一般诊断不难。如果诊断不明,用斑贴试验是最可靠的方法。

(3)　接触性皮炎的治疗方法

①　去除致病原。发病后应及时停止使用已知致病的化妆品(包括同类产品),以后亦应避免再接触。

②　避免搔抓、摩擦、热水或肥皂洗涤及其他刺激因子,如避免用刺激性外用药

物等。

③ 重者可短期用皮质类固醇激素,并配合用抗过敏药物及维生素 C、10％葡萄糖酸钙或中医辨证诊治,一般用祛风凉血、清热解毒药物。用中西医结合治疗化妆品皮炎疗效较好,恢复也较快。局部用药应根据病情而定:红斑、丘疹为主时可选用无刺激性粉剂、振荡洗剂或皮质激素霜剂外搽;有糜烂、渗液者可先用 3％硼酸溶液或生理盐水湿敷,好转后再外用皮质激素霜剂。治疗和康复期间,患处皮肤应避免日晒,以减轻色素形成。如有继发性细菌或真菌感染,可加用抗生素或抗真菌药。当然,药物治疗要在医生指导下进行。

(4) 接触性皮炎的预防:前面已有叙述,就是要选择合格、最好是优质的化妆品,科学使用化妆品,尤其是皮肤过敏者,更应时刻注意,做到防范于未然。

2. 光感性皮炎

光感性皮炎是指使用化妆品后,再经日晒而引起的皮炎反应。即是一种光的间接反应,有刺激和敏化两种。如果由光引起的间接刺激反应,这种反应称为光毒性或光刺激反应。如果由光引起的间接敏化反应,这种反应称为光敏化反应。

(1) 光毒性反应:是一种非免疫性作用,机制不很清楚,可能是化妆品中的光感物质吸收 290～320nm 的中波紫外线后发生能量传递,或是在光线作用下与DNA 结合而产生。光毒性反应引起的皮炎,其临床表现为日晒样损伤。在曝晒几小时后,皮肤出现弥漫性鲜红色斑,逐渐变成红色或红褐色,脱屑,消退至色素沉着,轻者 3 天内痊愈。重者还伴有水肿、水疱或结膜充血等。

(2) 光敏化反应:发病机理也不很明确,一般认为该作用属淋巴细胞介导的 Ⅳ型迟发性变态反应。化妆品中的光敏物质吸收 320～400nm 的长波紫外线后发生结构改变,使原来物质从前半抗原变为半抗原,与皮肤蛋白结合成完全抗原,再刺激机体产生抗体和细胞免疫反应,因此光敏化反应有致敏期,经多次照射后致敏期会缩短。光敏化反应引起的皮炎,其临床表现为湿疹样皮炎,但要经 1～2 日或更长的潜伏期才能发生。主要症状为红斑、丘疹、水疱、糜烂、结痂、脱屑和刺痒等。皮疹还可扩散到未用化妆品部位和未经照射部位。长期反复发作可使皮肤粗糙、肥厚、色素沉着,形成慢性湿疹样病变。病情可达数月或更长时间。

化妆品中有许多光感性物质,如含有共轭结构的防晒剂及其衍生物、柠檬油、檀香油、六氯酚、荧光增白剂、含有香豆素类的某些中草药等。这些物质既可以独立发生光感性皮炎反应,还可以相互混合或与化妆品中的溶剂或基质等成分作用,引起交叉致敏反应,增加其危害性。含有共轭结构的防晒剂是常见的光感性物质。由于人们对“美白”越来越钟情,因而市场上添加防晒剂的化妆品越来越多,导致此类皮炎发病率逐渐升高。

光感性皮炎的诊断,依据《化妆品光感性皮炎诊断标准及处理原则》(GB17149.6-1997)的国家标准,诊断原则是有明确的化妆品接触史,在经过光照而在相应部位出现光感性皮炎。必要时结合光斑贴试验。光斑贴试验目前在我国还未普遍开展,因而有时会影响此类皮炎的确诊。

光感性皮炎以春季多发,夏秋季却减少,说明其光敏性可在久晒后脱敏。长期在室内生活和工作,偶尔日晒的人也多发。根据其发生的特点,人们可以在冬季多晒太阳,以增加皮肤的耐晒性,春季注意防晒,就能有效地预防或减轻此类皮炎的发生。

(二)非皮炎型反应

由于化妆品种类繁多,所以这类反应也是多种多样的,常见有化妆品痤疮,是使用某一种化妆品(特别是脂类化妆品)1~3 个月后,面部出现与毛囊一致的丘疹、脓疱或结节、脓肿等症状。一旦发生皮损,应采取以下措施:马上停用油性化妆品,其他化妆品也最好不用;将面部化妆品残留物彻底清除,常用温水与中性皂类洗脸除油脂;不用手挤压;不吃辛辣食品、少吃油腻和糖类食品、不喝酒;在医生指导下进行治疗,不能自作主张,乱服乱涂药物。

化妆品色素沉着也是较为普遍发生的化妆品不良反应,这是在使用某种化妆品 1~6 个月后,面部出现淡褐色或灰褐色色素沉着斑,有的发展为黑变病。此外,还有接触性荨麻疹(即接触化妆品处发生风团,俗称"风疙瘩")、脱发、皲裂、化脓性感染,最严重的不良反应是致癌。但致癌机制还未很清楚,可能是化妆品中的某些成分经紫外线照射,引发光毒反应,产生有毒物质损伤细胞中的 DNA,若损伤严重,则细胞突变成癌细胞。

三、化妆品引起的全身性不良反应

化妆品不仅能引起皮肤的不良反应,也会引起全身的不良反应。虽然其发生率远不如皮肤不良反应那么高,但因其是全身不良反应,可损害人体一些重要器官或系统,后果也是严重的,应引起人们重视。

化妆品引起的全身不良反应,往往表现为对机体的一些慢性危害,这主要是化妆品中低浓度的有毒、有害物质长期反复作用于人体而产生的。这些有毒、有害物质通过皮肤吸收作用进入人体,可以对机体微小损害积累(机能积累)或它们本身在体内蓄积。长期的小剂量作用和损害,就可造成机体的慢性疾患。据报道:质量低劣的染发剂使人较易患血液病,长期使用染发剂有可能患再生障碍性贫血;化妆品中的亚硝胺类物质,可被皮肤、黏膜吸收后进入血液,损害肝脏;用于祛臭化妆品和清洁用品的杀菌剂六氯酚毒性强,会对神经系统造成伤害,表现为痉挛、神态反常,严重时会昏迷甚至死亡;妇女对化妆品较为敏感,若使用不当,会出现月经异常,孕妇可发生流产、早产等。如长期使用染发剂的孕妇染发后可能早产、流产或发生畸胎。冷烫剂对使用者子代也有致突变作用和致畸作用,故孕妇要禁用染发剂和冷烫剂。

化妆品这种通过亲代而影响子代的致畸作用,属远期危害,这主要是由于某些化妆品中含有诱变原,即能改变细胞遗传物质而诱发突变的化学物质。诱变原如作用于父体或母体的生殖细胞,就可能引起子代及其后代发生遗传变异,一旦这种变异使后代产生可遗传的形态或功能上的异常时,将产生严重的后果。诱变原如作用于胚胎细胞引起突变,并由此而造成胎儿发育上的先天性畸形,称为致畸作用,此类诱变物称为致畸物。

化妆品中的诱变原如作用于体细胞而引起突变,并由此引起癌变,则称为致癌作用,这种诱变原称为致癌物。化妆品的致癌作用也是远期危害。经动物实验证明,化妆品中的某些成分确是致癌物质。比如,合成香料种类很多,常用于香皂、香粉、香水、香波、雪花膏等,其中醛类香料已被证明能明显地损伤细胞 DNA。偶氮染料、氧化蒽、喹啉、三苯甲烷、蒽醌、吡和硝基化物染料等的有机合成色素,不少已被证明有致突变性或致癌性。虽然有些色素本身无致癌性,但经光线照射后,却可变为致癌原。

除了染发剂中含有较多的诱变原外,化妆品中的诱变原还有砷及砷化物、雌激素如己烯雌酚等化学物质。

预防化妆品不良反应不仅是个人行为,而是全社会都必须关注的热点问题。总的来说,应主要从以下几个方面努力。

(1) 生产厂家一定要生产出合格、优质的化妆品。

(2) 科研人员不断研制出高纯度、低毒性甚至无毒性的高科技化妆品,以满足广大爱美消费者对化妆品质量和数量的要求。

(3) 政府有关监督部门要严格履行其职责,杜绝劣质化妆品的生产和经销规范美容行业的管理,一切依法行事。

(4) 使用者要科学、合理地选用化妆品和安全地使用化妆品。

第六章

实　验

实验一　溶液的配制与稀释

一、实验目的

(1) 熟悉溶液浓度的计算并掌握一定浓度的配制方法。

(2) 学习台秤、量筒及比重计的使用方法。

(3) 学会取用固体试剂及倾倒液体试剂的方法。

二、实验原理

在制备溶液时,需要从三个方面来考虑:①所用溶质的分子量;②所要制备溶液的组成量度的表示方式;③所要制备溶液的量的大小。根据这三方面计算出所需溶质的重量或体积。

溶质如果是不含结晶水的纯物质,则计算比较简单。如果是含有结晶水的纯物质,例如 $Na_2CO_3 \cdot 10H_2O$,则计算时一定要把结晶水计算在内。例如含 10 水碳酸钠的分子量不是 106.0 而是 286.0。如果溶质是浓溶液(例如盐酸、硫酸等)则计算时应考虑其浓度和比重。对液体来说,量取比称取方便些,为此要把所需要的量计算成体积的量度表示。

1. 质量-体积分数的配制

溶液的质量-体积分数是 Vml 溶液中含溶质的质量。在配制此种溶液时,如所需要溶液的体积和质量-体积分数已知,就先要计算出所需溶质的质量,然后用台秤称出所需溶质的质量,再将溶质溶解并加水至需要的体积。如用已知质量的溶质配制质量-体积分数一定的溶液,则须先计算能配成溶液的体积,然后按上述方法配制溶液。

2. 溶液的物质的量浓度配制

溶液的物质的量浓度是一升溶液中所含溶质的物质的量。在配制此种溶液时,首先要正确计算出溶质物质的量(结晶水在内),然后根据所需浓度和配制总量计算出所需溶质的质量。

如果是用浓溶液稀释配制溶液,则可根据浓溶液的比重和质量分数进行计算。例如,用比重为 1.19 的浓盐酸配制 1mol/L 的盐酸溶液,可从溶液浓度比重对照表中查出其质量分数(约为 37.23%),然后进行计算如下:

此浓盐酸 1 000 毫升所含 HCl 的质量为

$$1\ 000 \times 1.19 \times 37.23\% = 443(g)$$

浓盐酸的溶液的物质的量浓度为

$$443/36.5 = 12.1(mol/L)$$

设配制 1mol/L 盐酸 1 000 毫升,应取用此浓盐酸 V 毫升,则:

$$1 \times 1\ 000 = 12.1 \times V$$

$$\therefore V = 82(ml)$$

取此浓盐酸 82 毫升稀释至 1 000 毫升即可。这里所配制的溶液都是近似浓度的溶液,要获取准确浓度的溶液还需用分析化学方法确定。

3. 溶液的稀释

在溶液稀释时需要掌握的一个原则就是:稀释前后溶液中溶质的物质的量不变。

根据浓溶液的浓度和体积与欲配制溶液的浓度和体积,利用 $c_1V_1 = c_2V_2$ 或交叉公式计算出浓溶液所需量,然后加水稀释至一定量。

三、实验器材

1. 仪器

台秤,量筒(10ml、100ml、1 000ml),比重计,烧杯(250ml),玻璃棒,细口瓶(500ml),药匙,毛刷。

2. 试剂

浓盐酸(A.R 级),固体 NaOH(试剂级粒状),固体 NaCl(医用),乙醇(医用)。

3. 其他用品

瓶签、糨糊、滤纸片。

四、实验方法

（一）基本操作

1. 玻璃仪器的洗涤

在一般实验中洗涤玻璃仪器主要是用水与洗涤剂。首先把水注入欲洗的仪器中,用毛刷仔细刷洗仪器内外部,接着用洗涤剂刷洗,最后用自来水刷洗、冲净,直到器壁倒置不挂水珠,即完全透明,表面不附有明显的油污或固形物,则能满足一般实验的要求,若为分析用的仪器最后还需用蒸馏水或去离子水冲洗 2～3 次,方能达到洗净要求。洗刷时注意勿使毛刷顶端的铁丝碰破仪器或把玻璃器划出伤痕。洗涤后,玻璃仪器里边的水要在水槽上边"空净",不要用布擦,更不许胡乱甩水。

2. 台秤的用法

化学实验中,常用台秤和分析天平称量物品的质量。称量前,先将台秤放平,检查它的两臂是否平衡。如果平衡,则台秤静止时指针应恰好指在标度尺的零度(即中央)。否则就要适当调节平衡螺丝使指针恰好指在零刻度上。

称量任何物品质量时,左盘放物品,右盘放砝码。先放大砝码,然后放较小的,直到天平平衡为止。如果称量一定质量的物品时,可放置固定砝码,增减物品直到台秤平衡为止。

称量时要注意下列几点:①不能把物体直接放在台秤盘上,须要盛在适当的器皿内或者放在纸片上。砝码也要用等重的纸片垫上。②必须按先大后小的次序递加砝码。

3. 量筒的使用

（1）量筒:为粗略量取液体体积的量具,也可用于液体的稀释和混合。但量筒不耐热,若在混合或稀释时放热很多,则不能用量筒。否则会使量筒因热而膨胀裂开。

量筒上有许多刻度。由于量筒的大小不一,每刻度所表示的毫升数也不同。使用量筒前必须看好每刻度所代表的毫升数。读取量筒刻度时,眼睛和液面的弯月面底部应在一个水平线上。

（2）倾倒液体试剂的方法:取用较大量液体试剂时,可以直接倾倒出来,倾倒时塞子最好拿在手里,如果塞子较大,则应翻放在桌上,拿试剂瓶时应使瓶签向右手的掌心,以防倾倒时沾在瓶口上的药液(特别是强碱、强酸)顺瓶外壁淌下而污损瓶签。

（3）取用固体试剂的方法:取用固体试剂时,可用药勺(牛角的、塑料的、不锈钢的或玻璃的)从试剂瓶中取出所需量。取完后随即将药勺用滤纸片擦净(注意取

强氧化剂如 Na_2O_2 或腐蚀剂如 NaOH 不宜用牛角勺）。

4. 比重计的使用方法

比重计是用来测定溶液比重的仪器,每套比重计由不同比重度范围的比重计组成。测定溶液比重时,先把要测定比重的液体倒入大量筒中,再将比重计缓慢放入液体中,为了避免比重计与量筒接触,在浸入时,要用手挟住比重计的上端,等到它完全稳定时才将手放开。液体的比重不同,比重计悬浮在液体中的深度也不同。从液体凹面最低处的水平方向,读出比重计上的读数。

（二）实验步骤

1. 等渗透溶液的配制

计算出为制备临床等渗透溶液（280～320mmol/L）—— 生理盐水（9g/L）100ml 所需 NaCl 的质量,并在台秤上称出。将称得的 NaCl 放于 100ml 烧杯内,用少量水将其溶解,倒入 100ml 量筒中,然后加水稀释至 100ml,搅匀即得。经教师检查后,将此溶液倒入实验室统一回收的瓶中。

2. 0.1mol/LNaOH 溶液的配制

计算配制 0.1mol/LNaOH 溶液 300ml 所需固体 NaOH 的质量。取一干燥的小烧杯,用台秤称其质量后,加入固体 NaOH,迅速称出所需 NaOH 的质量。用 50ml 水使杯内固体 NaOH 溶解,放冷后,倒入一具有橡皮塞的 500ml 试剂瓶中,然后用量筒加水稀释到 300ml,摇匀。

3. 体积分数 75 ％乙醇的配制

用乙醇比重计量出浓乙醇的体积分数,再计算出为配制体积分数 75％乙醇溶液 50 毫升所需浓乙醇的体积。

用 100ml 量筒量取所需浓乙醇,然后加水稀释,同时用玻璃棒搅拌,直到溶液体积达到 50ml 刻度为止。

五、思 考 题

(1) 为什么在倾倒试剂时瓶塞要翻放桌上或拿在手中？
(2) 用固体 NaOH 配制溶液时为什么不在量筒中配制？

实验二　缓冲溶液

一、实验目的

掌握配制缓冲溶液的原理和方法,加深认识缓冲溶液的性质。

二、实验原理

具有抵抗少量弱酸、少量强酸或强碱的侵入或抵抗适当稀释而保持溶液 pH 值基本不变的溶液称为缓冲溶液。

缓冲溶液的配制,主要是根据缓冲溶液 pH 值的计算公式:

$$pH = pK_a + lg \frac{[B^-]}{[HB]} \tag{1}$$

$$[B^-] = \frac{c_{B^-} V_{B^-}}{V}; [HB] = \frac{c_{HB} V_{HB}}{V}$$

式中,V 为缓冲溶液的总体积,V_{B^-} 和 V_{HB} 分别为共轭碱和共轭酸的体积,c_{B^-} 和 c_{HB} 分别为混合前共轭碱和共轭酸的物质的量浓度。

代入(1)式,得

$$pH = pK_a + lg \frac{c_{B^-} V_{B^-}}{c_{HB} V_{HB}} \tag{2}$$

当 $c_{B^-} = c_{HB}$ 时,则得

$$pH = pK_a + lg \frac{V_{B^-}}{V_{HB}} \tag{3}$$

利用(2)或(3)式可配制具有一定 pH 值的缓冲溶液,也可以计算一定浓度和体积的共轭酸及其共轭碱溶液配制的缓冲溶液的 pH 值。

由(1)式可知,缓冲溶液的 pH 值由 $[B^-]/[HB]$ 的比值(即缓冲比)决定,因此稀释时几乎不影响缓冲溶液的 pH 值。但是稀释也是有一定限度的,过度稀释(如冲稀 10 倍)也会使缓冲溶液的 pH 值升高。

由于缓冲溶液中有抗酸成分共轭碱和抗碱成分共轭酸,故加入少量强酸或强碱,其 pH 值几乎不变。但所有缓冲溶液的缓冲能力都有一定限度,即各具有一定的缓冲容量。如果加入强酸或强碱的量超过了缓冲溶液的缓冲能力时,则将引起溶液 pH 值的急剧改变,失去了缓冲作用,缓冲溶液通常为 $[B^-]/[HB] = 1/10 \sim 10/1$ 或 pH 处于 $pK_a \pm 1$ 之间的缓冲溶液才具有缓冲作用。

三、实验器材

1. 仪器

大试管,试管,试管架,刻度移液管(5ml、10ml),玻璃棒等。

2. 试剂

1/15mol · L⁻¹ Na₂HPO₄，1/15mol · L⁻¹ KH₂PO₄，0.10mol · L⁻¹ HCl，0.10 mol · L⁻¹ NaOH，0.10mol · L⁻¹ NaCl，万能指示剂，pH 试纸等。

3. 其他用品

红色玻璃笔。

四、实验方法

1. 缓冲溶液的配制

取洁净大试管三支，标号后放在试管架上，然后用 10ml 刻度移液管按下表中所示的数量，吸取一定体积的 1/15mol · L⁻¹ Na₂HPO₄ 及 1/15mol · L⁻¹ KH₂PO₄ 加入试管中。

试管号	试剂量		pH 值	
	Na₂HPO₄/ml	KH₂PO₄/ml	理论值	实验值
1	9.5	0.5		
2	6.2	3.8		
3	1.2	8.8		

计算所配制缓冲溶液的 pH 值，记入报告中。同时，用洁净的玻璃棒分别蘸取上面配好的三种缓冲溶液与精密 pH 试纸接触，把显有一定颜色的 pH 试纸与标准色列比较，粗测三种缓冲溶液的 pH 值（注意与计算结果是否相同）。

2. 缓冲溶液的稀释

按下表中所列之顺序，做如下试验。把所观察到的现象记入报告中，并解释产生各种现象的原因。

试管号	缓冲溶液	蒸馏水	测 pH 值
1	—	4ml	
2	自制缓冲溶液(2)4ml	—	
3	自制缓冲溶液(2)2ml	2ml	
4	自制缓冲溶液(2)1ml	3ml	

3. 缓冲溶液的抗酸、抗碱作用

按下表所列的顺序，做如下实验。把所观察到的现象记入报告中，并解释产生各种现象的原因。

试管号	溶液的量	加酸或碱量	pH 值变化
1	蒸馏水 2ml	$0.10 mol \cdot L^{-1} HCl$ 2 滴	
2	蒸馏水 2ml	$0.10 mol \cdot L^{-1} NaOH$ 2 滴	
3	缓冲溶液(1)2ml	$0.10 mol \cdot L^{-1} HCl$ 2 滴	
4	缓冲溶液(1)2ml	$0.10 mol \cdot L^{-1} NaOH$ 2 滴	
5	缓冲溶液(3)2ml	$0.10 mol \cdot L^{-1} HCl$ 数滴	
6	缓冲溶液(3)2ml	$0.10 mol \cdot L^{-1} NaOH$ 数滴	

五、思考题

以自制缓冲溶液为例,说明缓冲溶液的缓冲作用原理。

实验三 胶体性质

一、实验目的

(1) 加深对溶胶性质的认识,了解溶胶的一般制备方法。
(2) 了解活性炭的吸附作用。

二、实验原理

吸附,就是一种物质从它的周围吸引另一物质的分子或离子到它的界面上或界面层中的过程。具有吸附作用的物质叫吸附剂,被吸附剂吸附的物质叫吸附质。在气-液、气-固、液-液、液-固、固-固等相互接触,但不同聚集状态的两相间的界面上均存在着在吸附。

固体表面上的吸附:很多疏松多孔性固体物质,如活性炭、硅胶、活性氧化铝和分子筛等都有很大的表面积($200\sim 1\,000 m^2/g$),因而具有巨大的吸附力,可除去大气中的有毒气体,净化水中的杂质,在药学或化妆品学中用于分离提取中草药中的有效成分,同时除去中草药制剂中的植物色素。

液体表面上的吸附:液体表面也因某种溶质的进入而产生吸附。当把少量油加入互不相溶的水中剧烈振荡,油会被分成细小的颗粒而形成乳化体(又称乳状液)。乳状液并不是一个稳定体系,当静置后,它们很快又会分层。要获取比较稳定的乳状液,必须向乳状液中加入能降低两液相间的界面张力的物质——表面活性剂来增加体系的稳定性。例如肥皂、蛋白质、胆甾醇、卵磷脂、有机酸等都具有这样的作用,这种具有稳定乳状液作用的表面活性物质,称为乳化剂。乳化剂的作用在于使由机械分散所得的液滴不相互聚结,其机制实际上就是液液吸附的结果。乳化剂的种类很多,如蛋白质、树胶、肥皂或人工合成的表面活性剂。

油和水相混合时所形成的体系——具有很大表面能的体系是不可能稳定的，体系将自动减小表面能，重新聚合形成油和水两层，使体系的表面积和表面能处于最小情形，恢复稳定状态，这是油水自动分层的原因。

胶体是物质的一种分散体系，当物质以 $1\sim100$nm 大小的粒子分散于某一种介质中时，就成为胶体体系。如液液吸附产生的乳状液颗粒大小就是处于胶体区域范围。胶体分散系主要包括溶胶（胶团、乳化体）和高分子化合物溶液两大类。

溶胶的分散相粒子（即胶粒或乳化体）是由许多分子或原子组成的，和分散介质之间有界面，属于非均相体系，实验室里胶粒一般可用盐类水解法或复分解法制备，乳化体则是通过油水混合后加入表面活性剂制成相对稳定的乳状液。例如氢氧化铁溶胶胶团可用水解 $FeCl_3$ 制备，反应如下：

$$FeCl_3+3H_2O=Fe(OH)_3+3HCl$$
$$Fe(OH)_3+3HCl=FeOCl+2HCl+2H_2O$$
$$FeOCl=FeO^++Cl^-$$

胶粒因吸附 FeO^+ 离子而带正电荷。

又如碘化银溶胶可用 $AgNO_3$ 和 KI 之间的复分解反应制备：

$$AgNO_3+KI=AgI+KNO_3$$

胶粒带什么电荷决定于所用试剂的相对数量，如在生成 AgI 溶胶的反应中 $AgNO_3$ 过量，则胶粒吸附 Ag^+ 而带正电；如 KI 过量，则吸附 I^- 而带负电荷。

溶胶的性质和它的结构紧密联系的。由于溶胶的胶粒带电，故在电场中能产生电泳。如果在溶胶中加入电解质，中和其电性和破坏它的水化膜，可使溶胶发生聚沉。因为胶粒大小在 $1\sim100$nm 范围内，易引起入射光的散射，故产生乳光现象（丁铎尔效应）。又由于溶胶属非均相体系，分散相和分散介质之间有很大的界面，界面能较大，因而易产生吸附作用。

高分子化合物溶液也属胶体体系，但其分散相是单个的大分子，属均相体系，故它和溶胶既具有一些共同的性质（如扩散慢，不能透过半透膜等），但也有它独有的特性（如与溶剂有强的亲和力，很稳定，黏度大等）。在适当的条件（如温度、浓度等）下，高分子化合物溶液可以发生胶凝作用，生成凝胶。当把足量的高分子化合物溶液加入到溶胶中时，由于在胶粒周围形成高分子保护层，从而提高了溶胶的稳定性，不易发生聚沉。

三、实验器材

1. 仪器

试管及试管架，烧杯（50ml），三脚架，石棉网，乙醇灯，锥形瓶，漏斗，滤纸，量筒，丁铎尔效应装置，电泳装置，整流器（$60\sim100$V 直流电）。

2. 试剂

$3\%FeCl_3$，0.05mol/L KI，0.05mol/L $AgNO_3$，0.02mol/L K_2CrO_4，动物胶，品

红溶液,活性炭,乙醇,硫酸铜溶液,明胶。

四、实验方法

1. 制备氢氧化铁溶胶

将 30ml 蒸馏水放在小烧杯中,加热至沸,逐滴加入 3% $FeCl_3$ 溶液 4.5ml(每 ml 约 20 滴),即得深红色的 $Fe(OH)_3$ 溶胶。制得的溶胶留作观察丁铎尔效应之用。

2. 制备碘化银溶胶

用量筒量出 0.05mol/L KI 溶液 20ml,放入小锥形瓶中,边摇边滴加 0.05mol/L $AgNO_3$ 溶液 10ml(每 ml 约 20 滴),即得微黄色的 AgI 溶胶(留作观察丁铎尔效应之用)。此处的滴定速度一定要慢,否则 AgI 颗粒变大,以沉淀的形式存在,得不到胶体溶液。

3. 观察溶胶的丁铎尔现象(乳光现象)

(1) 将制备的氢氧化铁溶胶和 AgI 溶胶分别放入试管中,置于丁铎尔效应器内观察有无乳光现象。

(2) 改用硫酸铜溶液作同样实验,观察有无乳光现象。

4. 溶胶的聚沉及高分子溶液对溶胶的保护作用

取试管 2 支,各加入氢氧化铁溶胶 1ml(约 20 滴),再在第 1 试管加入蒸馏水 1ml,在第 2 试管中加入动物胶溶液 1ml,摇匀后,在第 1 管中逐滴加入 0.02mol/L K_2CrO_4 溶液,至沉淀析出为止(看到微有浑浊即为沉淀析出),记下加入 0.02mol/L K_2CrO_4 的滴数,然后滴入同样滴数的 0.02mol/L K_2CrO_4 溶液于第 2 管中,观察有无沉淀发生。

5. 液液吸附

在 1 支大试管中加入水 5ml 和煤油 2 滴,再加入 $CuSO_4$ 溶液 5 滴,使水层呈蓝色以便观察。将试管振摇,产生暂时性的乳状液,静置片刻,水和煤油又分为两层。加入肥皂水几滴,重新振摇试管,即得到稳定的乳状液,油与水不再分为两层。

6. 固体吸附

在 1 支大试管中,加入约 10ml 品红染料溶液,再加入一小勺活性炭,用塞子盖住试管,用力摇动后,过滤。自漏斗中流出的滤液是无色的。待滤液流尽后,将漏斗和滤纸移放在另 1 锥形瓶上(接受滤液)。用 3～5ml 乙醇在滤纸上洗涤,滤液又出现红色。

7. 明胶溶液的胶凝作用

在烧杯内盛蒸馏水 100ml，盖以表面皿，加热至沸。在沸水中加入 1 滴品红色染料，纯明胶 5g，并用玻璃棒搅拌，完全溶解后，静置冷却，即成晶莹剔透的红色凝胶（胶冻）。

五、思 考 题

(1) 胶团与乳化体的区别在哪里？

(2) 溶胶与真溶液的丁铎尔效应为什么有显著的区别？

(3) 表面活性剂为什么能使油水乳状液稳定？

(4) 动物胶为什么能使油水乳状液稳定？

(5) 在上述活性炭吸附实验中，两次滤液的颜色为什么改变？根据实验结果，说明活性炭对品红、水、乙醇等三种物质吸附能力大小顺序如何？

实验四 雪花膏的配制

一、实验目的

(1) 了解雪花膏的配制原理和各成分的作用。

(2) 掌握雪花膏的配制方法。

二、实验原理

雪花膏一般是以硬脂酸皂为乳化剂的水包油型乳化体。油相中含有脂肪酸、多元醇脂肪酸酯或脂肪醇等油溶性物质，水相中含有碱、多元醇等水溶性物质，有时还加入如珍珠粉、蜂王浆等可被皮肤吸收的营养物质。

油相中的脂肪酸一般为硬脂酸，主要用作膏体，但有小部分与碱中和生成肥皂，起乳化作用。

$$C_{17}H_{35}COOH + KOH \longrightarrow C_{17}H_{35}COOK + H_2O$$

$$\text{硬脂酸} \qquad\qquad \text{硬脂酸钾}$$

在雪花膏中，硬脂酸占 10%～20%，硬脂酸皂占 3.0%～7.5%。为了增加乳化能力，有时还加入多元醇脂肪酸酯、三乙醇胺等助乳化剂。多元醇为保湿剂，占 5%～20%。

雪花膏的 pH 值，根据我国轻工业部颁布的标准是：微碱性 pH≤8.5，微酸性 pH 4.0～7.0，粉质雪花膏 pH≤9.0。

三、实验器材

1. 仪器

烧杯(100ml、250ml),玻璃棒,温度计,乙醇灯,台秤,量筒(10ml、50ml)。

2. 试剂

硬脂酸,单硬脂酸甘油酯,甘油,100g·L^{-1}氢氧化钾,三乙醇胺,香精。

四、实验方法

1. 配方

A	硬脂酸	6.0g	三乙醇胺	0.5ml
	单硬脂酸甘油酯	1.0g	蒸馏水	40.0ml
B	氢氧化钾	2.0ml	香精	10滴
	甘油	2.0ml		

2. 配制

(1) 将 A 组置于 100ml 干烧杯中,放入盛有 100ml 沸水的 250ml 烧杯中,水浴加热至全熔,保温。

(2) 将 B 组置于 100ml 烧杯中,加热至 90℃,搅拌均匀后马上慢慢倒入 A 组中,边加边搅拌,加完后停火,但继续水浴保温,并不停地朝一个方向搅拌至温度降至 40℃ 以下滴入香精,继续搅拌至室温即可。

(3) 若要配制珍珠雪花膏,可在 B 组加入 A 组搅拌乳化、当温度降至 75℃ 以下时加入适量的珍珠粉。

五、注意事项

(1) 搅拌是膏体均匀、细腻的重要一环,在整个乳化过程中,一定要不停地朝一个方向较为匀速搅拌。

(2) B 组加热时,注意水分蒸发。因水分少时,膏体会变硬。

(3) 硬脂酸的质量要保证,否则制出的雪花膏色泽差、易变质。为防变质,可加入适量的防腐剂。

实验五 茶籽洗发香波的配制

一、实验目的

(1) 了解洗发香波的配方原理及各成分的作用。
(2) 学会配制洗发香波的方法。

二、实验原理

1. 配制原理

洗发香波是通过表面活性剂的丰富泡沫,洗净头发上的灰尘、脏物和头皮分泌过多的油脂、污垢。在洗净头发的同时,还必须具备调理头发甚至是美发的功能。而且,对头发、头皮和眼睛均无伤害。因此,洗发香波的配方设计应考虑下面几个原则:

(1) 能形成丰富而持久的泡沫。
(2) 具有适当的去污力和脱脂力。
(3) 洗后的头发光泽、柔顺,具有良好的梳理性。
(4) 对头发、头皮、眼睛要有高度安全性。

2. 主要原料

洗发香波的主要原料为表面活性剂、辅助表面活性剂和各种添加剂。

(1) 表面活性剂:以阴离子表面活性剂为主,其作用不仅提供泡沫,且配伍性良好。常用是脂肪醇硫酸盐、脂肪醇醚硫酸盐。

(2) 辅助表面活性剂:包括阴离子、非离子、两性离子型表面活性剂。它们能促进泡沫稳定和增进去污力,改善头发梳理性。常用有阴离子型的油酰氨基酸钠、非离子型的聚氧乙烯山梨醇酐单酯(吐温)、两性离子型的十二烷基二甲基甜菜碱等。

(3) 添加剂:包括增稠剂、防腐剂、去头屑止痒剂、调理剂、营养剂、香精等,赋予洗发香波各种不同的功能。如增稠剂有烷基醇酰胺、羧甲基纤维素钠、氯化钠等;去头屑止痒剂有硫磺、水杨酸、薄荷醇、吡啶硫铜锌、活性甘宝素等;营养剂有水解蛋白、维生素、胱氨酸等。

三、实验器材

1. 仪器

烧杯(100ml、250ml),玻璃棒,量筒(10ml、25ml、100ml),乙醇灯,温度计,台秤。

2. 试剂

十二醇聚氧乙烯醚硫酸钠(AES),十二醇硫酸钠(6501),150g·L^{-1}氯化钠,茶籽水,甘油,香精。

四、实验方法

1. 配方

AES	9.5g	茶籽水	10.0ml
6501	3.0g	氯化钠	20.0ml
甘油	1.5ml	香精	5滴
蒸馏水	70.0ml		

2. 配制

将 AES、6501 和甘油置于 250ml 烧杯中,加约 20ml 80～90℃热蒸馏水,加热搅拌熔化,再加入余下热蒸馏水搅匀后,加茶籽水搅匀,加氯化钠搅匀,最后滴入香精搅匀。

茶籽水的制备:将茶籽粉碎,用水浸泡,煮沸后趁热过滤。

五、注意事项

(1) 在 AES、6501 和甘油三种物质加热水后加热搅拌熔化时间较长,水分会蒸发,注意加水使总体积不变。

(2) 可加入苯甲酸钠等防腐剂以防变质。

实验六 护发素的配制

一、实验目的

(1) 了解护发素各成分的作用。

(2) 学会护发素的配制方法。

二、实验原理

护发素是以阳离子表面活性剂为主要成分。它能吸附于头发表面,形成单分子吸附膜,使头发柔软、光泽、抗静电、易于梳理成型。常用的阳离子表面活性剂有氯化或溴化烷基三甲基铵等季铵盐类。除外,还添加保湿剂、增脂剂、乳化剂等。

三、实验器材

1. 仪器

烧杯(100ml、200ml),玻璃棒,量筒(10ml、100ml),乙醇灯,台秤。

2. 试剂

十六烷基三甲基溴化铵(1631),十八醇、硬脂酸单甘油酯,三乙醇胺,脂肪醇聚氧乙烯醚,甘油,香精,去离子水。

四、实验方法

1. 配方

A	1631	4.0g	B	甘油	2.5ml
	十八醇	2.0g		三乙醇胺	1.0g
	硬脂酸单甘油酯	1.0g		脂肪醇聚氧乙烯醚	1.0g
	去离子水	88.0ml		香精	适量

2. 配制

将 A 组置于 200ml 烧杯中,加热搅拌溶解。将 B 组除香精外,也加热成均相。将 B 组在搅拌下慢慢加入 A 组,搅拌冷却至 40℃时,滴加香精,搅拌均匀即可。

实验七 面膜的配制

一、实验目的

(1)了解面膜的作用和成分。
(2)学会软膜的配制。

二、实验原理

面膜涂敷于面部形成一层薄膜,面膜中的各种有效成分,如维生素、水解蛋白、各种营养物质即可渗入皮肤,起滋润皮肤、增加营养、促进皮肤机能和新陈代谢作用。此外,由于面膜干燥时的收缩作用,使皮肤绷紧,毛孔缩小,细小皱纹即被消除。从皮肤上剥离下面膜时,面部的污垢和皮屑等即随之除去,从而使面部皮肤洁白、柔软、爽舒、润滑。

面膜的主要成分有成膜剂、营养成分、药物成分和表面活性剂。成膜剂主要有聚乙烯醇、甲基纤维素、硬脂酸多元醇酯等。为防止面膜破裂,还要加入增塑剂,如聚氧乙烯脂肪醇醚、甘油等。表面活性剂起乳化、分散、紧贴作用。

三、实验器材

1. 仪器

烧杯(100ml、200ml),玻璃棒,量筒(10ml、100ml),台秤。

2. 试剂

米淀粉,乙醇,硅酸铝镁,聚氧乙烯脂肪醇醚,蜂蜜,人参提取液,香精,去离子水。

四、实验方法

1. 配方

人参提取液	1.0ml	米淀粉	12.0g
聚氧乙烯脂肪醇醚	1.0g	硅酸铝镁	8.5g
蜂蜜	2.0g	去离子水	75.0ml
乙醇	10.0ml	香精	适量

2. 配制

将香精溶于乙醇中。将硅酸铝镁用水溶胀后,在搅拌下依配方次序加入各种物质,搅拌均匀后形成胶体即可。

此面膜为软膜。具有减少皱纹,使皮肤细嫩洁白,还可除痘、祛斑。

参 考 文 献

包于珊主编.1998.化妆品学.北京:中国纺织出版社

段惠茹,乔国华主编.1995.美容师(初级中级高级)职业技能鉴定教材.北京:中国劳动出版社

傅贞亮主编.1998.化妆品安全使用150问.西安:世界图书出版社

顾莉琴,程若男,郑林,张金文编著.2000.化妆品学.北京:中国商业出版社

光井武夫主编.张宝旭译.1996.新化妆品学.北京:中国轻工业出版社

李树莱,白义杰主编.1999.美容皮肤科学.南昌:江西高校出版社

李东光主编.2000.实用化妆品配方手册.北京:化学工业出版社

陆　嵘,刘健芳,杨　洁主编.1999.美容.北京:中国纺织出版社

强亮生主编.1997.精细化工实验.哈尔滨:哈尔滨工业大学出版社

裘炳毅主编.1997.化妆品化学与工艺技术大全.北京:中国轻工业出版社

童琍琍,冯兰宾主编.1999.化妆品工艺学.北京:中国轻工业出版社

万　勇主编.2000.美容应用化妆品学.南昌:江西高校出版社

王建新主编.1997.天然活性化妆品.北京:轻工业出版社

王培义主编.1999.化妆品原理配方生产工艺.北京:化学工业出版社

韦尔立主编.1990.化妆品化学.北京:高等教育出版社

向雪岑主编.1998.美容皮肤科学.北京:科学出版社

肖子英主编.1999.实用化妆品学.天津:天津大学出版社

许桂华,秦钰慧,商国强主编.1999.卫生监督培训系列教材化妆品卫生分册.北京:工商出版社

张湖德主编.1997.实用美容大全.北京:人民军医出版社

钟有志主编.1999.化妆品工艺.北京:中国轻工业出版社